Revit 族参数化设计宝典

广东省城市建筑学会　编著

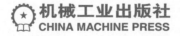
机械工业出版社
CHINA MACHINE PRESS

本书指导读者在掌握 Autodesk Revit 软件应用工具的前提下完成族实例的创建，在创建族实例的过程中巩固绘制命令和参数应用，最终将族运用于实际项目中。本书内容包括 Revit 族编辑器简介、创建族初步介绍、三维模型创建、注释族及轮廓族、可载入族、创建建筑族、创建结构族、创建机电族，最后一章为综合应用，统括全书。

本书可作为建筑师、在校相关专业师生、三维设计爱好者等的自学用书，也可作为高等院校相关课程的教材。

图书在版编目（CIP）数据

Revit 族参数化设计宝典 / 广东省城市建筑学会编著 .—北京：机械工业出版社，2020.2
ISBN 978-7-111-65016-4

Ⅰ.① R… Ⅱ.①广… Ⅲ.①建筑设计—计算机辅助设计—应用软件 Ⅳ.① TU201.4

中国版本图书馆 CIP 数据核字（2020）第 039880 号

机械工业出版社（北京市百万庄大街 22 号邮政编码 100037）
策划编辑：刘志刚 责任编辑：刘志刚 张大勇
责任校对：刘时光 封面设计：张 静
责任印制：张 博
北京铭成印刷有限公司印刷
2020 年 5 月第 1 版第 1 次印刷
184mm×260mm·25.5 印张·648 千字
标准书号：ISBN 978-7-111-65016-4
定价：99.00 元

电话服务　　　　　　网络服务
客服电话：010-88361066　机　工　官　网：www.cmpbook.com
　　　　　010-88379833　机　工　官　博：weibo.com/cmp1952
　　　　　010-68326294　金　书　网：www.golden-book.com
封底无防伪标均为盗版　机工教育服务网：www.cmpedu.com

本书编委会

主　　编：史耿伟　赵新彤

副 主 编：蒋　芬　王学宁　施燕冬　吕　尚

　　　　　江增锋

参编人员：王石传　边亚军　唐振鹏　曾卓彦

　　　　　王燕霞　何卫文　刘　怡　史清慧

　　　　　姜　利　卓　勉　谢　芳　王绵坤

　　　　　潘霞远　庄晓烨　缪　斌　刘锡明

　　　　　梁嘉鸿

主　　审：王丙信　章溢威

联合策划

中国电子系统工程第二建设有限公司

广东猎得工程智能化管理有限公司

广州优建科技服务有限公司

联合院校

暨南大学

联合媒体

BIM界

序一

BIM 的理念是在 2002 年由欧特克公司率先提出，被誉为工程建设行业实现可持续设计的标杆。直到 2009 年，随着一些典型项目的应用，中国 BIM 元年才真正到来，也是从那时我开始关注 BIM 技术。应该说当时 BIM 发展在国内只能算是"小荷才露尖尖角"，当时公司在培育孵化 BIM 团队时，可选择的软件平台也是凤毛麟角，Revit 软件第一次进入视野。

Revit 是我国建筑业 BIM 体系中使用最广泛的软件之一，多年来 Revit 中国本地化的进程从未停止，但 Revit 族仍旧是制约我国 BIM 发展的一大瓶颈。由于其制作烦琐、工程量大、参数化等特点，是 Revit 建模中占用时间较长的一个环节。而 Revit 中的所有图元都是基于族的，这就要求依据特性、参数等属性持续建立庞大的族库数据库，在建模工作中可直接调用族库数据，并参数化驱动模型，大大提升建模效率。企业建立自身的 Revit 族库可以说是一种无形的生产力，而族库的质量，也是相关行业企业 BIM 核心竞争力的一种体现。

近年来，随着国内掀起的 BIM 应用热潮，BIM 行业专著层出不穷，但有关 Revit 族库设计的专著鲜有发现，鉴于 Revit 族库是 Revit 建模和 BIM 应用的重要基础，因此，特向读者推荐本书，希望读者能够通过本书深入了解 Revit 族，掌握 Revit 族的创建、编辑和应用的基本方法，积累建立企业族库，大幅提升建模效率，提升 BIM 应用深度和水平，为建筑业信息化事业多做贡献。

施红平

研究员级高级工程师

中国电子系统工程第二建设有限公司　总工程师

BIM，这个当今建筑行业的热词，之所以这么火，是因为 BIM 在某种程度上指示了建筑行业的未来发展方向。综观其他众多行业，如机械、电子、汽车等，已经进入"工业4.0"和"智能制造"时代。而建筑业，长期徘徊在传统建造模式中，少有革命性的进步。究其原因，建筑设计未达到现代工业化所需的精准性是其中一个重要因素。

关于 BIM 的特性及重要性论述已经很多，我仅从个人角度发表一点看法。本人从事建筑设计二十余年，也和本书编者共同完成过多项建筑设计项目的 BIM 实际运用。通过对建筑设计、BIM 应用的实际感知，我体会到 BIM 的一个重要功能——提高建筑设计的精准性。试想，如果一个建筑物在设计阶段就存在不少错漏碰缺，怎么可能实现现代意义的工业化生产、智能建造？所以我觉得，BIM 是建筑业走向现代工业化、智能建造的必由之路。

从国内 BIM 的实际应用来看，Revit 无疑是最具影响力的软件之一。BIM 的发展，相当程度有赖于 Revit 的发展。在 Revit 的应用中，普遍存在建模工作烦琐、工程量巨大等实际困难。基于 Revit 本身特性，族库的广泛深入建立，无疑是有效缓解上述困难的重要途径。可以说，族库相当于 Revit 的底层生态系统。底层生态丰富完善了，上层自然能深化发展。如同森林，参天大树离不开底层的小草和苔藓。

现在 BIM 的各种论著已经汗牛充栋，但是关于 Revit 族库的专著却寥若晨星。本书编者深耕 BIM 领域多年，实际完成 BIM 项目众多，理论功底扎实，实践经验丰富。已经出版多本 BIM 体系 Revit 软件应用的专著，广泛应用于大专院校教育、BIM 从业者学习等方面，深受各方好评。这次出版的《Revit 族参数化设计宝典》，深入浅出地阐释了 Revit 族的创建、编辑和应用，堪称 Revit 族学习应用的典范。

最后，希望 BIM 从业者们，一起推进各个层面 Revit 族库的建立发展，从而推动 BIM 行业的发展，实现多赢共赢。

陈怀宙

高级工程师

一级注册建筑师、注册城乡规划师

前言

建筑信息模型（Building Information Modeling，简称 BIM），以建筑工程项目的各项相关信息数据作为模型的基础，进行建筑模型的建立，通过数字信息仿真模拟建筑物所具有的真实信息。

Revit 在 BIM 软件中占主流地位。"族"是 Revit 中一个强大的功能，利用 Revit 可以轻松地管理数据和构件修改。根据设计者的需求，每种类型族可以具备不同尺寸、形状、材质设置和参数添加。使用 Revit 的一个优点是不必学习复杂的编程语言，便能够创建自己的构件族，使用族编辑器，整个族的创建过程可在预定义的样板中进行，可以根据用户的需要在族中加入各种参数。

在使用 Revit Architecture 或 Revit MEP 进行项目设计时，如果事先拥有大量的族文件，将对设计工作进程和效率有着很大的帮助。设计人员不必另外花时间去制作族文件并赋予参数，而是直接导入相应的族文件，便可直接应用于项目中。

另外，使用 Revit 族文件，可以让设计人员专注于发挥本身的特长。例如室内设计人员，并不需要把精力大量地花费在家具的三维建模中，而是通过直接导入 Revit 族中丰富的室内家具族库，从而专注于设计本身。又例如建筑设计人员，可以通过轻松地导入植物族库、车辆族库等，来润色场景，只需要简单地修改参数，而不必自行去重新建模。

本书共分 9 章，包括 Revit 族编辑器简介、创建族初步介绍、三维模型创建、注释族及轮廓族、可载入族、创建建筑族、创建结构族、创建机电族和综合应用。

本书编者在教学和使用 Revit 族的过程中，积累了丰富的经验和技巧。为了帮助更多的读者认识、了解和使用 Revit 族，编写了这本书，主要包括如下特色：

1）整体章节按照创建族的实际工作流程进行排列组织，力求使内容丰满充实、编排层次清晰、表述符合学习和工作参考的要求，具有很强的针对性和实用性。

2）编写的形式也适用于职业院校的案例教学，章前有对本课程概要的描述，对本课程的学习目标进行说明，其后是围绕着课程目标的内容，进行案例任务分解，最后为增强学习内容，安排了课后练习，保证了教学的完整性与实用性。

3）图文并茂，力求案例讲解详细，在创建族的过程中，需注意的步骤，在具体的位置补充说明。

4）本书的部分案例也符合全国 BIM 技能等级考试大纲的要求，适应相关培训案例的教学需求。

本书编写的过程中，整合了高校及工程企业力量，全书由广东省城市建筑学会、中国电子系统工程第二建设有限公司史耿伟，广东省城市建筑学会赵新彤担任主编并统稿；广东猎得工程智能化管理有限公司蒋芬、中国电子系统工程第二建设有限公司王学宁、暨南大学施燕冬、广东省城市建筑学会吕尚、广州优建科技服务有限公司江增锋担任副主编；中国电子系统工程第二建设有限公司王石传、中国电子系统工程第二建设有限公司边亚军、中国建筑第二工程局有限公司唐振鹏、广东省城市建筑学会曾卓彦、广州百乐建筑信息技术有限公司王燕霞、广东省城市建筑学会何卫文、广州市土地房产管理职业学校刘怡、广东省城市建筑学会史清慧、北京数字智诚科技发展有限公司姜利、广州城市职业学院卓勉、广东省理工职业技术学校谢芳、广东水利电力职业技术学院王绵坤、广东水利电力职业技术学院潘霞远、ShanghaiBIM 庄晓烨、广州优建科技服务有限公司缪斌、珠海慧城建筑科技有限公司刘锡明、广东猎得工程智能化管理有限公司梁嘉鸿也参与了本书部分内容的编写；中国电子系统工程第二建设有限公司王丙信、深圳陆城装饰设计工程有限公司章溢威为本书主审，对本书进行审稿并提出相关的宝贵意见。

本书第 1 章、第 2 章由赵新彤编写；第 3 章、第 6 章、第 7 章、第 8 章、第 9 章由史耿伟编写。第 4 章由蒋芬编写，第 5 章由王学宁编写，5.3 节由施燕冬编写；5.4 节由吕尚编写，6.1 节由唐振鹏编写。

本书由广东省城市建筑学会审定推荐，与中国电子系统工程第二建设有限公司、暨南大学、广东猎得工程智能化管理有限公司、广州优建科技服务有限公司联合策划，也得到了 BIM 界的专家和众单位同行、高校 BIM 教育工作者的支持与帮助，在此一并感谢，同时感谢所有参与本书编写的成员对本书的大力支持和帮助。

本书附赠相关项目文件与讲解资料，读者可扫描书后二维码关注"机械工业出版社建筑分社"并回复"REVIT2020"得到获取方式。

本书可作为院校相关专业的师生、相关行业技术人员自学用书，也可用于高职高专院校 Revit 族课程教学用书。

由于编者水平有限，编写时间仓促，书中难免存在不妥之处，衷心欢迎广大读者批评指正。

编 者
2020 年 5 月

目录

1

第 1 章

Revit 族编辑器简介

课程概要：

本章主要讲解族与项目之间的关系，Revit 族编辑器的各个功能，如何划分 Revit 族的三种类型，如何应用族的基本工具，以及图元的基本命令。通过对本章的学习，可使读者熟悉族模块的应用，以及对 Revit 族产生进一步的认识。

课程目标：

- 了解族与项目之间的关系
- 认识族编辑器中的各个功能
- 了解 Revit 的三种不同族
- 了解图元的基本命令

1.1 项目与族

参数化建模是指处理项目中所有图元之间的关系的过程，这些关系可实现 Revit 提供的协调和变更管理功能，可以由软件自动创建，也可以由设计者在项目开发期间创建，Revit 会立即确定这些更改所影响的图元，并将更改反映到所有受影响的图元，Revit 的基本特征是能够协调更改并始终保持一致性。

Revit 项目中使用的所有图元都是族图元，而族图元是经过合理的参数化设计创建的。

1.1.1 项目

譬如一栋建筑，BIM 当前流行的建模软件当属 Revit，利用 Revit Architecture 可搭建建筑模型（墙体、门窗、楼梯、楼板、栏杆等），利用 Revit Structure 可搭建梁、板、柱，利用 Revit MEP 可建立水系统、风系统、消防系统、电力系统。完成模型搭建后，基于项目的对象运用有以下用途。

投资方：关注 BIM 的运用在于如何减低成本、避免风险、缩减工期、提高利润，因此会应用 BIM 进行一键算量、施工成本进度质量监督、资料备案管理，以及提前做好后期招商引资工作。

设计单位：关注 BIM 的运用在于提高设计效率，快速提出方案、修改方案、完成施工图、完善施工图，以及减少设计变更。

施工单位：关注 BIM 的运用在于进行工程量统计，合理安排班组进入现场，场地布置合理性展示和分析，物资流动实时监督查询，施工方案技术交底，现场进度、质量、安全管控，各个专业协同碰撞分析，提高施工质量。

1.1.2 族

Revit 中的所有图元都是基于族的，族是一个包含通用属性（称作参数）集和相关图形表示的图元组。而前期建模都是基于族的叠合拼装，工程量统计是基于每个族信息量的提取，后期运用也是基于模型信息定义而实现，简言之有族才有 Revit 模型。

1.1.3 Revit 族的三种类型

（1）系统族。系统族可以创建基本建筑图元，如墙、屋顶、天花板、楼板，以及其他要在施工场地装配的图元，能够影响项目环境且包含标高、轴网、图纸和视口类型的系统设置也是系统族，系统族是在 Revit 中预定义的，不能将其从外部文件中载入到项目中，也不能将其保存到项目之外的位置，如果在项目中找不到所需的系统族类型，可以通过下列方法：创建一个新族类型、修改现有类型的属性、复制族类型并修改其属性或从另一个项目复制并粘贴一个类型，所修改的所有类型都保存在项目中。

例如，可能要向项目中添加具有特定面层的木质楼板，但是，唯一相似的楼板族类型的托梁较小，而且面层也不同，可以在项目中复制系统族类型、根据新楼板的特性修改其名称，然后编辑其属性，使其具有新的尺寸层，系统族通常不需要对任何新几何图形进行建模。

由于系统族是预定义的，因此它是三种族中自定义内容最少的，但与其他标准构件族和内建族相比，它却包含更多的智能行为，在项目中创建的墙会自动调整大小，来容纳放置在其中的窗和门，在放置窗和门之前，无须为它们在墙上剪切洞口。

（2）可载入族。可载入族是用于创建建筑构件和一些注释的图元族，可载入族可以创建通常购买、提供和安装在建筑上的如窗、门、橱柜、设备、家具和植物等，此外，它们还包含一些常规自定义的注释图元，例如符号和标题栏。

由于可载入族可自定义程度高，因此是在 Revit 中最常创建和修改的族。与系统族不同，可载入族是在外部 .rfa 文件中创建，然后导入或载入到项目中的，对于包含许多类型的族，可以创建和使用类型目录，以便仅载入项目所需要的类型。

创建可载入族时，首先使用软件中提供的样板，样板要包含所要创建的族的相关信息。先绘制该族的几何图形，创建该族的参数，创建其包含的变体或族类型，确定其在不同视图中的可见性和详细程度，然后再进行测试，最后才能在项目中用它来创建图元，Revit包含一个内容库，可用来访问软件提供的可载入族并保存创建的族，也可以从网上的各种资源获得可载入族，如图 1-1-1 所示，旋转门是一个可载入族。

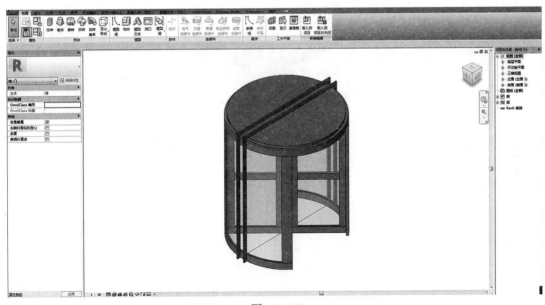

图　1-1-1

（3）内建族。在将这些族的实例添加到项目中时，希望这些族的实例起作用，方式有：作为单一图元或作为单独图元可以指定为共享嵌套的族或不共享嵌套的族；内建图元是需要创建当前项目专有的独特构件时所创建的独特图元，可以创建内建几何图形，以便它可参照其他项目几何图形，使其在所参照的几何图形发生变化时进行相应大小调整和其他调整，如图 1-1-2 所示。

图　1-1-2

1.2 族编辑器界面

Revit 采用 Ribbon（功能区）界面，用户可以根据操作需要更快速便捷地找到对应的功能，如图 1-2-1 所示。

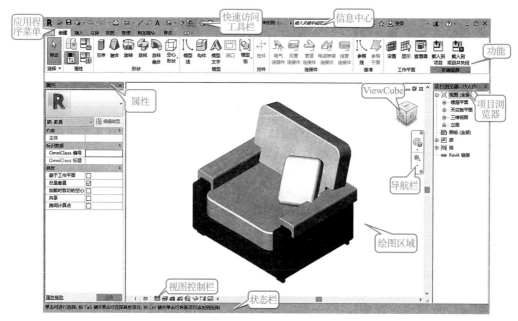

图 1-2-1

● 1.2.1 基本工具介绍

（1）应用程序菜单栏。单击 Revit 界面的左上角 "应用程序菜单" 按钮，展开应用程序菜单，如图 1-2-2 所示，分别有新建、打开、保存、另存为、导出、打印、关闭等工具。

（2）快速访问工具栏。快速访问工具栏包含一组默认工具，读者可以对该工具栏进行自定义，使其显示最常用的工具，快速访问工具栏可以显示在功能区的上方或下方，要修改设置，请在快速访问工具栏上单击 "自定义快速访问工具栏" 下拉列表→ "在功能区下方显示"，如图 1-2-3 所示。

（3）属性。属性选项板是一个无模式对话框，通过该对话框，可以查看和修改用来定义图元属性的参数；一般情况下，在执行 Revit 任务期间应使 "属性" 选项板保持打开状态，使用 "类型选择器"，选择要放置在绘图区域中的图元的类型，或者修改已经放置的图元的类型，如图 1-2-4 所示。

1）类型选择器：一个用来放置图元的工具处于活动状态，或者在绘图区域中选择了同一类型的多个图元，则 "属性" 选项板的顶部将显示 "类型选择器"，"类型选择器" 标识当前选择的族类型，并提供一个可从中选择其他类型的下拉列表。

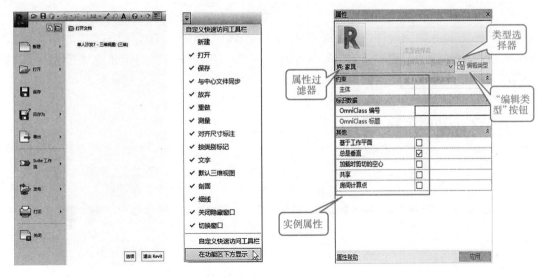

图　1-2-2　　　　　图　1-2-3　　　　　图　1-2-4

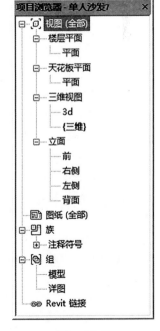

图　1-2-5

2）属性过滤器：类型选择器的正下方是一个过滤器，该过滤器用来标识将由工具放置的图元类别，或者标识绘图区域中所选图元的类别和数量，如果选择了多个类别或类型，则选项板上仅显示所有类别或类型所共有的实例属性；当选择了多个类别时，使用过滤器的下拉列表可以仅查看特定类别或视图本身的属性，选择特定类别不会影响整个选择集。

3）"编辑类型"按钮：单击"编辑类型"按钮将访问一个对话框，该对话框用来查看和修改选定图元或视图的类型属性。

4）实例属性："属性"选项板既显示可由用户编辑的实例属性，又显示只读（灰显）实例属性；当某属性的值由软件自动计算或赋值，或者取决于其他属性的设置时，该属性可能是只读属性。

（4）项目浏览器。"项目浏览器"用于显示当前项目中所有视图、明细表、图纸、组和其他部分的逻辑层次，展开和折叠各分支时，将显示下一层项目，如图 1-2-5 所示。

（5）视图控制栏。"视图控制栏"可以快速访问影响当前视图的功能，"视图控制栏"位于视图窗口底部，状态栏的上方，如图 1-2-6 所示。

（6）绘图区域。"绘图区域"显示当前项目的视图（以及图纸和明细表），每次打开项目中的某一视图时，此视图会显示在绘图区域中其他打开的视图的上面，其他视图仍处于打开的状态，但是这些视图在当前视图的下面。

（7）导航栏。"导航栏"用于访问导航工具，可以用放大、缩小、平移等命令来调整窗口中的视图区域。

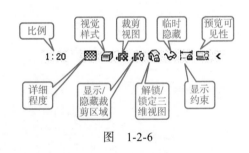

图　1-2-6

（8）ViewCube。ViewCube 工具是一种可单击、可拖动的永久性界面，可用于在模型的标准视图和等轴测视图之间进行切换，显示 ViewCube 工具后，它将以非活动状态显示在窗口中的一角（模型上方），ViewCube 工具在视图更改时提供有关模型当前视点的直观反馈，将光标放置到 ViewCube 工具上时，该工具变为活动状态。

1.2.2 功能区基本命令

（1）创建。"创建"选项卡中包含了选择、属性、形状、模型、控件、连接件、基准、工作平面、族编辑器，九种基本常用功能，如图 1-2-7 所示。

图 1-2-7

1）"选择"面板。进入选择模式，以便可以选择要修改的图元，在图元上方移动鼠标时，该图元将高亮显示。单击以选择该高亮显示的图元，如果是由于附近的图元存在难以选择，则按"Tab"键循环切换图元，到目标图元高亮为止，然后单击确定选择该图元，如图 1-2-8 所示。

2）"属性"面板。用于查看和编辑对象属性，在族编辑过程中，提供了"属性""族类型""族类别和族参数""类型属性"四种基本属性查询和定义，如图 1-2-9 所示。

①属性："属性"选项板是一个无模式对话框，通过该对话框，可以查看和修改用来定义图元属性的参数。通过使用"类型选择器"，选择要放置在绘图区域中的图元的类型，或者修改已经放置的图元的类型。

查看和修改要放置的，或者已经在绘图区域中选择的图元属性，查看和修改活动视图的属性，访问适用于某个图元类型的所有实例的类型属性，如图 1-2-10 所示，以拉伸体块为例。

②族类型。同一组类型属性由一个族中的所有图元共用，而且特定族类型的所有实例，每个属性都具有相同的值，该功能则在载入项目中起作用，用于新定义或者修改族类型参

图 1-2-8

图 1-2-9

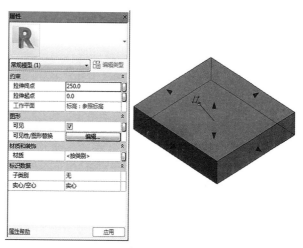

图 1-2-10

数，以旋转门为例，如图 1-2-11 所示。

③族类别和族参数。"族类别和族参数"工具可以将预定义的族类别属性指定给要创建的构件，此工具只能用在族编辑器中。

族参数定义应用于该族中所有类型的行为或标识数据，不同的类别具有不同的族参数，具体取决于 Revit 希望以何种方式使用构件，控制族行为的一些常见族参数示例包括：

总是垂直：选中该选项时，该族总是显示为垂直（即 90°），即使该族位于倾斜的主体上，例如楼板。

基于工作平面：选中该选项时，族以活动工作平面为主体，可以使任一无主体的族成为基于工作平面的族。

共享：仅当族嵌套到另一族内并载入到项目中时才适用此参数，如果嵌套族是共享的，则可以从主体族独立选择、标记嵌套族和将其添加到明细表。如果嵌套族不共享，则主体族和嵌套族创建的构件作为一个单位。

标识数据参数包括 OmniClass 编号和 OmniClass 标题，它们都基于 OmniClass 表 23 产品分类，如图 1-2-12 所示。

④族类型工具。族类型工具用于定义族的名称、功能、参数，材质，在项目中要执行该功能则选择"类型属性"，如图 1-2-13 所示。

图 1-2-11

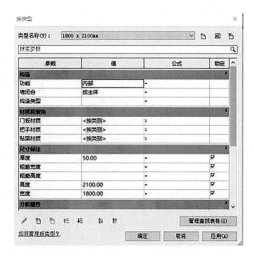

图 1-2-12

图 1-2-13

3）"形状"面板。汇聚了用户建立三维形状的所有工具。通过拉伸、融合、旋转、放样、放样融合形成实体三维体块，配合空心形状可用于局部剪切，以达用户目的，如图1-2-14所示。

4）"模型"面板。提供了模型线、构件、模型文字、洞口、模型组的创建和根据需要调用构件族，如图1-2-15所示。

5）"控件"面板。可将控件添加到视图中，支持添加到项目中进行单向垂直、双向垂直、单向水平或双向水平翻转箭头，在族环境下务必在楼层平面、参照标高中添加，如图1-2-16、图1-2-17所示。

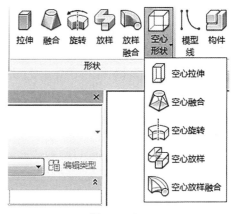

图　1-2-14

图　1-2-15

图　1-2-16

图　1-2-17

6）"连接件"面板。可将连接件添加到机电构件族（电气、给水排水、暖通），载入项目作为连接管道接口，如图1-2-18所示。

图　1-2-18

7）"基准"面板。提供了参照线和参照平面，参照线可用于辅助线也可用于体量创建时约束体块，参照平面用于约束构件边界，可添加对应尺寸和参数用于驱动，如图1-2-19所示。

8）"工作平面"面板。为当前视图或者所选图元指定工作平面，可以通过"显示"

命令对工作平面显示和隐藏，也可以通过开启"查看器"，将"工作平面查看器"作为临时的视图来编辑选定图元，如图1-2-20所示。

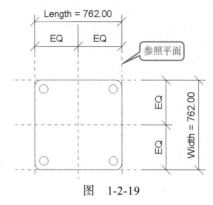

图 1-2-19

9)"族编辑器"面板。为当前族和项目之间的交互通道，通过该工具可将族调入项目中使用。

（2）插入。"插入"集合了链接、导入、从库中载入、族编辑器，如图1-2-21所示。

1)"链接"在族编辑器中不可激活，仅在项目样板里面可以激活，如图1-2-22所示。

2)"导入"集合"导入CAD""管理图像""导入族类型"。通过"导入CAD"命令可以导入CAD底图作为建模参考，"管理图像"功能不常用，"导入族类型"可将标准.raf格式的族类型文件中的类型导入到当前族中，如图1-2-23所示。

图 1-2-20

图 1-2-21

图 1-2-22

图 1-2-23

3)从库中载入：集合了"载入族""作为组载入"，如图1-2-24所示。

图 1-2-24

通过"载入族"可将外部族作为当前族的嵌套整体创建编辑。

（3）注释。"注释"集合了尺寸标注、详图、文字工具，如图 1-2-25 所示。

图　1-2-25

1）"尺寸标注"集合了对齐、角度、半径、直径、弧长，用于向族中添加永久的尺寸标注。除此之外，在绘制几何图形时 Revit 还会自动创建尺寸标注，如果希望创建不同尺寸的族，该命令很重要。

2）"详图"集合了绘制二维图元时使用的重要功能，包括符号线、详图构件、详图组、符号、遮罩区域。

①符号线：用于绘制专门用作符号的线，例如，可以在平面视图中用符号线来表示门打开方向，如图 1-2-26 所示，符号线不是族实际几何图形的一部分；符号线看起来平行于所在的视图。

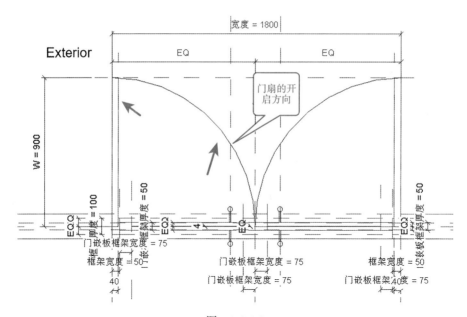

图　1-2-26

可以控制剪切实例的符号线可见性，选择"符号线"，然后单击"修改线"选项卡，选择"可见性"面板中的"可见性设置"工具，在"族图元可见性设置"对话框中，选择"仅当实例被剖切时显示"，在此对话框中，也可以基于视图的详细程度，来控制线的可见性，例如，如果选择"粗略"，则当族载入项目中并放置在详细程度为"粗略"的视图中时，符号线可见，如图 1-2-27 所示。

②详图构件：将详图构件添加到视图中，也可以将注释记号添加到详图构件中，再添加到项目中，表达局部节点做法。

③详图组：用于创建详图组或在视图中放置实例，详图图元包含专有视图图元，如文字和填充区域，但不包括模型图元。

④符号：用于在当前视图放置二维注释符号，它们仅在显示的视图中存在，也可称之

为注释标记，比如坡度符号、折断线。

⑤遮罩区域：用户用于遮罩某个部位的工具，可以为完全遮罩，也可为填充区域遮罩，比如表达混凝土样式填充可用该工具实现局部出图表达。

3）文字：集合了文字添加和拼写检查、查找替换功能。

①文字添加：可将文字注释添加到当前视图，仅是二维文字，在三维中不显示，文字注释比例根据视图比例自动调整。

②拼写检查：可对选择集、当前视图、图纸文字注释进行拼写检查。

③查找替换：用于项目注释文字查找和替换。

（4）视图。"视图"选项卡中集合了图形、创建、窗口常用视图显示工具，如图 1-2-28 所示。

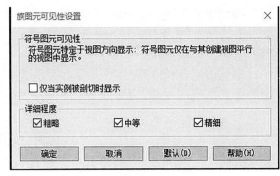

图　1-2-27

图　1-2-28

1）图形：控制项目中各个视图的模型图元、基准图元和视图专有图元的可见性和图元轮廓线图形显示状况，如图 1-2-29 所示。

2）创建：集合默认三维、相机、剖面、平面区域、立面。

①默认三维：用于打开视图正交三维视图。

②相机：可在视图窗口中，创建透视图。

③剖面：在二维平面视图中，可创建图元剖切投影视图。

④平面区域：可在二维平面视图中，创建可视平面区域，控制构件视图深度和主要范围在平面投影的区域显示状态，而平面区域仅仅存在项目样板中可编辑平面区域视图范围。

⑤立面：用于创建构件立面投影视图，在项目样板中，可编辑立面投影方向和投影深度。

3）窗口：集合了切换窗口、关闭隐藏对象、复制、层叠、平铺功能。

①切换窗口：当一个项目中打开多个窗口，通过该命令可以切换到要观察或者编辑的窗口，譬如一个项目打开了三维窗口和立面视图窗口，可以通过该选择进行切换，如图 1-2-30 所示。

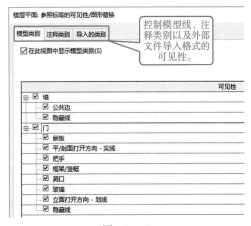

图　1-2-29

图 1-2-30

②关闭隐藏对象：当打开多个视图窗口，单击该命令，可关闭除了当前视图窗口以外的其他视图窗口，对不同项目间没有影响。

③复制、层叠、平铺：可复制当前视图产生视图 1、视图 2…，层叠则是所有项目视图层叠显示，平铺则是所有项目视图，按屏幕大小调整窗口自动满铺在视图中，如图 1-2-31 所示。

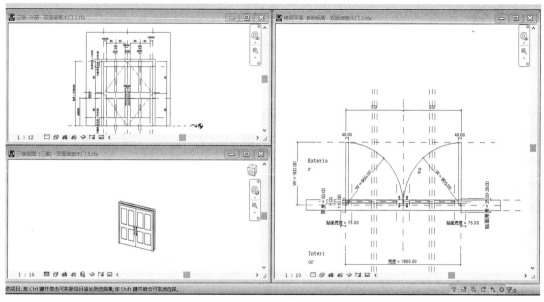

图 1-2-31

（5）管理。管理选项卡集合了设置、管理项目、查询、宏、可视化编程功能，如图 1-2-32 所示。

1）"设置"面板。用于建筑模型中的图元设置，其中包括材质、对象样式、捕捉、共享参数、传递项目标准、清除未使用项、项目单位、MEP 设置、其他设置。

①材质：材质对话框汇集了大量服务项目的颜色定义和图片贴图，用户可根据需要对材质进行新建、重命名、修改、删除操作，如图 1-2-33 所示。

图 1-2-32

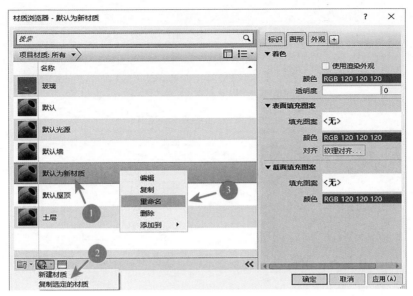

图　1-2-33

②对象样式：用于指定线宽、颜色和填充图案，以及模型对象、注释对象和导入对象的材质，如图1-2-34所示。

③捕捉：用于指定捕捉增量，以及启用或禁用捕捉点，如图1-2-35所示。

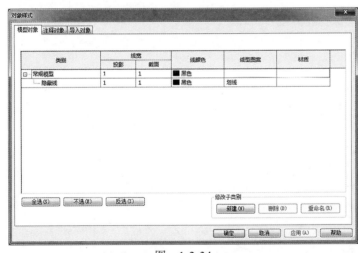

图　1-2-34

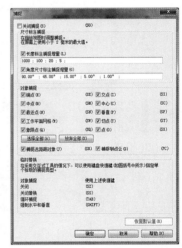

图　1-2-35

④共享参数：用于指定可在多个族和项目中使用的参数，通过使用共享参数可以添加族文件或者项目样板中未定义的特殊数据，其中共享参数储存在一个独立于任何族文件或项目的文件中，如图1-2-36所示，可添加施工单位、施工责任人、施工日期、验收日期等项目信息。

⑤传递项目标准：用于将选定的项目设置，从另一个打开的项目复制到当前项目，其中涉及信息有族类型、线宽、材质、视图样板和对象样式。

⑥清除未使用项：文件比较大可以通过该命令清除项目中未使用族和类型，可达到缩小文件效果。

⑦项目单位：用于指定度量单位的显示格式，通过选择一个规程和单位，以指定用于

显示项目中的单位的精确度（舍入）和符号，如图 1-2-37 所示。

⑧ MEP 设置：主要用于定义规程专有设置，用于能量分析。

⑨其他设置：用于定义项目的全局设置，通过使用这些设置来定义项目的属性，例如单位、线型、载入的标记、注释记号和对象样式，如图 1-2-38 所示。

图　1-2-36

图　1-2-37

图　1-2-38

2）"管理项目"面板。集合了管理链接、管理图像、贴花类型、启动视图。

其中，管理链接提供多种选项，用于管理建筑模型、CAD 文件、DWF 标记文件和点云等链接。

3）"查询"面板：集合了选择项的 ID、按 ID 选择、警告。

①选择项的 ID：可确定选定图元的 ID。

②按 ID 选择：软件提供了按 ID 选择是唯一标示编号来查找当前视图中的图元。

③警告：可以显示与某个图元相关的警告列表，如果图元没有警告，"修改"选项卡上将不会显示"显示相关警告"工具，如图 1-2-39 所示。

4）"宏"面板集合了宏管理器、宏安全性。以便用户安全地创建、删除宏。

（6）修改。修改选项卡集合了剪贴板、几何图形、修改、测量、创建五类基本功能，如图 1-2-40 所示。

1）"剪贴板"面板：集合了粘贴、剪切、复制、匹配类型属性四项基本功能。

①粘贴功能：将图元从剪贴板粘贴到当前视图中，通过"移动""旋转""对齐"可将图元放置在所需的位置。

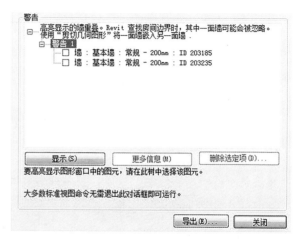
图　1-2-39

图 1-2-40

②剪切到剪贴板功能：可以删除选定图元，或放置在剪贴板上，配合粘贴功能实现在其他视图或另一个项目中粘贴图元。

③复制到剪贴板功能：可以复制选定图元到剪贴板上，配合粘贴功能实现在其他视图或另一个项目中粘贴图元。

④匹配类型属性：可以转换一个或者多个图元，以便与同一个视图中的其他图元的类型匹配，注意匹配类型仅在一个视图中有效，不能在不同视图中匹配类型。而且选中图元必须属于同一个类别。

2）几何图形集合了剪切、拆分面、连接、填色四项基本功能。

①剪切几何图形：通过选择剪切体再选择被剪切体实现构件剪切。运用在实心形状和空心形状中。

②拆分面：通过拆分面将图元的面进行区域分割，以便使用不同区域材质填充。而"拆分面"工具只是拆分图元的选择面，不会产生多个图元或者多个修改图元结构。

③连接几何图形：在共享公共面的 2 个或者更多主体图元（如墙体和楼板）之间创建清理连接。

④填色：可将材质应用到图元的面，可配合拆分图元面使用，以达到一面多材质效果。

提示：在数量报告和明细表中，应用了"填色"工具的材质与用作主题对象图元的主体材质是有所区别的，若要从图元中删除填色，请使用"删除填色"工具。

1.3 图元基本命令

1.3.1 图元的基本操作

（1）图元选择。

1）点选。单击要选择的图元，如果需要选择多个图元时，可按住"Ctrl"键，通过光标逐个选择，要取消已选中图元时，可按住"Shift"键，通过光标单击已选择的图元，实现图元从选择集中删除。

2）框选。按住鼠标左键，由左向右拖动光标，则选中整个位于矩形框范围内的图元，完成多个图元选择。按住鼠标左键，由右向左拖动光标，则与矩形框有接触的图元都将被选择，按住"Ctrl"键，可继续使用不同方式选择其他图元，或者按住"Shift"键，可使用不同方式取消图元的选择。

3）图元过滤。在创建和修改族的过程中使用过滤器，可按类别过滤出目标图元以及图元计数，在 Revit 中经常会出现多个图元重复在同一位置，如果想要选择同一类别的图元，经常会出现漏选现象，通过以下操作，对过滤器进行练习。

①通过框选，选择视图中所有图元，Revit 将会自动切换至"修改│选择多个"选项卡，单击选择"选择"面板中的"过滤器"，如图 1-3-1 所示。

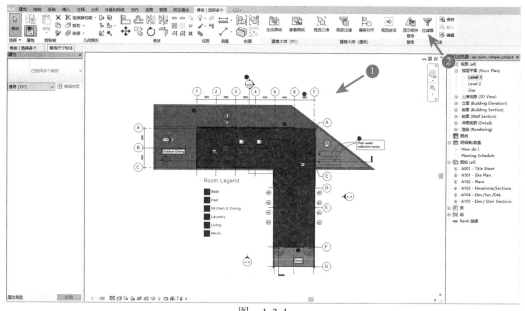

图 1-3-1

②完成以上所有操作之后，Revit 将会自动弹出"过滤器"对话框，如图 1-3-2 所示，在类别中选择需要过滤的类型，此处以选择"墙""窗""尺寸标注"为例，如图 1-3-3 所示，完成以上所有操作，单击确定按钮。

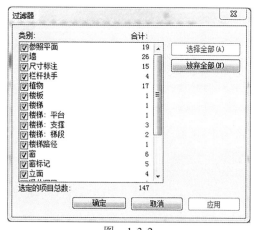

图 1-3-2

图 1-3-3

③完成所有操作，Revit 会将以上所选择的类别，过滤在视图中，如图 1-3-4 所示。

（2）图元编辑。绘图区域中编辑图元的工具和方法：

1）只有选中图元后，修改绘图区域中的图元的控制柄和工具才可用。

2）专有编辑命令。

①临时尺寸标注：某些图元被选中后，选项栏会出现专用的编辑命令按钮，用以编辑该图元，当放置图元或绘制线或选择图元时在图形中显示的测量值，如图 1-3-5 所示，在完成动作或取消选择图元后，这些尺寸标注会消失。

②临时尺寸编辑：选择图元时出现临时尺寸，可以用于修改图元的长度、位置。

③控制符号：选择某些图元时，在图元的附近会出现专有控制符号，可以通过拉动拉伸图形编辑控件。

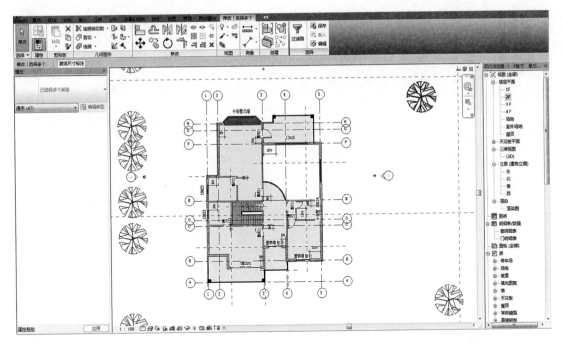

图　1-3-4

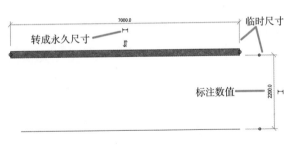

图　1-3-5

（3）图元分类。

1）建筑图元：表示建筑的实际三维几何图形，它们显示在模型的相关视图中，建筑图元分为主体图元和构件图元，譬如主体图元有梁、板、柱、屋顶等；构件图元有门、窗、柜子等。

2）基准图元：可以帮助定义项目定位的图元，譬如标高、轴网、参照平面都属于基准图元。

3）视图专有图元：可以帮助对模型进行描述或归档。

1.3.2　图元可见性控制

当图元的模型类别、注释类别、导入的类别在绘图区域比较多时，需要说明是否进行显示或者隐藏，Revit 可根据具体情况选择不同的可见性控制方法。

（1）可见性 / 图形替换。"可见性 / 图形替换"对话中分别按"模型类别""注释类别""导入的类别"分类控制各种类别的可见性和线样式等，取消勾选"在此视图中显示模型类别"即可以关闭这一类型的图元显示，如图 1-3-6 所示。

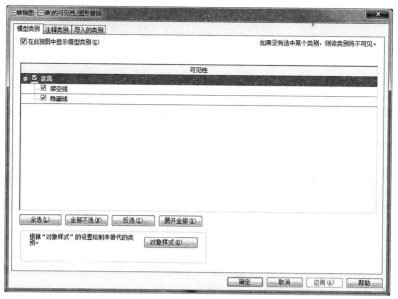

图　1-3-6

（2）视图显示模型控制。在平面、立面、剖面、三维视图中，可以根据需要设定以下五种显示选项："线框""隐藏线""着色""一致的颜色"和"真实"。单击"图形显示选项"，如图 1-3-7 所示，打开"图形显示选项"对话框，可以设置用于增强模型视图视觉效果的选项，如 图 1-3-8 所示。

图　1-3-7

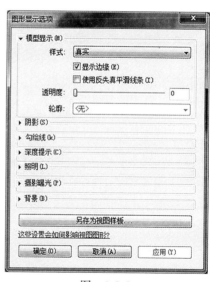

图　1-3-8

🔺 1.3.3　什么是参照平面、参照、定义原点

（1）参照平面。这是一个相对的概念，它是用来三维定位时的参照，如果选择水平面为参考平面，那么在这之后的使用操作，都是基于这个平面来完成的，直到定义下一个参考平面为止。

（2）参照。参照平面的参照强度分为"非参照、强参照、弱参照、左、中心（左/右）、右、前、中心（前／后）、后、底、中心（标高）、顶"等项。

参照强度的作用主要体现在，族文件被载入到项目中后，当使用"对齐"等命令时，参照强度将决定族的某些边线或中线能否被捕捉到以及被捕捉到的优先级别，越强的参照强度，被捕捉的优先级别也就越高，反之则越低，而"非参照"则在项目中完全不会被捕捉到。

另外，"左、中心（左／右）、右、前、中心（前／后）、后、底、中心（标高）、顶"等的参照强度与"强参照"相同，其另一个作用便是规定了族在一些位置的属性，如族的左边和右边。当族在项目中被其他同样设置了位置属性的族替代时，仍能保证相同位置定义的边线是对齐的。

（3）定义原点。创建构件族后，应定义族原点并将其固定（锁定）到相应位置，在使用完成的族创建图元时，族原点将指定图元的插入点。

视图中两个参照平面的交点定义了族原点，通过选择参照平面并修改它们的属性可以控制参照平面定义原点，许多族样板都创建了具有预定义原点的族，但读者可能需要设置某些族的原点，例如，用于创建坐便器图元的无障碍坐便器族必须始终放置在距相邻墙特定距离的位置处，才能符合标准要求，因此，族原点需要放置在距墙指定距离的位置。

2

第 2 章

创建族初步介绍

课程概要:

本章主要讲解创建族的常规思路，Revit 族的样板概念与应用，参照线、参照平面、模型线等的功能，工作平面的概念与应用，在族中如何添加材质，如何在族中设置可见性与详细程度，如何使参数在族中进行关联以及如何应用模型文字与一般文字。

课程目标:

- 了解创建标准构件族的常规思路
- 了解族样板的概念
- 了解参照线、参照平面、模型线的概念与应用
- 了解工作平面的概念与设置
- 了解在族中添加材质的操作步骤
- 了解参数在族中的关联
- 了解控件与设置
- 了解族的可见性 / 详细程度

2.1　创建标准构件族的常规思路

在开始创建族之前，对族的创建进行规划，对族的类型进行判断，根据确定的类型，选择相对应的族样板，再通过创建族的工具，创建参数族模型。

2.1.1　创建族的操作步骤

（1）选择样板：在创建族之前，使用相应的族样板创建一个新的族文件，族的后缀名为".rfa"；创建样板的基本步骤：单击"应用程序菜单"按钮的"新建"选项，选择"族"，如图 2-1-1 所示，也可以通过单击"Revit 欢迎界面"中的"新建"按钮，如图 2-1-2 所示。

图　2-1-1　　　　　　　　　　　　　　图　2-1-2

完成以上所有操作，Revit 将会弹出"新建 - 选择样板文件"对话框，默认文件中，提供了不同的样板，用户可以根据需求进行选择，如图 2-1-3 所示。

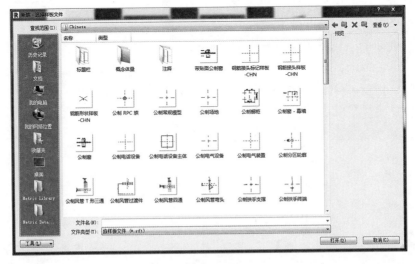

图　2-1-3

（2）定义族类别与族参数的类型，以帮助控制族几何图形的可见性：

1）选择完成族样板，Revit 将会打开族的编辑界面，切换"创建"选项卡，选择"属性"

面板中的"族类别和族参数"工具，如图 2-1-4 所示。

图　2-1-4

2）选择完成之后，Revit 将会自动弹出"族类别和族参数"对话框，如图 2-1-5 所示。

（3）创建族的构架或框架：

1）创建族的形状，常用的是"创建"选项卡中的"形状"工具，如图 2-1-6 所示。

2）定义族的原点（插入点）：一般在默认的情况下，族样板已经将原点定义好，不需要进行定义；若在没有定义的情况下，框选已经创建完成的参照平面，在属性面板中，确定勾选"定义原点"，默认情况是以两个参照平面的相交点为原点，如图 2-1-7 所示。

3）进行参照平面和参照线的布局，以帮助绘制构件几何图形。

4）添加尺寸标注以指定参数化关系。

切换至"楼层平面"视图中，在垂直中心参照平面与水平中心参照平面的上、下、左、右各偏移500mm，如图 2-1-8 所示。

> 注：在图 2-1-8 中，单击连续标注，尺寸标注上方会显示"EQ"控件，单击时，Revit会将这段尺寸标注进行平分。

5）标记尺寸标注：以创建类型 / 实例参数或二维表示：单击标注完成的尺寸标注，Revit 将会切换至"修改 | 尺寸标注"选项卡，单击选择"标签尺寸标注"中的"创建参数"工具，进行参数创建，如图 2-1-9 所示。

图　2-1-5

图　2-1-6

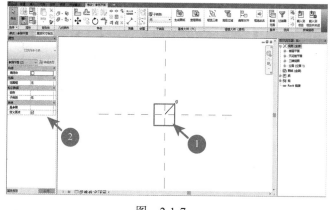

图　2-1-7

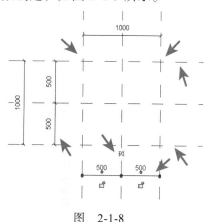

图　2-1-8

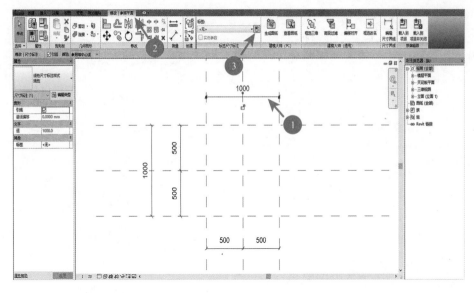

图　2-1-9

（4）通过指定不同的参数定义族类型的变化。创建完成所有族的模型，并且定义完成族的参数，打开"族的编辑类型"，调整"族类型"中的族参数数值，如果无提示错误，表示完成族成功。

（5）添加实心或者空心几何图形，并将该几何图形约束到参照平面。

（6）调整新模型（类型和主体），以确认构件的行为是否正确。

（7）重复上述步骤直到完成族几何图形。

2.1.2　设置可见性

使用子类别和实体可见性设置指定二维和三维几何图形的显示特征。

选择创建完成的模型，在"属性"面板中的"图形"选项单击"可见性 / 图形替换"后面的"编辑"按钮，如图 2-1-10 所示，完成以上所有操作，Revit 将会自动弹出"族图元可见性设置"对话框，如图 2-1-11 所示，用户可根据需要进行设置。

2.1.3　保存族

保存新定义的族，然后将其载入到项目进行测试。

完成族创建，可以单击"快速访问栏"中的"保存"按钮，进行保存，如图 2-1-12 所示。

也可以切换至"修改"选项卡，选择"族编辑器"面板中的"载入到项目"工具，如图 2-1-13 所示。

图　2-1-10

图　2-1-11

图 2-1-12

图 2-1-13

2.2 族类别与样板

2.2.1 族类别

接下来，对新建族类型的族类别进行讲解。

（1）族类型。一个族可以有多个类型，项目的用户可以看到族的类型，每个族类型可以有不同的尺寸形式，可以根据需要进行调用，在"族类型"对话框中，单击"新建"按钮，以添加族的类型，可对已有的类型进行"重命名"以及"删除"操作，如图 2-2-1 所示。

（2）添加参数。参数对族非常重要，正因为族具有参数控制及其传输信息，族才有强大的灵活性和生命力，单击"族类型"下方的"新建参数"按钮，在打开的"参数属性"对话框中添加参数，如图 2-2-2 所示。

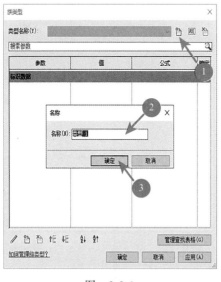

图 2-2-1

图 2-2-2

（3）参数类型。

1）族参数：族载入项目中，不能出现在明细表或标记中。

2）共享参数：可以由多个项目和族共享，载入项目中可以出现在明细表或标记中，将会在 TXT 文档中记录这个参数。

3）特殊参数：是一类比较特殊的参数，是族样板中自带的一类参数，用户不能自行创建该类参数，也不能对其进行修改或者删除，选择不同的"族样式"或"族类别"，在"族类别"对话框中可能会出现不同的此类参数，这些参数可以出现在项目的明细表中。

（4）参数数据。

1）名称：用户可以自行定义，在同一个族内，不能出现名称相同的参数。

2）规程：有公共、结构、HVAC、电气、管道、能量等几类可供选择。

> 注：规程下的归类与用处：公共（可以用于任何族参数定义）、结构（用于结构族）、HVAC（用于混成自动电压控制参数定义）、电气（用于定义机电族参数）。

不同"规程"显示的"参数类型"不同，在项目中，可按"规程"分为设置项目单位的格式，选择的不同的"规程"也决定族在项目中调用的单位格式，如图 2-2-3 所示。

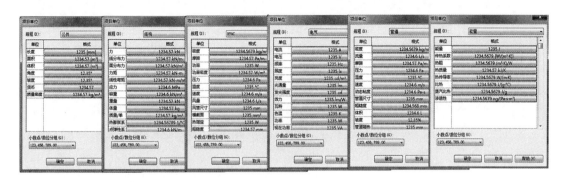

图　2-2-3

（5）类型 / 实例参数区别。

1）类型参数：同一个族的相同类型被载入到项目中，类型参数一旦被修改，所有类型的参数都会发生变更。

2）实例参数：同一个族的多个相同的类型被载入到项目中，其中一个类型的实例参数值一旦被修改，只是当前的单个族的实例参数发生变更，其他类型的这个实例参数值仍保持不变。

> 注：参数生成后，不能修改参数的"规程"和"参数类型"，但可以修改"参数名称"及其"参数分组方式"和"类型 / 实例"。

2.2.2　族样板

Revit 族样板相当于一个构件块，其中包含在开始创建族时以及 Revit 在项目中放置族时所需要的信息。

尽管大多数族样板，都是根据所要创建图元的族类型进行命名，但也有一些样板在创建族之后进行命名。比如对于基于主体的族而言，只有存在其主体类型的图元时，才能放置在项目中。

下面将详细说明常用族样板的用途：

（1）基于墙的样板。使用基于墙的样板，可以创建将插入到墙中的构件，有些墙构件（例如门和窗）可以包含洞口，因此当在墙上放置该构件时，它会在墙上剪切出一个洞口，基于墙的构件的一些示例包括门、窗和照明设备，每个样板中都包括一面墙，为了展示构件与墙之间的配合情况，这面墙是必不可少的。

（2）基于天花板的样板。使用基于天花板的样板，可以创建将插入到天花板中的构件，有些天花板构件包含洞口，因此当在天花板上放置该构件时，它会在天花板上剪切出一个洞口，基于天花板的族示例包括喷水装置和隐蔽式照明设备。

（3）基于楼板的样板。使用基于楼板的样板，可以创建将插入到楼板中的构件，有些楼板构件（例如加热风口）包含洞口，因此当在楼板上放置该构件时，它会在楼板上剪切出一个洞口。

（4）基于屋顶的样板。使用基于屋顶的样板，可以创建将插入到屋顶中的构件，有些屋顶构件包含洞口，因此当在屋顶上放置该构件时，它会在屋顶上剪切出一个洞口，基于屋顶的族示例包括檐底板和风机。

（5）独立样板。独立样板用于不依赖于主体的构件，独立构件可以放置在模型中的任何位置，可以相对于其他独立构件或基于主体的构件添加尺寸标注，独立族的示例包括柱、家具和电气器具。

（6）基于线的样板。使用基于线的样板，可以创建采用两次拾取放置的详图族和模型族。

（7）基于面的样板。使用基于面的样板可以创建基于工作平面的族，这些族可以修改它们的主体，从样板创建的族可在主体中进行复杂的剪切，这些族的实例可放置在任何表面上，而不用考虑它自身的方向，见表 2-2-1。

表 2-2-1

若要创建	请从以下样板中选择	若要创建	请从以下样板中选择
二维族	详图项目 轮廓 注释 标题栏	有主体的三维族	基于墙 基于天花板 基于楼板 基于屋顶 基于面
需要特定功能的三维族	栏杆 结构框架 结构桁架 钢筋 基于图案	没有主体的三维族	基于线 独立（基于标高） 自适应样板 基于两个标高（柱）

2.3 参照平面 / 参照线 / 模型线

2.3.1 参照平面

参照平面可以使用"线"或"拾取线"工具来绘制，以用作设计准则；参照平面会显示在为模型所创建的每个平面视图中；参照平面可在绘制线和几何图形时用作引导的无穷大平面。

接下来通过以下操作，对创建参照平面进行练习。

（1）切换至"创建"选项卡，选择"基准"面板→"参照平面"，用于创建一个参照平面，如图 2-3-1 所示。

图   2-3-1

（2）完成以上操作，Revit 将会切换至"修改 | 放置参照平面"选项卡，选择"绘制"面板中的"直线"或"拾取线"工具，绘制参照平面，如图 2-3-2 所示。

图   2-3-2

（3）若是用于约束构件，则可用参照平面来约束与控制构件，如图 2-3-3 所示"门"族的约束环境。

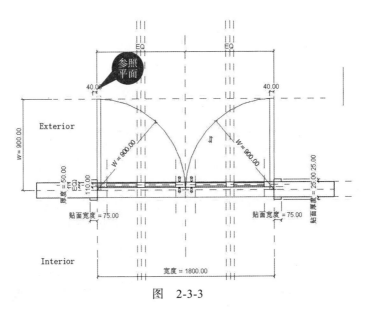

图   2-3-3

2.3.2 参照线

（1）族中的参照线：可以使用参照线来创建参数化的族框架，用于附着族的图元，我们经常在做一些有角度变化的模型时会采用参照线，参照线具有良好的角度参变能力。

（2）项目中的参照线：当族载入到项目中后，参照线的行为与参照平面的行为相同，参照线在项目中不可见，并且在选择族实例时，参照线不会高亮显示，参照线在与当前参照平面相同的环境中高亮显示并生成造型操纵柄，这取决于它们的"参照"属性。

接下来通过以下操作，对创建参照线进行练习。

（1）切换至"创建"选项卡，选择"基准"面板→"参照线"，用于创建一条参照线，如图 2-3-4 所示。

图 2-3-4

（2）完成以上操作，Revit 将会切换至"修改 | 放置参照线"选项卡，选择"绘制"面板中的"直线"或"拾取线"工具，绘制参照平面，如图 2-3-5 所示。

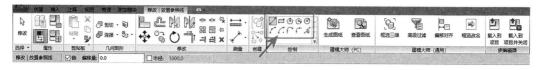

图 2-3-5

2.3.3 模型线

模型线是基于工作平面的图元，存在于三维空间且在所有视图中都可见，模型线可以绘制成直线、曲线、链状，或者矩形、圆形、椭圆形或其他多边形的形状。模型线既可以在项目环境中绘制，也可以在体量环境中绘制。

接下来通过以下操作，对创建模型线进行练习。

（1）切换至"创建"选项卡，选择"模型"面板→"模型线"，用于创建一条模型线，如图 2-3-6 所示。

图 2-3-6

（2）完成以上操作，Revit 将会切换至"修改 | 放置线"选项卡，选择"绘制"面板中的"直线"或"拾取线"工具，绘制模型线，如图 2-3-7 所示。

图 2-3-7

（3）在三维视图中，模型线总是可见的，可以控制这些线在平面视图和立面视图中的可见性，选择模型线，Revit 将会切换至"修改 | 线"选项卡，选择"可见性"面板中的"可见性设置"工具，如图 2-3-8 所示。

图 2-3-8

（4）完成以上操作，Revit 将会弹出"族图元可见性设置"对话框，如图 2-3-9 所示。

图　2-3-9

2.4　尺寸标注与工作平面

2.4.1　尺寸标注

尺寸标注用来在对象表面之间标注对象的尺寸，在 Revit 中尺寸标注属于注释类图元，用来标注构件的空间尺寸，包括高度、宽度和深度，尺寸标注还可以标注对象的角度、半径、直径和弧长。

尺寸标注是系统族，它具有用户可编辑的参数，用户通过复制一个现有的尺寸标注类型，并设定用户属性参数值，从而创建用户自定义尺寸标注类型，新的用户自定义尺寸标注类型可以添加到属性面板的类型选择器中，属性面板中还有相关的属性。

尺寸标注分别有对齐、线性（构件的水平或垂直投影）、角度、半径、直径和弧长度尺寸标注。

（1）对齐尺寸标注：将对齐尺寸标注放置在 2 个或 2 个以上平行参照或者 2 个或 2 个以上点之间。

（2）线性尺寸标注：线性尺寸标注放置于选定的点之间，尺寸标注与视图的水平轴或垂直轴对齐。

（3）角度尺寸标注：将角度尺寸标注放置在共享统一公共交点的多个参照点上。

（4）半径尺寸标注：测量图形弧的半径。

（5）直径尺寸标注：使用图形中的直径尺寸标注测量圆或圆弧的直径。

（6）弧长度尺寸标注：对弧形墙或其他弧形图元进行尺寸标注，以获得弧形的总长度。

2.4.2　工作平面

（1）工作平面是一个用作视图或绘制图元起始位置的虚拟二维表面，工作平面可以作为视图的原点，用于绘制图元、在特殊视图中启用某些工具（例如在三维视图中启用"旋转"和"镜像"），放置基于工作平面的构件，每个视图都与工作平面相关联。

接下来通过以下操作，对工作平面的设置进行练习。

1）切换至"创建"选项卡，选择"工作平面"面板中的"设置"工具，如图 2-4-1 所示。

图　2-4-1

2）Revit 将会弹出"工作平面"对话框，如图 2-4-2 所示，用户可以根据需要，指定新的工作平面，在 Revit 中可以通过"名称""拾取一个平面""拾取线并使用绘制该线的工作平面"工具设置工作平面。

3）此处选择"拾取一个平面"工具进行操作，拾取视图中的参照平面，Revit 将会弹出"转到视图"对话框，用户可根据需要进行选择，如图 2-4-3 所示。

4）工作平面关联的图元：基于工作平面的族或不基于标高的图元（基于主体的图元），将与某

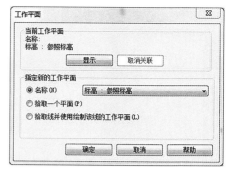

图　2-4-2

个工作平面关联，可控制图元的移动方式，以及其主体移动的时间，创建图元时，它将继承视图的工作平面，随后对视图工作平面所做的修改不会影响该图元。

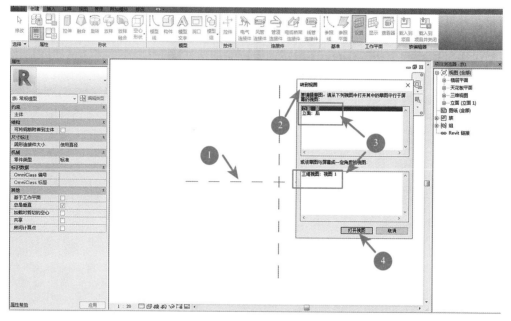

图　2-4-3

（2）显示工作平面。工作平面在视图中显示为网格，按名称、按拾取平面或按拾取平面中要选择的线来选择工作平面。

接下来通过以下操作，对如何显示工作平面进行练习。

切换至"创建"选项卡，选择"工作平面"面板中的"设置"工具，如图 2-4-4 所示，Revit 将会在视图中显示工作平面。

> 注：显示工作平面，可以检查工作平面是否设置正确，是否是用户设置的工作平面。

（3）工作平面查看器。使用"工作平面查看器"可以修改模型中基于工作平面的图元，工作平面查看器提供一个临时性的视图，不会保留在"项目浏览器"中，此功能对于编辑形状、放样和放样融合中的轮廓非常有用，可在项目环境内的所有模型视图中使用工作平面查看器，默认方向为上一个活动视图的活动工作平面。

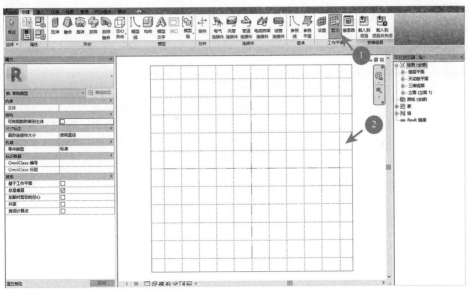

图 2-4-4

接下来通过以下操作，对工作平面查看器操作进行练习。

切换至"创建"选项卡，选择"工作平面"面板中的"查看器"工具，如图 2-4-5 所示，Revit 将会在弹出"工作平面查看器 - 活动工作平面：标高：参照标高"对话框。

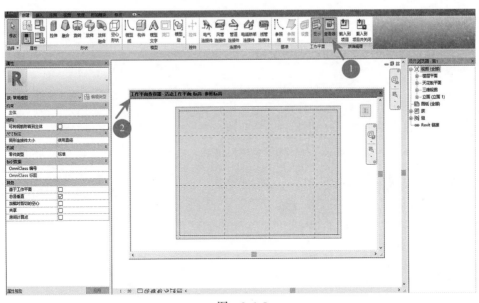

图 2-4-5

2.5 模型文字和一般文字

2.5.1 模型文字

（1）模型文字：使用模型文字在建筑或墙上创建标志或字母。

接下来通过以下操作，对创建模型文字进行练习。

1）切换至"创建"选项卡，选择"模型"面板中的"模型文字"工具，Revit 将会弹出"编辑文字"对话框，如图 2-5-1 所示。

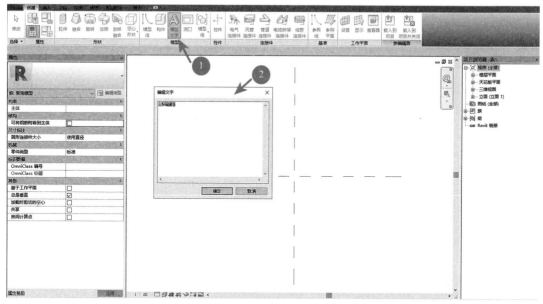

图　2-5-1

2）在"编辑文字"对话框中输入需要创建的文字，单击"确定"按钮，完成所有操作。

（2）编辑模型文字：若要更改模型文字，请将其选中并使用"修改"选项卡上的"编辑文字"工具，与族一同保存的且载入到项目中的模型文字不可在项目视图中编辑。

接下来通过以下操作，对编辑模型文字进行练习。

1）在绘图区域中，选择模型文字，Revit 将会自动切换至"修改｜模型文字"选项卡，选择"文字"面板中的"编辑文字"工具，如图 2-5-2 所示。

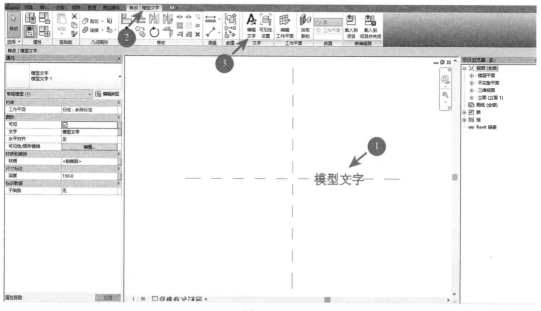

图　2-5-2

2）Revit 将会弹出"编辑文字"对话框，如图 2-5-3 所示，在弹出的对话框中修改模型文字，修改完成后单击"确定"按钮。

（3）移动模型文字：可以将模型文字移动到位于同一工作平面的新位置上，或移动到新工作平面或新主体上。

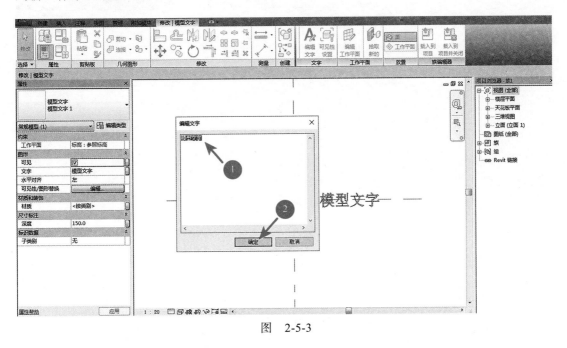

图　2-5-3

🔺 2.5.2　一般文字

在将一般文字注释添加到图形中时，可以控制引线、文字换行和文字格式的显示，这些注释自动随视图一起缩放。

接下来通过以下操作，对创建一般文字进行练习。

1）切换至"注释"选项卡，选择"文字"面板中的"文字"工具，Revit 此时会将光标变为文字工具，如图 2-5-4 所示。

图　2-5-4

2）完成以上操作，Revit 将会自动切换至"修改｜放置文字"选项卡，在"段落"面板中设置文字对齐格式，如图 2-5-5 所示。

图　2-5-5

3）移动光标至视图中放置文字的位置，Revit 将会自动切换至"编辑文字"选项卡，在工具区设置文字格式等，在视图中的编辑框中输入文字，如图 2-5-6 所示。

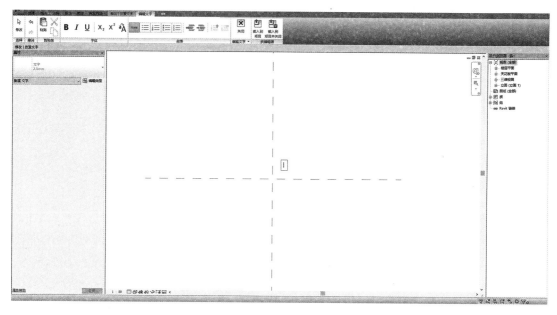

图　2-5-6

2.6　族参数关联与添加材质

2.6.1　族参数关联

族参数与前面介绍的尺寸标注、定义参照平面密切联系不可分割，族参数是基于参照平面所进行的尺寸标注，在尺寸标注中添加标签，即可对参照平面进行驱动，接下来通过以下操作，对族参数关联进行练习。

（1）在基于参照平面中定义参照平面：切换至"创建"选项卡，选择"基准"面板中的"参照平面"工具，如图 2-6-1 所示。

图　2-6-1

（2）完成以上操作，Revit 将会自动切换至"修改 | 放置参照平面"选项卡，选择"绘制"面板中的绘制工具，绘制如图 2-6-2 所示的参照平面。

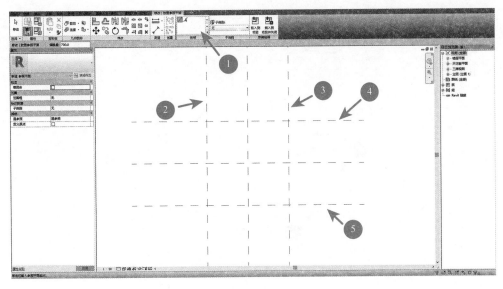

图 2-6-2

（3）为参照平面添加永久尺寸标注：完成以上操作，右击取消或按"Esc"键两次，切换至"注释"选项卡，选择"尺寸标注"面板中的"对齐"工具，如图2-6-3所示。

图 2-6-3

（4）完成以上操作，Revit 将会切换至"修改 | 放置尺寸标注"选项卡，选择"尺寸标注"面板中的"对齐"工具，进行尺寸标注，如图 2-6-4 所示。

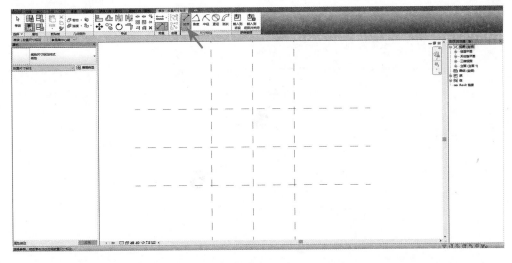

图 2-6-4

（5）为了使其尺寸标注以中心向两侧平分，需要单击上一步所定义的永久尺寸标注，单击 EQ 命令使其平分，如图 2-6-5 所示。

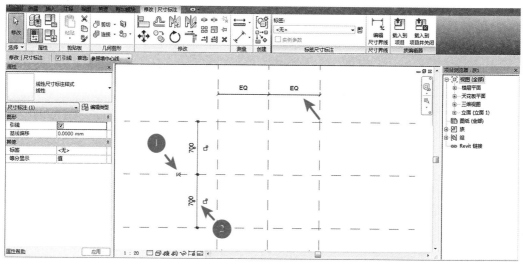

图 2-6-5

（6）为参照平面添加长度和宽度尺寸
标注：请参考第（3）步操作步骤，完成后
如图 2-6-6 所示。

（7）为永久尺寸标注添加参数标签：
单击"1400"或者"1600"尺寸标注，
Revit 将会切换至"修改 | 尺寸标注"选项
卡，选择"标签尺寸标注"面板中的"创
建参数"，如图 2-6-7 所示。

（8）参数属性：完成以上操作，Revit
将会弹出"参数属性"对话框，如图 2-6-8
所示。

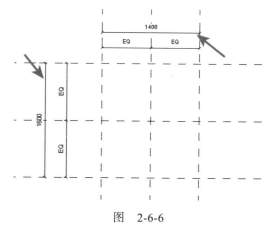

图 2-6-6

（9）设置参数名称：在"参数属性"面板中，输入名称为"宽度"，单击"确定"
按钮，完成以上操作，如图 2-6-9 所示。

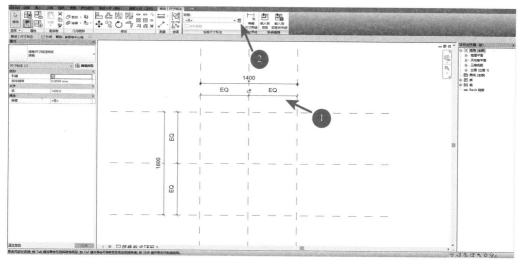

图 2-6-7

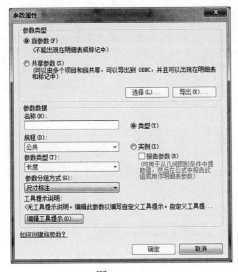
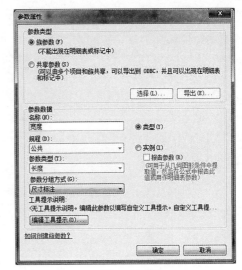

图　2-6-8　　　　　　　　　　　　图　2-6-9

（10）在"族类型"对话框中，通过修改"宽度"值进行测试，查看定义参数是否有问题。如图 2-6-10 所示，将宽度调整为"2000"，单击"确定"按钮，回到参照平面观看宽度值是否发生变化，如发生变化，则关联参数测试成功，如图 2-6-11 所示。

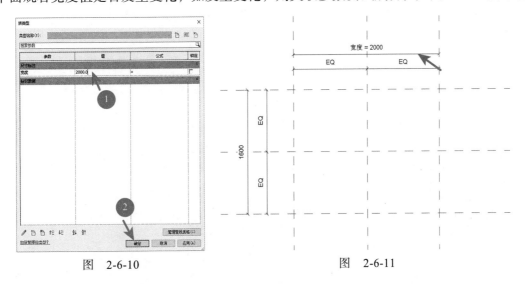

图　2-6-10　　　　　　　　　　　　图　2-6-11

2.6.2　添加材质

Autodesk 产品中的 Revit 材质代表实际的材质，例如混凝土、木材和玻璃，这些材质可应用于设计的各个部分，使对象具有真实的外观。

在部分设计环境中，由于项目的外观是最重要的，因此材质具有详细的外观属性，如反射率和表面纹理；在其他情况下，材质的物理属性（例如屈服强度和热导率）更为重要，因为材质必须支持工程分析。

下面我们将以拉伸体块（图 2-6-12）为例，对如何添加族材质的操作进行详细介绍。

图　2-6-12

（1）切换至"管理"选项卡，选择"设置"面板中的"材质"工具，如图 2-6-13 所示。

图　2-6-13

（2）单击完成后 Revit 将会弹出"材质浏览器"，如图 2-6-14 所示。

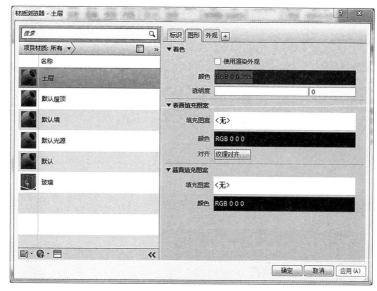

图　2-6-14

（3）单击"材质浏览器"下方的"新建材质"按钮，Revit 将会新建一个材质，如图 2-6-15 所示，选择"默认为新材质"，右击重命名，如图 2-6-16 所示，将名称修改为"漆料"，如图 2-6-17 所示。

图　2-6-15　　　　　　　图　2-6-16　　　　　　　图　2-6-17

（4）选择"图形"面板，单击"颜色"选项栏，弹出"颜色"对话框，选择适合的颜色，单击"确定"按钮，完成材质定义，单击两次"确定"按钮，完成所有操作，如图 2-6-18 所示。

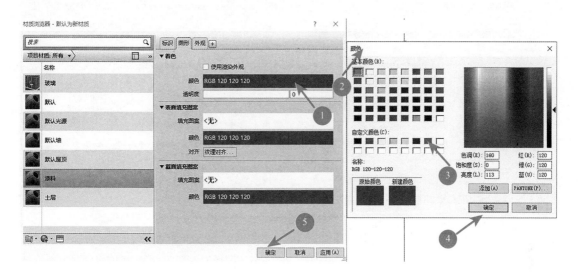

图　2-6-18

（5）单击拉伸体块作为目标，在"属性"面板中的"材质和装饰"选项栏，单击"材质"后面的"关联参数"按钮，Revit 将会弹出"关联族参数"对话框，如图 2-6-19 所示。

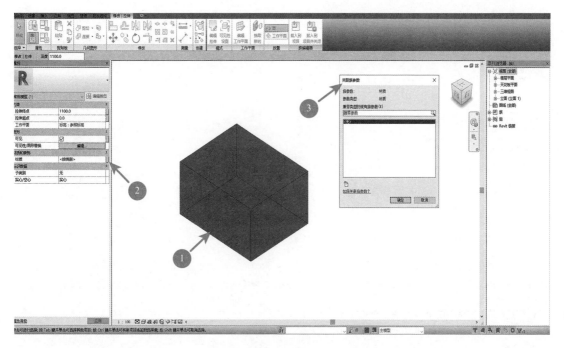

图　2-6-19

（6）单击"新建参数"按钮，新建材质参数，如图 2-6-20 所示，当单击按钮时，Revit 将会弹出"参数属性"对话框，如图 2-6-21 所示。

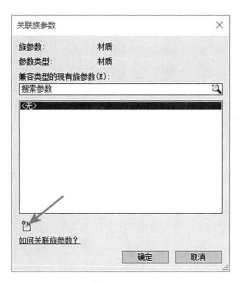
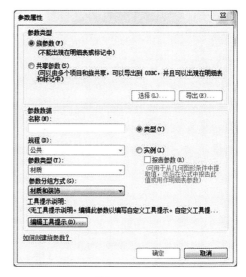

图　2-6-20　　　　　　　　　　图　2-6-21

（7）输入参数名称为"材质"，单击"确定"按钮，完成参数新建，如图 2-6-22 所示，Revit 将会切换至"关联族参数"对话框，再次单击"确定"按钮，完成所有操作，如图 2-6-23 所示。

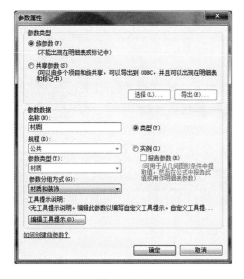

图　2-6-22　　　　　　　　　　图　2-6-23

（8）添加材质属性：切换至"创建"选项卡→选择"属性"面板→"族类型"工具，如图 2-6-24 所示。

图　2-6-24

（9）完成以上操作，Revit 将会弹出"族类型"对话框，单击"族类型"中的"材质"值，如图 2-6-25 所示。

（10）单击完成后 Revit 将会弹出"材质浏览器"对话框，选择"漆料"材质，单击"确定"按钮，如图 2-6-26 所示。

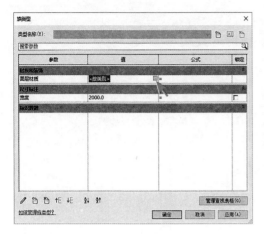

图 2-6-25

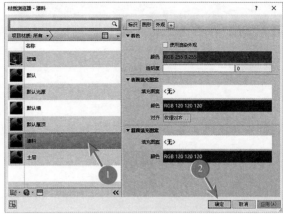

图 2-6-26

2.7 控件介绍和设置

在创建族的时候，有时会用到控件工具，这个工具的作用是让族在载入到项目中时能随着控件制定的方向而翻转。

接下来通过以下操作，对控件工具进行练习。

（1）切换至"创建"选项卡，选择"控件"面板中的"控件"工具，如图 2-7-1 所示。

图 2-7-1

（2）完成以上操作，Revit 将会弹出"修改 | 放置控制点"选项卡，选择"控制点类型"面板中的控制工具，如图 2-7-2 所示。

图 2-7-2

（3）在门窗族应用时，单击翻转控制柄可修改图元的方向，翻转控制柄可能包含在系统族中（例如墙和门），也可以通过族编辑器添加到可载入的族中，当族放置在项目中时，通过翻转箭头，可以修改族实例的垂直或水平方向，可以添加单向垂直、双向垂直、单向水平或双向水平翻转箭头。

2.8　族项目中可见性/详细程度设置

族的可见性决定在哪个视图中显示族，以及该族在视图中的显示效果。通常情况下，如果使用族创建图元，该图元的几何图形将发生变化，具体取决于当前视图，在平面视图中，可能希望查看图元的二维表示，而在三维视图或立面视图中，则可能希望查看图元三维表示的全部细节，可以灵活地显示详细程度不同的几何图形。通过"可见性设置"对话框的设置，可见控制每个实体的显示情况。

基于"公制常规模型"样板新建一个族文件，在同一位置画一个六棱柱和一个圆柱体，如图 2-8-1 所示，在没有设置详细程度（粗略、中等、精细）时，两个实体在各个视图和详细程度中都会显示。

接下来通过以下操作，对族的可见性和详细程度设置进行练习。

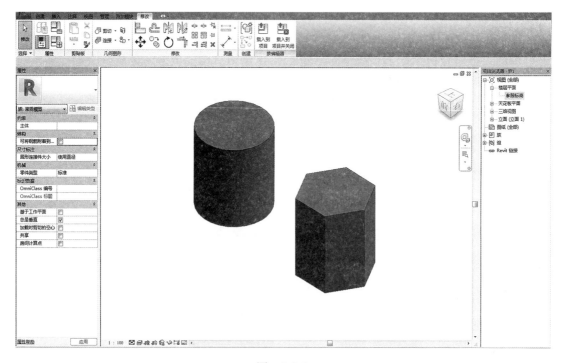

图　2-8-1

（1）单击选中六棱柱，Revit 将会弹出"修改|拉伸"选项卡，单击功能区中的"可见性设置"，或者单击"属性"对话框，"可见性/图形替换"中的"编辑"按钮，如图 2-8-2 所示。

（2）在打开的"族图元可见性设置"对话框中，只勾选"详细程度"选项中的"精细"，单击"确定"按钮，如图 2-8-3 所示，使六棱柱只在"精细"程度时显示。

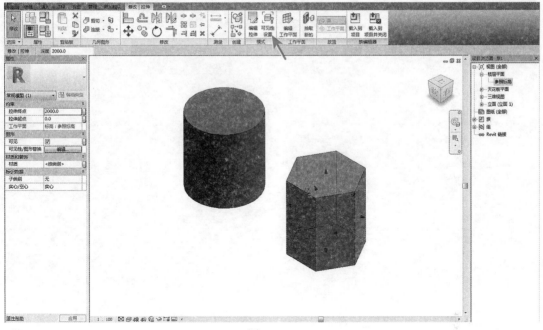

图　2-8-2

（3）单击圆柱体，如图 2-8-4 所示，同步骤（2）操作，打开"族图元可见性设置"对话框。

只勾选"详细程度"选项中的"粗略"，单击"确定"按钮，此时圆柱体只在"粗略"程度时可见，如图 2-8-5 所示。新建一个项目，把族载入到项目中，在视图中，当详细程度选择"粗略"时显示的是圆柱体，选择"精细"时显示的是六棱柱。

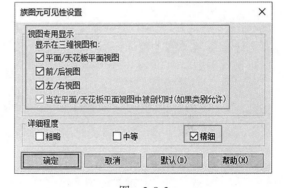

图　2-8-3

图　2-8-4

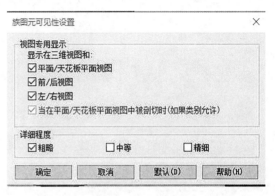

图　2-8-5

3

第 3 章

三维模型创建

课程概要：

　　本章将会介绍创建三维模型的用处，以及如何在三维模型中创建实心形状和空心形状，而在创建三维模型时，两者之间可以通过参数的驱动改变形体。

　　本章也将会详细地讲解创建三维模型所用到的创建方式和创建三维模型的修改编辑工具，针对每个修改工具举例说明，更好地让读者掌握创建三维模型的基础知识。

课程目标：

- 了解三维模型的创建
- 理解实体模型和空心模型的关系
- 了解创建三维模型的方式
- 了解如何应用修改工具对三维模型进行编辑

3.1　创建三维体块

创建族三维模型最常用的命令是创建实体模型和空心模型，熟练掌握这些命令是创建族三维模型的基础。

在创建时需遵循的原则是：任何实体模型和空心模型都必须对齐并锁在参照平面上，通过在参照平面上标注尺寸来驱动实体形状的改变。

在功能区中的"创建"选项卡中，提供了"拉伸""融合""旋转""放样""放样融合"，如图 3-1-1 所示，与"空心形状"的建模命令，如图 3-1-2 所示，下面将分别介绍它们的特点和使用方法。

图　3-1-2

图　3-1-1

以下所有的三维模型都以"公制常规模型"样板进行创建。

3.1.1　创建拉伸体块

拉伸：可以先在工作平面上绘制一个封闭的二维轮廓，然后给予一个高度来拉伸该轮廓，使其与它所在的平面垂直形成三维模型。下面通过案例，详细讲解拉伸体块的创建过程。

体块要求：创建一个半径为 300mm，高度为 1500mm 的圆柱形体块。

（1）选择工具：在项目浏览器中，双击楼层平面中的"参照标高"，将视图切换至"参照标高"平面视图，切换"创建"选项卡→选择"形状"面板→"拉伸"工具，如图 3-1-3 所示。

图　3-1-3

（2）Revit 将会自动切换至"修改 | 创建拉伸"选项卡，如图 3-1-4 所示。

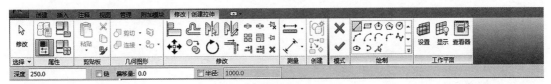

图　3-1-4

（3）选择"绘制"面板→"圆形"工具，如图 3-1-5 所示。

图 3-1-5

（4）绘制二维轮廓草图：拉伸高度为 1500mm，创建模型的拉伸终点应为 1500mm、拉伸起点应为 0mm，在属性面板中设置参数，移动鼠标至平面视图中绘制圆形，半径为 300mm，如图 3-1-6 所示。

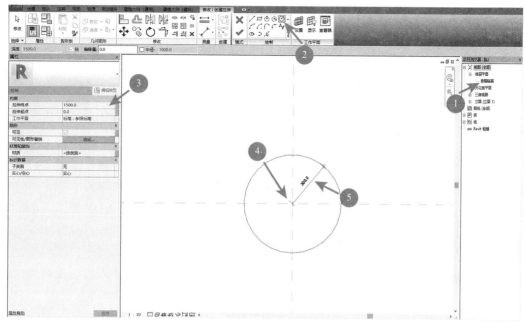

图 3-1-6

（5）完成拉伸体块：完成以上操作，移动至"修改｜创建拉伸"选项卡→选择"模式"面板→"完成编辑模式"工具，完成模型创建，如图 3-1-7 所示。

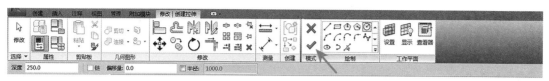

图 3-1-7

（6）查看拉伸体块：在项目浏览器中，双击"三维视图"中的"视图 1"，将视图切换至"视图 1"，如图 3-1-8 所示。

（7）编辑拉伸体块：完成以上操作，单击完成的拉伸体块，Revit 将会切换至"修改｜拉伸"选项卡→选择"模式"面板→"编辑拉伸"工具，如图 3-1-9 所示。

（8）完成以上操作，Revit 将会切换至"修改｜拉伸 > 编辑拉伸"，对拉伸体块进行编辑，如图 3-1-10 所示。

（9）保存模型：保存的项目名称为"拉伸体块"。

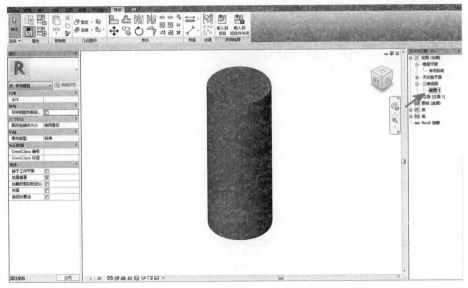

图 3-1-8

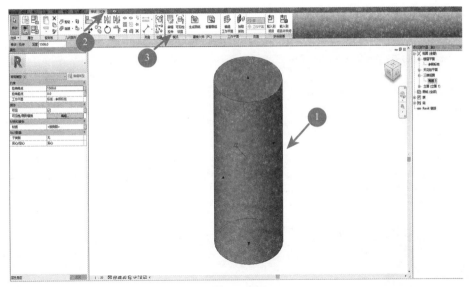

图 3-1-9

图 3-1-10

3.1.2 创建融合体块

融合工具：将平行的两个不同轮廓（边界）的端面进行融合建模，下面通过案例，详细讲解融合体块的创建过程。

体块要求：创建底部轮廓为半径 500mm 圆形的外接正六边形，顶部轮廓为半径 300mm 的圆形，融合深度为 3000mm 的体块。

（1）选择工具：在项目浏览器中，双击楼层平面中的"参照标高"，将视图切换至 "参照标高"平面视图，切换"创建"选项卡→选择"形状"面板→"融合"工具，如 图 3-1-11 所示。

图　3-1-11

（2）Revit 将会自动切换至"修改｜创建融合底部边界"选项卡，如图 3-1-12 所示。

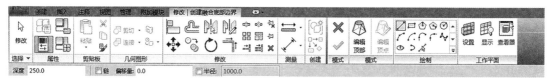

图　3-1-12

（3）选择"绘制"面板→"外接多边形"工具，如图 3-1-13 所示。

图　3-1-13

（4）绘制融合体块底部边界草图：拉伸高度为 3000mm，创建模型的拉伸终点应为 3000mm、拉伸起点应为 0mm，在属性面板中设置参数，移动鼠标至平面视图中绘制半 径 500mm 圆形的外接正六边形，如图 3-1-14 所示。

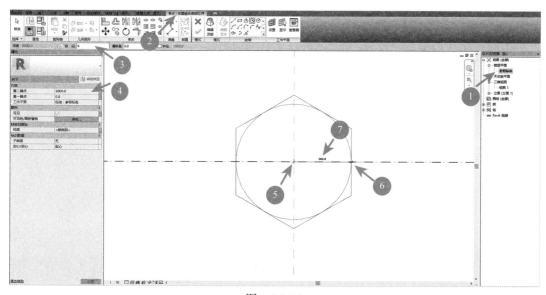

图　3-1-14

（5）完成融合体块底部边界：完成以上操作，移动至"修改｜创建融合底部边界"选项卡→选择"模式"面板→"编辑顶部"工具，如图 3-1-15 所示。

图　3-1-15

（6）绘制融合体块顶部边界草图：完成以上操作，底部边界将会显示为灰色，选择"绘制"面板→"圆形"工具，移动鼠标至平面视图中绘制圆形，半径为 300mm，如图 3-1-16 所示。

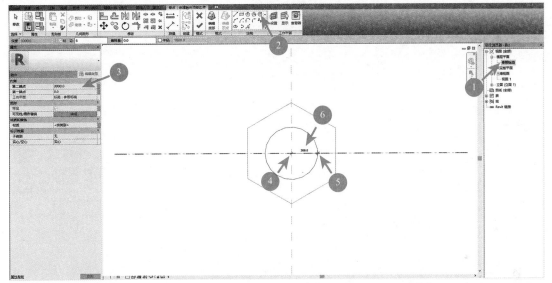

图　3-1-16

（7）完成融合体块：完成以上操作，移动至"修改｜创建融合顶部边界"选项卡→选择"模式"面板→"完成编辑模式"工具，完成模型创建，如图 3-1-17 所示。

图　3-1-17

（8）查看融合体块：在项目浏览器中，双击"三维视图"中的"视图 1"，将视图切换至"视图 1"，将打开三维视图，如图 3-1-18 所示。

（9）编辑融合体块：完成以上操作，单击完成的融合体块，Revit 将会切换至"修改｜融合"选项卡→选择"模式"面板→"编辑底部"或者"编辑顶部"工具，如图 3-1-19 所示。

（10）保存模型：保存的项目名称为"融合体块"。

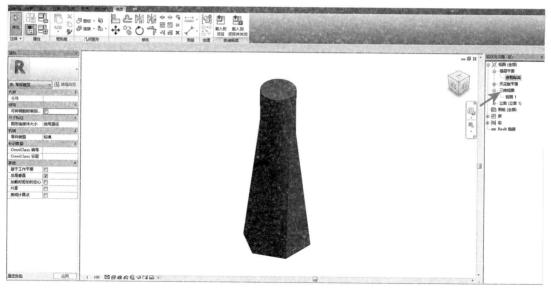

图　3-1-18

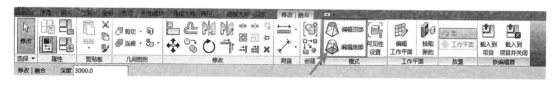

图　3-1-19

🔵 3.1.3　创建旋转体块

旋转工具：创建一个几何图形，然后绕着轴线旋转 360°、180° 或任意角度，进行旋转建模。下面通过案例，详细讲解旋转体块的创建过程。

体块要求：距离中心线 1000mm 位置，轮廓为 300mm×300mm 的正方形，绕着轴旋转而成的体块。

（1）选择工具：在项目浏览器中，双击楼层平面中的"参照标高"，将视图切换至"参照标高"平面视图，切换"创建"选项卡→选择"形状"面板→"旋转"工具，如图 3-1-20 所示。

图　3-1-20

（2）Revit 将会自动切换至"修改 | 创建旋转"选项卡，如图 3-1-21 所示。

（3）选择边界线与绘制工具：选择"绘制"面板→"矩形"工具，如图 3-1-22 所示。

（4）绘制边界线草图：移动鼠标至平面视图如图 3-1-23 所示，在"属性"面板中，修改结束角度为 360°，绘制 300mm×300mm 的正方形。

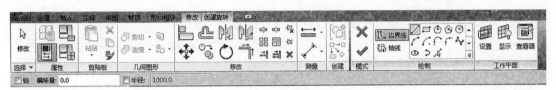

图 3-1-21

图 3-1-22

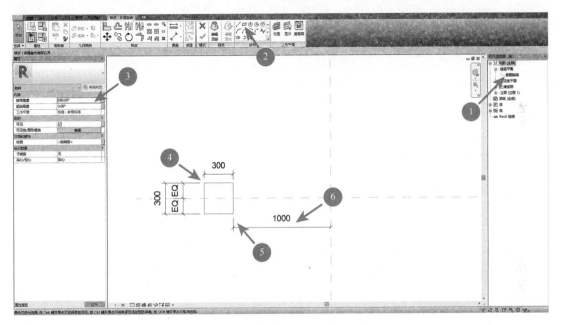

图 3-1-23

（5）绘制轴线：完成以上操作，选择"修改｜创建旋转"→"绘制"面板→"轴线"工具，如图 3-1-24 所示。

（6）完成旋转体块：完成以上操作，移动至"修改｜创建旋转"选项卡→选择"模式"面板→"完成编辑模式"工具，完成模型创建，如图 3-1-25 所示。

（7）查看旋转体块：双击三维视图中的"视图 1"，将视图切换至"视图 1"，打开三维视图，如图 3-1-26 所示。

（8）编辑旋转体块：完成以上操作，单击完成的旋转体块，Revit 将会切换至"修改｜旋转"选项卡→选择"模式"面板→"编辑旋转"工具，可以对其边界进行修改，如图 3-1-27 所示。

（9）修改旋转角度：可以通过修改"属性"面板中的"约束"选项，修改"结束角度"或"起始角度"的值，修改"结束角度"为 270°，模型会发生变化，如图 3-1-28 所示。

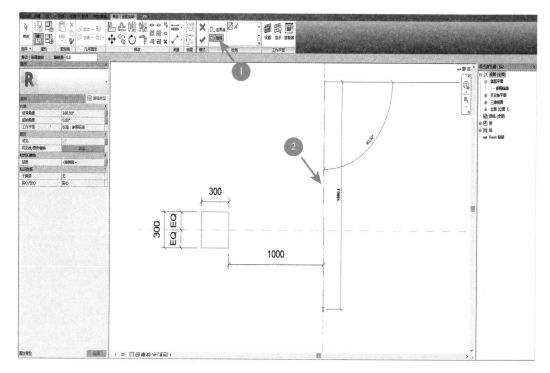

图 3-1-24

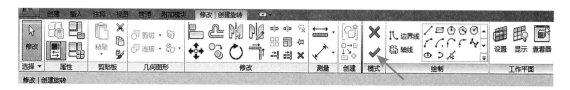

图 3-1-25

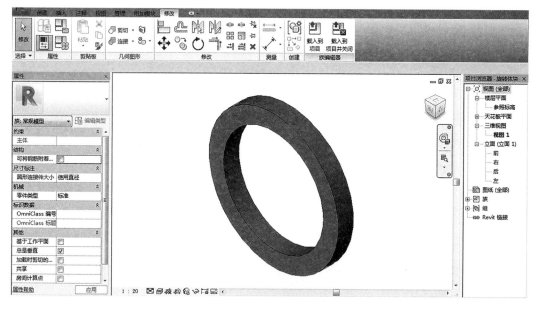

图 3-1-26

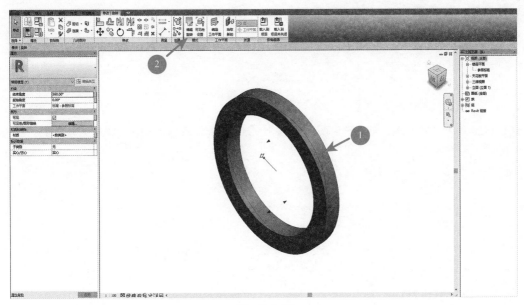

图　3-1-27

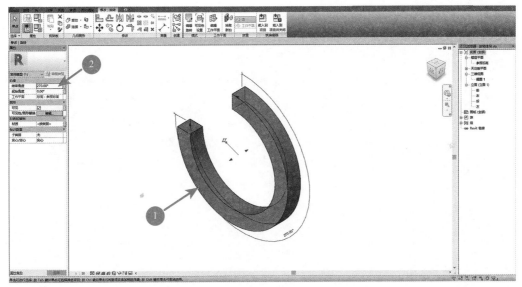

图　3-1-28

🔔 3.1.4　创建放样体块

放样工具："放样"是用于创建需要绘制或应用轮廓（形状）并沿路径拉伸该轮廓，创建三维形状的一种建模方式。下面通过案例，详细讲解放样体块的创建过程。

体块要求：轮廓为半径 600mm 圆的外接正六边形，沿着放样路径进行放样而成的体块。

（1）选择工具：在项目浏览器中，双击楼层平面中的"参照标高"，将视图切换至"参照标高"平面视图，切换"创建"选项卡→选择"形状"面板→"放样"工具，如图 3-1-29 所示。

图 3-1-29

（2）Revit 将会自动切换至"修改｜放样"选项卡，如图 3-1-30 所示。

图 3-1-30

（3）选择绘制路径：选择"放样"面板→"绘制路径"工具，如图 3-1-31 所示。

图 3-1-31

（4）绘制路径：完成以上操作，Revit 将会自动切换至"修改｜放样＞绘制路径"选项卡，选择"绘制"面板中的"样条曲线"工具，移动鼠标至平面视图，绘制路径，如图 3-1-32 所示。

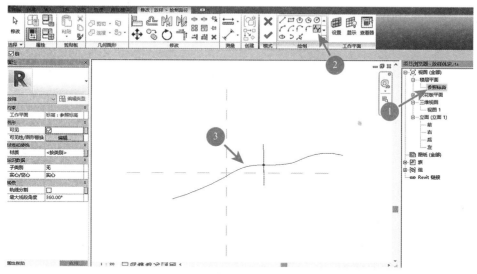

图 3-1-32

（5）完成绘制路径：完成以上操作，移动至"修改｜放样＞绘制路径"选项卡→选择"模式"面板→"完成编辑模式"工具，完成路径绘制，如图 3-1-33 所示。

图 3-1-33

（6）绘制轮廓：完成以上操作，Revit 将会自动切换至"修改｜放样"选项卡，选择"放样"面板中的"编辑轮廓"工具，如图 3-1-34 所示。

图　3-1-34

（7）Revit 将会弹出"转到视图"对话框，如图 3-1-35 所示。单击选择"立面：右"，单击"打开视图"按钮，如图 3-1-36 所示。

 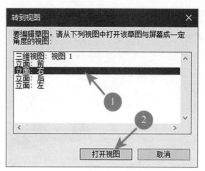

图　3-1-35　　　　　　　　　　图　3-1-36

（8）移动鼠标至平面视图中绘制半径 600mm 圆的外接正六边形，如图 3-1-37 所示。

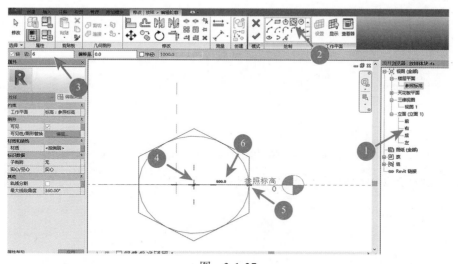

图　3-1-37

（9）完成绘制轮廓：完成以上操作，移动至"修改｜放样 > 编辑轮廓"选项卡→选择"模式"面板→"完成编辑模式"工具，完成轮廓绘制，如图 3-1-38 所示。

图　3-1-38

（10）完成放样体块：完成以上操作，移动至"修改｜放样"选项卡→选择"模式"面板→"完成编辑模式"工具，完成放样体块创建，如图 3-1-39 所示。

图　3-1-39

（11）查看放样体块：双击"三维视图"中的"视图 1"，将视图切换至"三维"视图，如图 3-1-40 所示。

图　3-1-40

（12）编辑放样体块：完成以上操作，单击完成的放样体块，Revit 将会切换至"修改｜放样"选项卡→选择"模式"面板→"编辑放样"工具，可以对其边界进行修改，如图 3-1-41 所示。

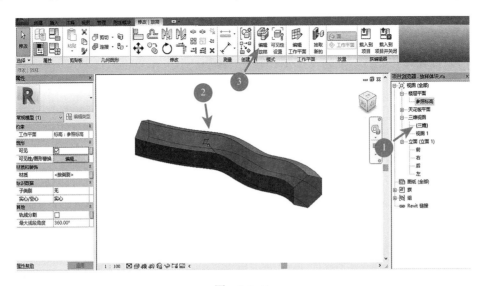

图　3-1-41

（13）保存模型：保存的项目名称为"放样体块"。

3.1.5　创建放样融合体块

放样融合：可以创建具有两个不同轮廓的融合体，然后沿路径对其进行放样，它的使用方法和放样大体一样，只是可以选择两个轮廓面。下面通过案例，详细讲解放样融合体块的创建过程。

体块要求：轮廓 1 为 300mm × 300mm 的正方形，轮廓 2 为半径 150mm 的圆形，沿着路径进行放样融合所形成的体块。

（1）选择工具：在项目浏览器中，双击楼层平面中的"参照标高"，将视图切换至"参照标高"平面视图，切换"创建"选项卡→选择"形状"面板→"放样融合"工具，如图 3-1-42 所示。

图　3-1-42

（2）Revit 将会自动切换至"修改 | 放样融合"选项卡，如图 3-1-43 所示。

图　3-1-43

（3）选择绘制路径：选择"放样融合"面板→"绘制路径"工具，如图 3-1-44 所示。

图　3-1-44

（4）绘制路径：完成以上操作，Revit 将会自动切换至"修改 | 放样融合 > 绘制路径"选项卡，选择"绘制"面板中的"起点 - 终点 - 半径弧"工具，移动鼠标至平面视图绘制路径，如图 3-1-45 所示。

（5）完成绘制路径：完成以上操作，移动至"修改 | 放样融合 > 绘制路径"选项卡→选择"模式"面板→"完成编辑模式"工具，完成路径绘制，如图 3-1-46 所示。

（6）选择绘制轮廓 1：完成以上操作，Revit 将会自动切换至"修改 | 放样融合"选项卡，选择"放样融合"面板中的"选择轮廓 1"工具，如图 3-1-47 所示。

（7）选择编辑轮廓：完成以上操作，在"参照标高"的楼层平面视图中，轮廓 1 的位置将会高亮显示，选择"放样融合"面板中的"编辑轮廓"工具，如图 3-1-48 所示。

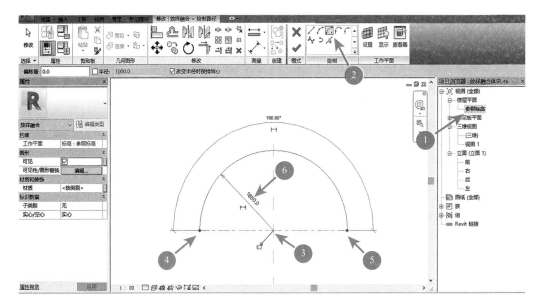

图　3-1-45

图　3-1-46

图　3-1-47

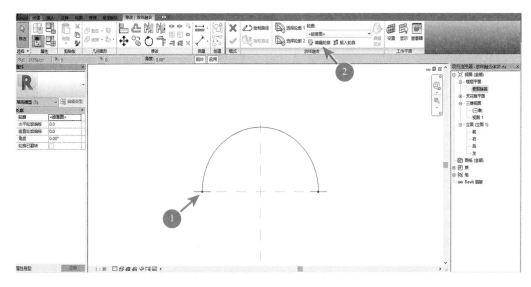

图　3-1-48

（8）完成以上操作，Revit 将会弹出"转到视图"对话框，如图 3-1-49 所示。
单击选择"立面：前"，单击"打开视图"按钮，如图 3-1-50 所示。

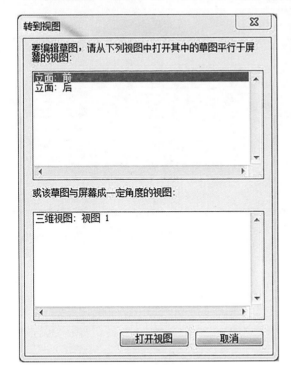

图　3-1-49

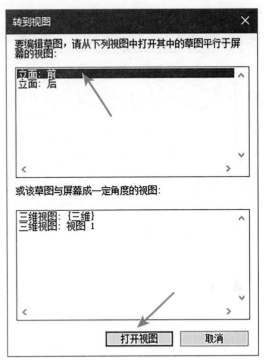

图　3-1-50

（9）选择"绘制"面板中的绘制工具，移动鼠标至平面视图中绘制 300mm × 300mm 的正方形，如图 3-1-51 所示。

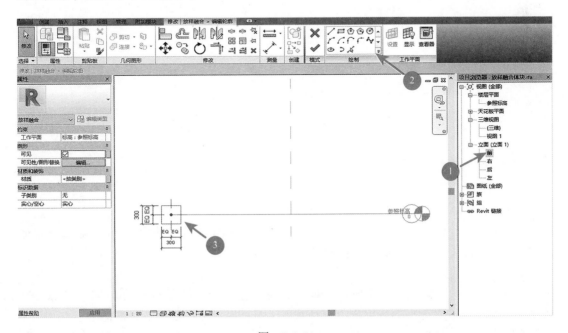

图　3-1-51

（10）完成绘制轮廓 1：完成以上操作，移动至"修改 | 放样融合 > 编辑轮廓"选项卡→选择"模式"面板→"完成编辑模式"工具，完成轮廓 1 绘制，如图 3-1-52 所示。

图 3-1-52

（11）选择绘制轮廓 2：完成以上操作，Revit 将会自动切换至"修改 | 放样融合"选项卡，选择"放样融合"面板中的"选择轮廓 2"工具，如图 3-1-53 所示。

图 3-1-53

（12）选择编辑轮廓：完成以上操作，在"参照标高"的楼层平面视图中，轮廓 2 的位置将会高亮显示，选择"放样融合"面板中的"编辑轮廓"工具，如图 3-1-54 所示。

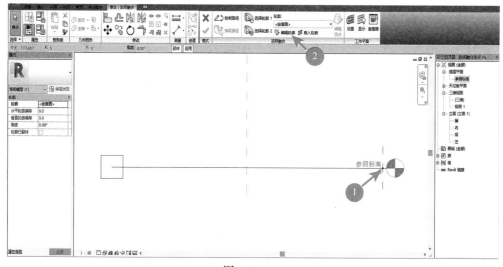

图 3-1-54

（13）绘制轮廓 2：完成以上操作，Revit 将会自动切换至"修改 | 放样融合 > 编辑轮廓 "选项卡，选择"绘制"面板中的"圆形"工具，在如图 3-1-55 所示的位置绘制半径为 150mm 的圆形。

（14）完成绘制轮廓 2：完成以上操作，移动至"修改 | 放样融合 > 编辑轮廓"选项卡→选择"模式"面板→"完成编辑模式"工具，完成轮廓 2 绘制，如图 3-1-56 所示。

（15）完成放样融合：完成以上操作，Revit 将会自动切换至"修改 | 放样融合 "选项卡，选择"模式"面板→"完成编辑模式"工具，完成模型创建，如图 3-1-57 所示。

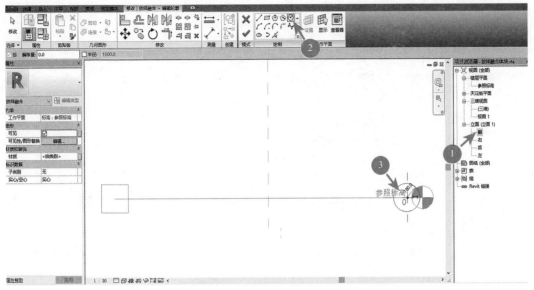

图　3-1-55

图　3-1-56

图　3-1-57

（16）查看放样融合体块：双击三维视图中的"视图 1"，将视图切换至"三维"视图，如图 3-1-58 所示。

图　3-1-58

（17）编辑放样融合体块：完成以上操作，单击完成的放样融合体块，Revit 将会切换至"修改 | 放样融合"选项卡→选择"模式"面板→"编辑放样融合"工具，可以对其边界进行修改，如图 3-1-59 所示。

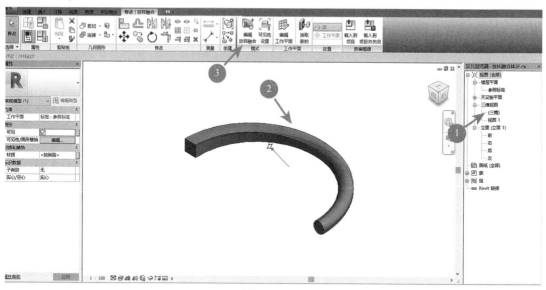

图　3-1-59

（18）保存模型：保存的项目名称为"放样融合体块"。

3.1.6　创建空心拉伸体块

空心拉伸：绘制形状的二维轮廓，然后拉伸该轮廓使其与绘制它的平面垂直。创建空心拉伸体块的步骤和创建实体拉伸体块一致，区别就在于创建的空心拉伸几何图形与实体拉伸几何体相交就会产生布尔运算进行剪切。

体块要求：请打开"第 3 章"→"3.1 节"→"练习文件夹"→"空心拉伸练习"进行以下练习。在体块底部，创建空心拉伸体块，轮廓为 300mm × 300mm 的正方形，高度为 300mm。

（1）选择工具：在项目浏览器中，双击楼层平面中的"参照标高"，将视图切换至"参照标高"平面视图，切换"创建"选项卡→选择"形状"面板→"空心形状"下拉列表中的"空心拉伸"工具，如图 3-1-60 所示。

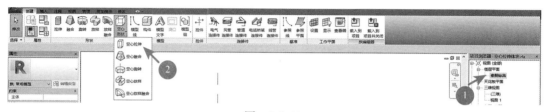

图　3-1-60

（2）完成以上操作，Revit 将会自动切换至"修改 | 创建空心拉伸"选项卡，如图 3-1-61 所示。

（3）绘制二维轮廓草图：选择"绘制"面板中"矩形"工具，拉伸高度为 300mm，创建模型的拉伸终点应为 300mm、拉伸起点应为 0mm，在"属性"面板中设置参数，移动鼠标至平面视图中绘制 300mm×300mm 的正方形，如图 3-1-62 所示。

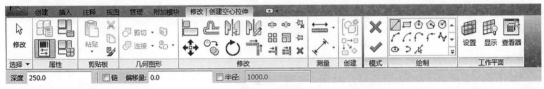

图　3-1-61

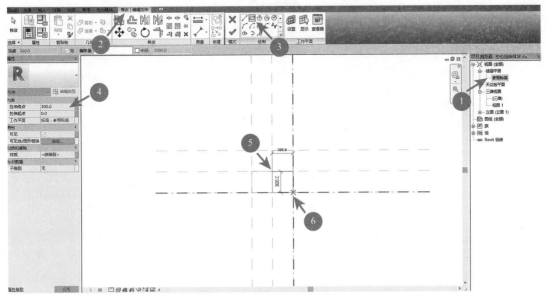

图　3-1-62

（4）完成以上操作，右击取消或按键盘"Esc"键两次，移动至"修改｜创建空心拉伸"选项卡→选择"模式"面板→"完成编辑模式"工具，完成模型创建，如图 3-1-63 所示。

图　3-1-63

（5）查看空心拉伸体块：双击三维视图中的"视图 1"，将视图切换至三维视图，如图 3-1-64 所示。

（6）编辑空心拉伸体块：完成以上操作，单击完成的空心拉伸体块，Revit 将会切换至"修改｜空心拉伸"选项卡→选择"模式"面板→"编辑拉伸"工具，可以对其边界进行修改，也可修改"属性"面板中的"拉伸终点"对拉伸高度进行修改，如图 3-1-65 所示。

（7）保存模型：保存的项目名称为"空心拉伸体块"。

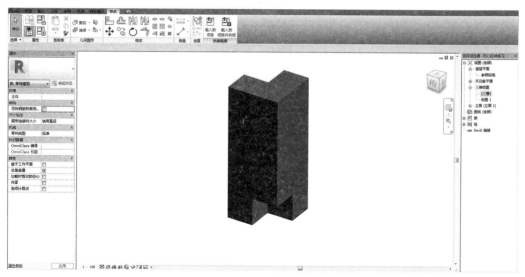

图　3-1-64

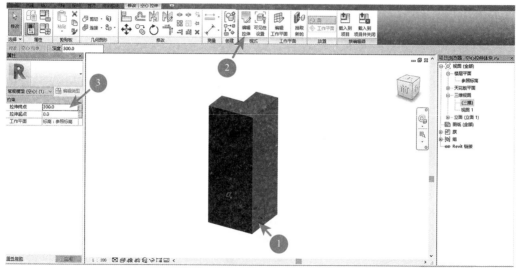

图　3-1-65

♦ 3.1.7　创建空心融合体块

空心融合："融合"与"空心融合"命令都可以将两个平行的不同形状的端面进行融合建模，创建空心融合体块与创建实体融合体块步骤一致，区别就在于创建的空心融合几何图形与实体融合几何体相交就会产生布尔运算进行剪切。

体块要求：请打开"第 3 章"→"3.1 节"→"练习文件夹"→"空心融合练习"进行以下练习，创建空心融合体块，轮廓 1 为底角 36.87° 的等腰三角形，轮廓 2 为底角 56.31° 的等腰三角形，高度为 3000mm。

（1）选择工具：在项目浏览器中，双击楼层平面中的"参照标高"，将视图切换至"参照标高"平面视图，切换"创建"选项卡→选择"形状"面板→"空心形状"下拉列表中的"空心融合"工具，如图 3-1-66 所示。

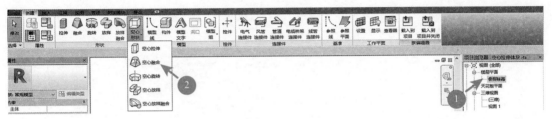

图 3-1-66

（2）完成以上操作，Revit 将会自动切换至"修改｜创建空心融合底部边界"选项卡，如图 3-1-67 所示。

图 3-1-67

（3）绘制融合底部轮廓：完成以上操作，选择"绘制"面板中的绘制工具，移动至"参照标高"楼层平面视图中，根据练习文件用参照平面绘制完成的边界进行绘制，如图 3-1-68 所示。

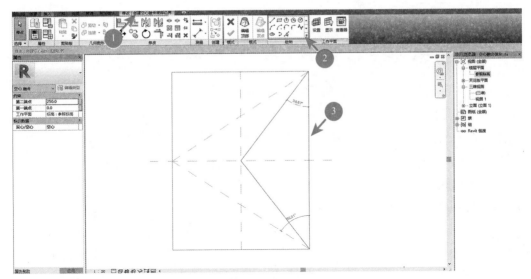

图 3-1-68

（4）选择融合顶部轮廓：完成以上操作，选择"模式"面板中"编辑顶部"工具，如图 3-1-69 所示。

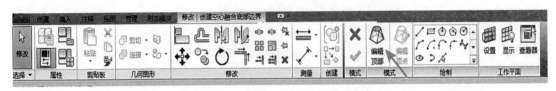

图 3-1-69

（5）绘制融合顶部轮廓：完成以上操作，Revit 将会自动切换至"修改｜创建空心融合顶部边界"选项卡，在"属性"面板中修改"第二端点"为 3000，选择"绘制"面板中的绘制工具，移动至"参照标高"楼层平面视图中，根据练习文件用参照平面绘制完成的边界进行绘制，如图 3-1-70 所示。

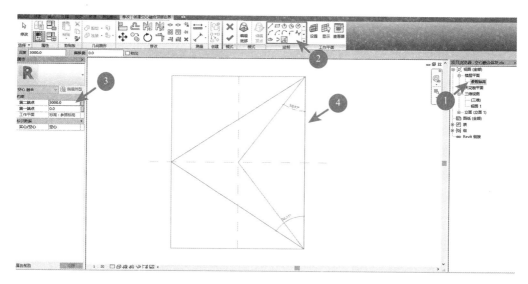

图　3-1-70

（6）完成空心融合：完成以上操作，选择"模式"面板中"完成编辑模式"工具，如图 3-1-71 所示。

图　3-1-71

（7）查看空心融合体块：双击三维视图中的"视图 1"，将视图切换至三维视图，如图 3-1-72 所示。

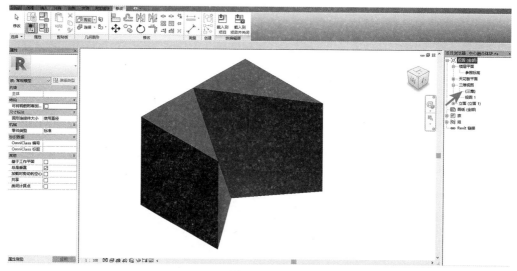

图　3-1-72

（8）编辑空心融合体块：完成以上操作，单击完成的空心融合体块，Revit 将会切换至"修改｜空心融合"选项卡→选择"模式"面板→"编辑顶部"或"编辑底部"工具，可以对其边界进行修改，也可修改"属性"面板中的"端点"，对高度进行修改，如图 3-1-73 所示。

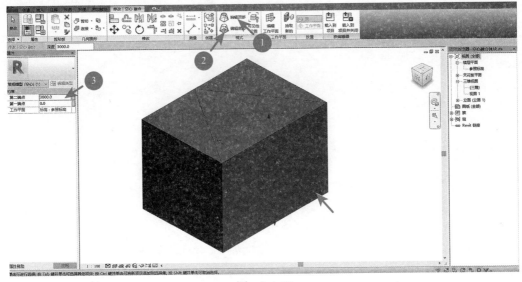

图　3-1-73

（9）保存模型：保存的项目名称为"空心融合体块"。

3.1.8　创建空心旋转体块

空心旋转："旋转"与"空心旋转"命令都可以将两个平行的不同形状的端面进行旋转建模，创建空心旋转体块与创建实体旋转体块步骤一致，区别就在于创建的空心旋转几何图形与实体旋转几何体相交就会产生布尔运算进行剪切。

体块要求：请打开"第 3 章"→"3.1 节"→"练习文件夹"→"空心旋转练习"进行以下练习，在体块立面创建空心旋转，轮廓见步骤（2）。

（1）选择工具：在项目浏览器中，双击"立面（立面 1）"中的"前"立面视图，将视图切换至"前"立面视图，切换"创建"选项卡→选择"形状"面板→"空心形状"下拉列表中的"空心旋转"工具，如图 3-1-74 所示。

图　3-1-74

（2）绘制空心旋转轮廓：完成以上操作，Revit 将会自动切换至"修改｜空心旋转 > 编辑旋转"选项卡，单击"绘制"面板中的"边界线"，绘制工具将会被激活，选择绘制工具绘制如图 3-1-75 所示的轮廓。

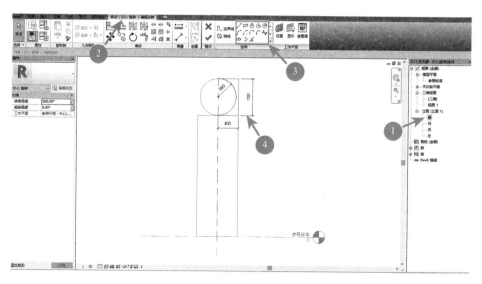

图　3-1-75

（3）绘制轴线：完成以上操作，选择"修改 | 空心旋转 > 编辑旋转"→"绘制"面板→"轴线"工具，绘制工具将会被激活，选择"绘制"面板中的"直线"工具，在"前"立面视图绘制轴线，如图 3-1-76 所示。

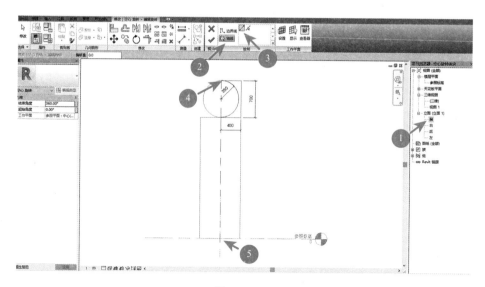

图　3-1-76

（4）完成空心旋转：完成以上操作，右击取消或按键盘"Esc"键两次，选择"模式"面板中的"完成编辑模式"工具，如图 3-1-77 所示。

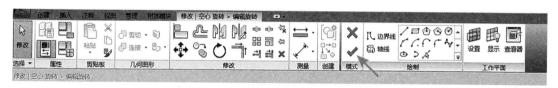

图　3-1-77

（5）查看空心旋转体块：双击三维视图中的"视图 1"，将视图切换至"三维"视图，如图 3-1-78 所示。

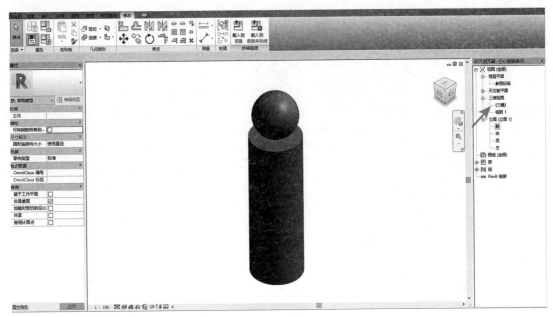

图　3-1-78

（6）编辑空心旋转体块：完成以上操作，单击完成的空心旋转体块，Revit 将会切换至"修改 | 空心旋转"选项卡→选择"模式"面板→"编辑旋转"工具，可以对其边界进行修改，也可修改"属性"面板中的"结束角度"和"起始角度"，对旋转角度进行修改，如图 3-1-79 所示。

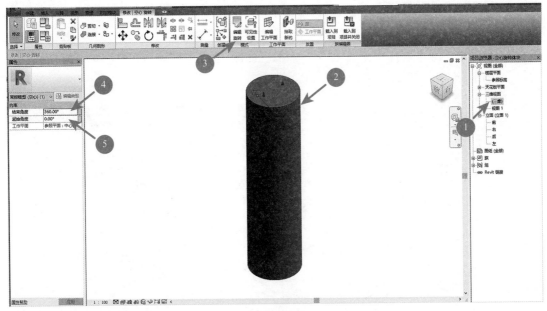

图　3-1-79

（7）保存模型：保存的项目名称为"空心旋转体块"。

🔔 3.1.9 创建空心放样体块

空心放样：空心放样与实体放样差不多，是用于创建需要绘制或者剪切轮廓（形状）并沿着路径拉伸此轮廓的族的一种建模方法，创建的方法与实体放样一致。

体块要求：请打开"第 3 章"→"3.1 节"→"练习文件夹"→"空心放样练习"进行以下练习，创建空心放样体块，轮廓见步骤（11）。

（1）选择工具：在项目浏览器中，双击"立面（立面 1）"中的"前"立面视图，将视图切换至"前"立面视图，切换"创建"选项卡→选择"形状"面板→"空心形状"下拉列表中的"空心放样"工具，如图 3-1-80 所示。

图 3-1-80

（2）设置工作平面：完成以上操作，Revit 将会自动切换至"修改｜放样"选项卡，选择"工作平面"面板中的"设置"工具，如图 3-1-81 所示。

图 3-1-81

（3）Revit 将会弹出"工作平面"对话框，如图 3-1-82 所示。单击选择"拾取一个平面"，单击"确定"按钮，如图 3-1-83 所示。

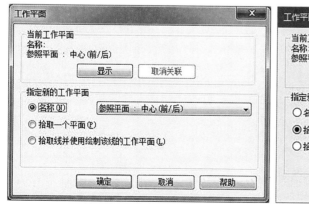

图 3-1-82

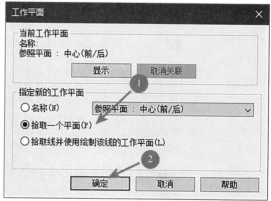

图 3-1-83

（4）在"楼层平面"视图中选择如图 3-1-84 所示的"参照平面"。

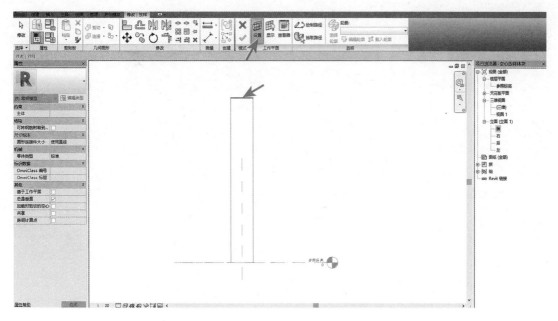

图 3-1-84

（5）选择"转到视图"：完成以上操作，Revit 将会弹出"转到视图"对话框，如图 3-1-85 所示，选择"楼层平面：参照标高"，再单击"打开视图"按钮，如图 3-1-86 所示。

图 3-1-85

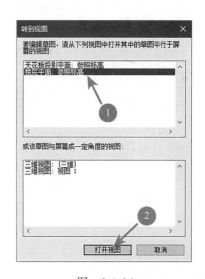

图 3-1-86

（6）选择绘制路径：完成以上操作，切换至"修改｜放样"选项卡，选择"放样"面板中的"绘制路径"工具，如图 3-1-87 所示。

图 3-1-87

（7）绘制路径：完成以上操作，Revit 将会切换至"修改｜放样 > 绘制路径"选项卡，选择"绘制"面板中的"矩形"工具，在"参照标高"楼层平面中绘制如图 3-1-88 所示的路径。

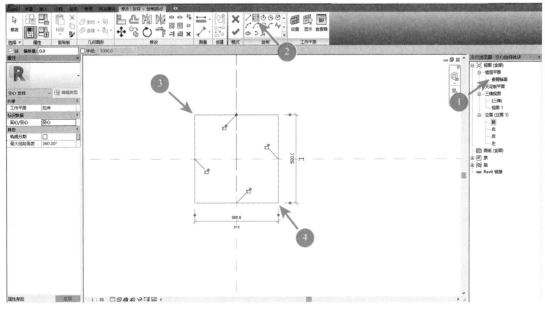

图 3-1-88

（8）完成路径绘制：完成以上操作，右击取消或按键盘"Esc"键两次，选择"模式"面板中的"完成编辑模式"工具，如图 3-1-89 所示。

图 3-1-89

（9）编辑轮廓：完成以上操作，Revit 将会切换至"修改｜放样"选项卡，选择"放样"面板中的"编辑轮廓"，如图 3-1-90 所示。

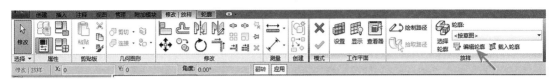

图 3-1-90

（10）选择"转到视图"：完成以上操作，Revit 将会弹出"转到视图"对话框，如图 3-1-91 所示。选择"立面：右"，再单击"打开视图"按钮，如图 3-1-92 所示。

（11）绘制轮廓：完成以上操作，Revit 将会切换至"修改｜放样 > 编辑轮廓"选项卡，选择"绘制"面板中的绘制工具，绘制如图 3-1-93 所示的轮廓。

（12）完成空心放样：完成以上操作，右击取消或按键盘"Esc"键两次，选择"模式"面板中的"完成编辑模式"工具，如图 3-1-94 所示。

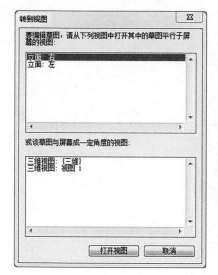

图　3-1-91

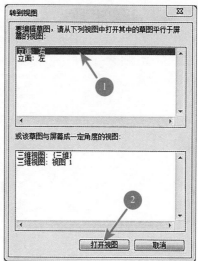

图　3-1-92

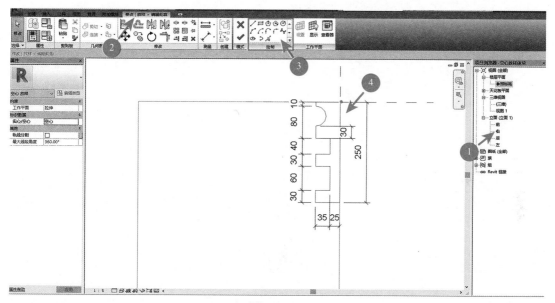

图　3-1-93

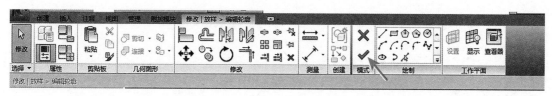

图　3-1-94

（13）查看空心放样体块：双击三维视图中的"视图 1"，将视图切换至三维视图，如图 3-1-95 所示。

（14）编辑空心放样体块：完成以上操作，单击完成的空心放样体块，Revit 将会切换至"修改｜空心放样"选项卡→选择"模式"面板→"编辑放样"工具，可以对其边界进行修改，如图 3-1-96 所示。

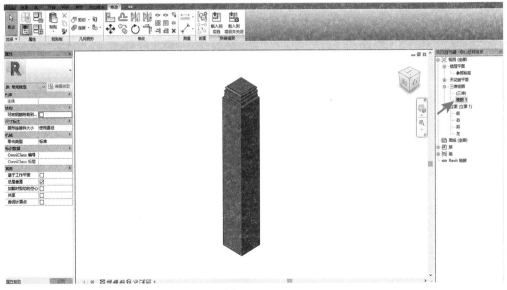

图 3-1-95

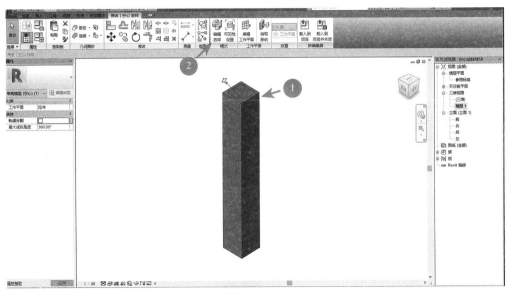

图 3-1-96

（15）保存模型：保存的项目名称为"空心放样体块"。

🔺 3.1.10 创建空心放样融合体块

空心放样融合：空心放样融合是基于沿某个路径放样的两个或多个二维轮廓而创建模型的方法。

体块要求：请打开"第 3 章"→"3.1 节"→"练习文件夹"→"空心放样融合练习"进行以下练习，创建空心放样融合体块，轮廓 1 见步骤（6），轮廓 2 见步骤（9）。

（1）选择工具：在项目浏览器中，双击三维视图中的"视图 1"，将视图切换至三维视图，切换"创建"选项卡→选择"形状"面板→"空心形状"下拉列表中的"空心放样融合"工具，如图 3-1-97 所示。

图　3-1-97

（2）拾取路径：完成以上操作，Revit 将会切换至"修改｜放样融合"选项卡，选择"放样融合"面板中的"拾取路径"工具，如图 3-1-98 所示。

图　3-1-98

（3）Revit 将会切换至"修改｜放样融合 > 拾取路径"选项卡，移动至三维视图中，拾取如图 3-1-99 所示的位置。

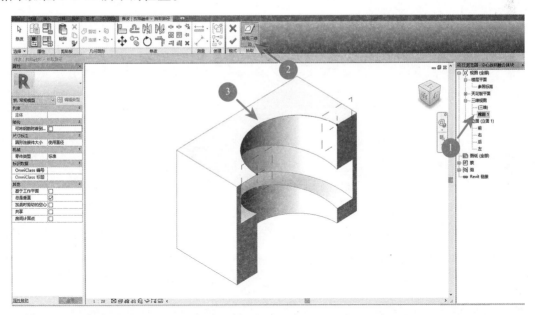

图　3-1-99

（4）完成放样融合路径：完成以上操作，右击取消或按键盘"Esc"键两次，选择"模式"面板中的"完成编辑模式"工具，如图 3-1-100 所示。

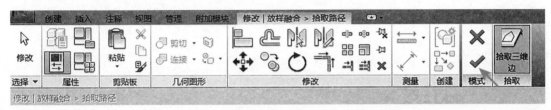

图　3-1-100

（5）选择绘制轮廓 1 工具：完成以上操作，Revit 将会切换至"修改｜放样融合"选项卡，选择"放样融合"面板中的"选择轮廓 1"，单击"编辑轮廓"工具，如图 3-1-101 所示。

图 3-1-101

（6）绘制轮廓 1：完成以上操作，在项目浏览器中，双击立面视图中的"右"，将视图切换至"右"立面视图，在如图 3-1-102 所示的位置绘制 400mm×800mm 的矩形。

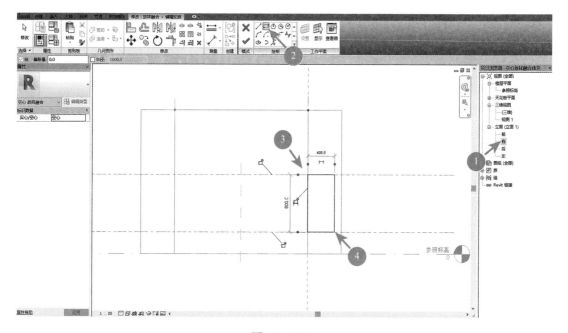

图 3-1-102

（7）完成轮廓 1 绘制：完成以上操作，右击取消或按键盘"Esc"键两次，选择"模式"面板中的"完成编辑模式"工具，如图 3-1-103 所示。

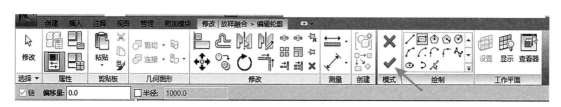

图 3-1-103

（8）选择绘制轮廓 2 工具：完成以上操作，Revit 将会切换至"修改｜放样融合"选项卡，选择"放样融合"面板中的"选择轮廓 2"，单击"编辑轮廓"工具，如图 3-1-104 所示。

（9）绘制轮廓 2：完成以上操作，在项目浏览器中，双击立面视图中的"右"，将视图切换至"右"立面视图，在如图 3-1-105 所示的位置绘制 400mm×800mm 的矩形。

图　3-1-104

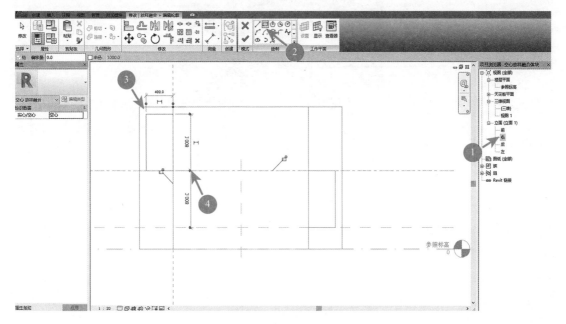

图　3-1-105

（10）完成轮廓 2 绘制：完成以上操作，右击取消或按键盘"Esc"键两次，选择"模式"面板中的"完成编辑模式"工具，如图 3-1-106 所示。

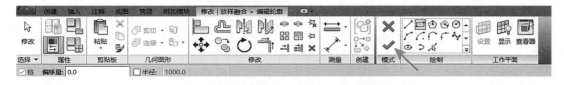

图　3-1-106

（11）完成放样融合：完成以上操作，右击取消或按键盘"Esc"键两次，选择"模式"面板中的"完成编辑模式"工具，如图 3-1-107 所示。

图　3-1-107

（12）查看空心放样融合体块：双击三维视图中的"视图 1"，将视图切换至三维视图，如图 3-1-108 所示。

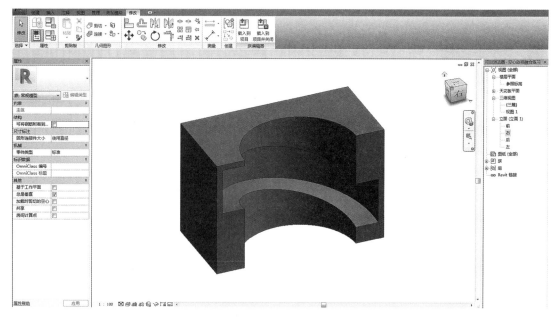

图 3-1-108

（13）编辑空心放样融合体块：完成以上操作，单击完成的空心放样融合体块，Revit 将会切换至"修改｜空心放样融合"选项卡→选择"模式"面板→"编辑放样融合"工具，可以对其边界进行修改，如图 3-1-109 所示。

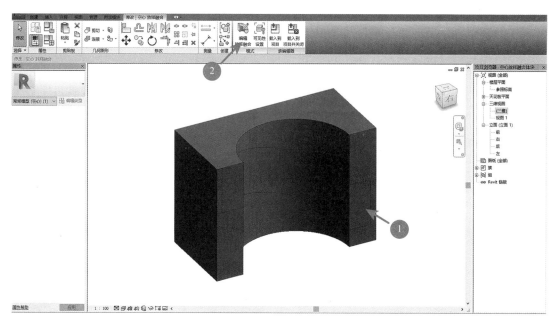

图 3-1-109

（14）保存模型：保存的项目名称为"空心放样融合体块"。

课后练习

1. 打开资料文件夹中"第3章"→"3.1节"→"完成文件夹"进行参考练习。
2. 请根据"3.1.1 创建拉伸体块"操作步骤，创建拉伸体块。
3. 请根据"3.1.2 创建融合体块"操作步骤，创建融合体块。
4. 请根据"3.1.3 创建旋转体块"操作步骤，创建旋转体块。
5. 请根据"3.1.4 创建放样体块"操作步骤，创建放样体块。
6. 请根据"3.1.5 创建放样融合体块"操作步骤，创建放样融合体块。
7. 请根据"3.1.6 创建空心拉伸体块"操作步骤，创建空心拉伸体块。
8. 请根据"3.1.7 创建空心融合体块"操作步骤，创建空心融合体块。
9. 请根据"3.1.8 创建空心旋转体块"操作步骤，创建空心旋转体块。
10. 请根据"3.1.9 创建空心放样体块"操作步骤，创建空心放样体块。
11. 请根据"3.1.10 创建空心放样融合体块"操作步骤，创建空心放样融合体块。

3.2 三维模型的修改编辑工具

与其他常见的建模软件一样，Revit的布尔运算方式主要有"连接"和"剪切"两种。在"修改"选项卡的"几何图形"面板和"修改"面板中的工具，是本节要详细讲解的内容。

3.2.1 布尔运算

（1）连接：连接几何图形可以将多个实体模型连接成一个实体模型，实现"布尔运算"，并在连接处产生实体相交的相贯线。

练习要求：请打开"第3章"→"3.2节"→"练习文件夹"→"连接练习"进行以下练习。

1）切换至"修改"选项卡，选择"几何图形"面板中的"连接"工具，如图3-2-1所示。

图 3-2-1

2）单击"连接"下拉列表中的"连接几何图形"工具，移动至视图中，进行操作，如图 3-2-2 所示，操作完成后如图 3-2-3 所示。

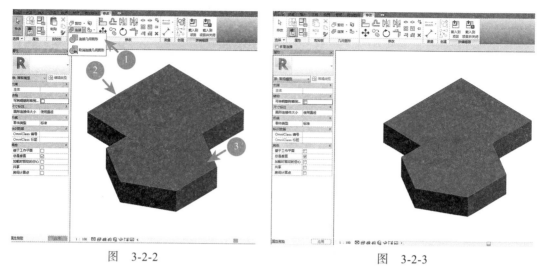

图 3-2-2   图 3-2-3

3）取消连接几何图形：切换至"修改"选项卡，单击"连接"下拉列表中的"取消连接几何图形"工具，如图 3-2-4 所示。

图 3-2-4

4）移动至视图中，进行操作，如图 3-2-5 所示，操作完成后如图 3-2-6 所示。

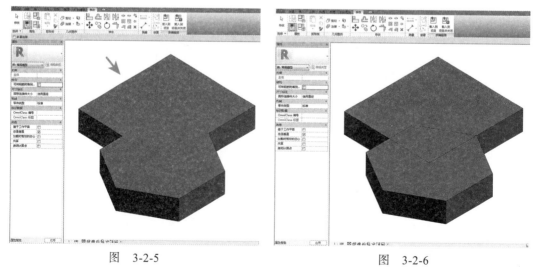

图 3-2-5   图 3-2-6

（2）剪切：将实体模型减去空心模型形成"镂空"的效果，实现"布尔运算"，如图 3-2-7 所示。单击"剪切"下拉列表中的"取消剪切几何图形"，可以将已经剪切的实体模型返回到未剪切的模型，如图 3-2-8 所示。

（3）拆分面：可以将图元的面分割成若干区域，以便应用不同的材质，它只能拆分

图元的选定面，而不会产生多个图元或
修改图元的结构。

练习要求：请打开"第 3 章"→"3.2
节"→"练习文件夹"→"拆分面练习"
进行以下练习。

图 3-2-7　　　　　图 3-2-8

1）切换至"修改"选项卡，选择"几
何图形"面板中的"拆分面"工具，如
图 3-2-9 所示。

图 3-2-9

2）完成以上操作，移动鼠标至视图中单击需要拆分的面，如图 3-2-10 所示。Revit 将
会切换至"修改｜拆分面 > 创建拉伸"选项卡，选择"绘制"面板中的"矩形"工具，在
如图 3-2-11 所示的位置绘制矩形。

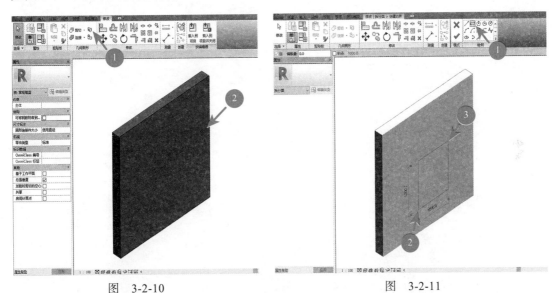

图 3-2-10　　　　　　　　　　　图 3-2-11

3）完成以上操作，右击取消或按键盘"Esc"键两次，选择"模式"面板中的"完成
编辑模式"工具，如图 3-2-12 所示。

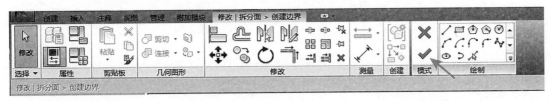

图 3-2-12

4）完成以上操作，所选择的面将会被拆分为两部分，如图 3-2-13 所示。

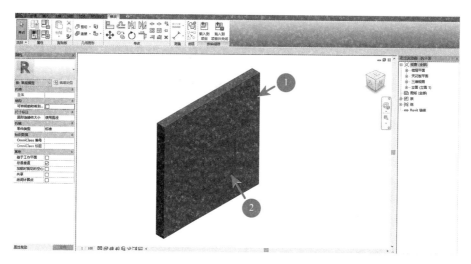

图 3-2-13

（4）填色："填色"可将材质应用于图元的面或区域，"删除填色"则取消填色。

练习要求：请打开"第 3 章"→"3.2 节"→"练习文件夹"→"填色练习"进行以下练习。

1）切换至"修改"选项卡，选择"几何图形"面板中的"填色"工具，如图 3-2-14 所示。

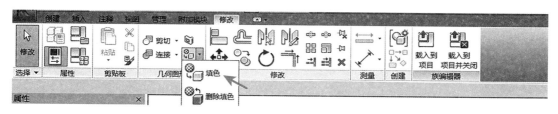

图 3-2-14

2）完成以上操作，Revit 将会弹出"材质浏览器"对话框，单击"木材质"到拆分出来的面，单击"砖石"材质到原来的面，如图 3-2-15 所示。

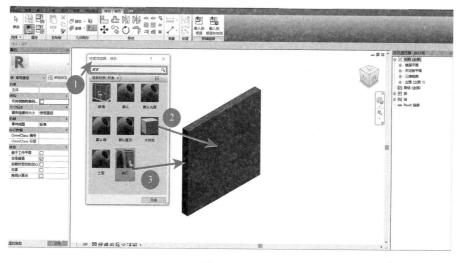

图 3-2-15

3）如果单击"删除填色"，则取消填色。

3.2.2 修改工具

修改工具在 Revit 的项目板块与族板块中，是经常用到的一些工具，大多数工具在"创建项目"与"创建族"的过程中都可以提高效率。

（1）对齐：使用"对齐"工具可将一个或多个图元与选定图元对齐。通常在完成对齐之后，会出现"开定"控件，单击这个"开锁"图标，就会变成"上锁"图标。这就表明两个物体是关联的，可以一起联动。

练习要求：请打开"第 3 章"→"3.2 节"→"练习文件夹"→"对齐练习"进行以下练习，将椅子对齐至中心位置，并将其锁定。

1）在项目浏览器中，双击楼层平面中的"参照标高"，将视图切换至"参照标高"平面视图，切换至"修改"选项卡，选择"修改"面板中的"对齐"工具，如图 3-2-16 所示。

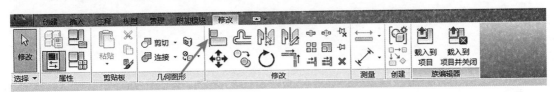

图 3-2-16

2）根据练习要求，需要将如图 3-2-17 所示的椅子对齐至中心位置，完成选择工具，如图 3-2-18 所示进行对齐操作。

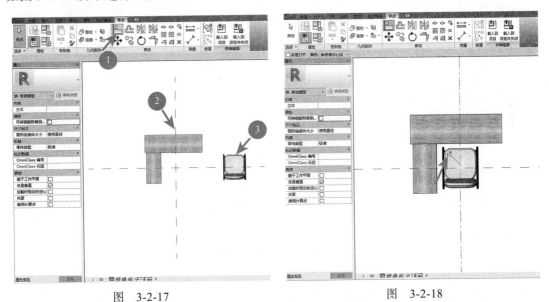

图 3-2-17   图 3-2-18

（2）修剪 / 延伸："修改"选项卡中有三个与"修剪 / 延伸"相关的工具，如图 3-2-19 所示。分别是修剪 / 延伸为角（TR）、修剪 / 延伸单个图元、修剪 / 延伸多个图元。

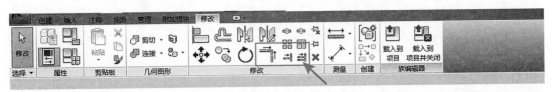

图 3-2-19

修剪/延伸为角（TR）：选择需要将其修剪成角的图元时，需要确保单击要保留的图元部分。

修剪/延伸单个图元：选择用作边界的参照，然后选择要修剪或延伸的图元，如果此图元与边界（或投影）交叉，则保留所单击的部分，而修剪边界另一侧的部分。

修剪/延伸多个图元：对于与边界交叉的任何图元，则保留所单击的图元部分，在绘制选择框时，会保留位于边界同一侧（单击开始选择的地方）的图元部分，而修剪边界另一侧的部分。

（3）拆分："修改"选项卡中有两个与"拆分"相关的工具，如图 3-2-20 所示，分别是"拆分图元"和"用间隙拆分"。

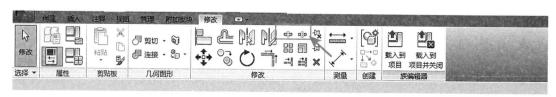

图　3-2-20

1）拆分图元：选择要拆分的物体，将其分成两段。

在选项栏上，选择"删除内部线段"，单击图元上的两点以定义所需的边界，内部线段被删除，其余部分将被保留，如图 3-2-21 所示。

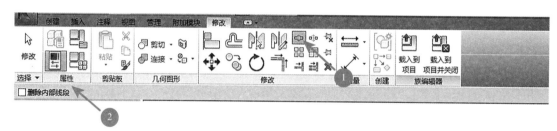

图　3-2-21

一般用于修改墙体，如图 3-2-22 所示。

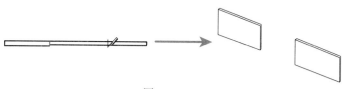

图　3-2-22

2）用间隙拆分：选择要拆分的物体，将其分成已定义间隙的单独的两段，例如将一面墙拆分成已定义之间间隙的两面单独的墙，如图 3-2-23 所示。

图　3-2-23

（4）偏移：单击"修改"选项卡→"修改"面板→"偏移"按钮，在选项栏，要求输入偏移量或选择偏移方式，以及是否保留原始的物体，然后在要偏移的对象附近，用鼠标单击方位控制偏移的方向。

选择要偏移的图元或链：如果使用"数值方式"选项指定了偏移距离，则将在放置光标的一侧在离高亮显示图元该距离的地方显示一条预览线，光标在墙的外部面上，如图 3-2-24 所示，光标在墙的内部面上，如图 3-2-25 所示。

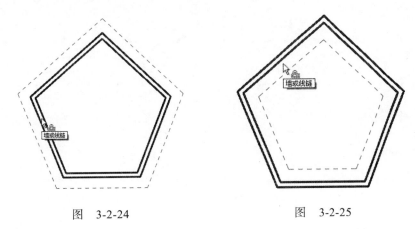

图 3-2-24 　　　　　　　　　图 3-2-25

练习要求：请打开"第 3 章"→"3.2 节"→"练习文件夹"→"偏移练习"进行以下练习，编辑轮廓，将轮廓向外偏移 500mm。

1）在项目浏览器中，双击楼层平面中的"参照标高"，将视图切换至"参照标高"平面视图，单击视图中的体块，Revit 将会自动切换至"修改｜拉伸"选项卡，选择"模式"面板中的"编辑拉伸"工具，如图 3-2-26 所示。

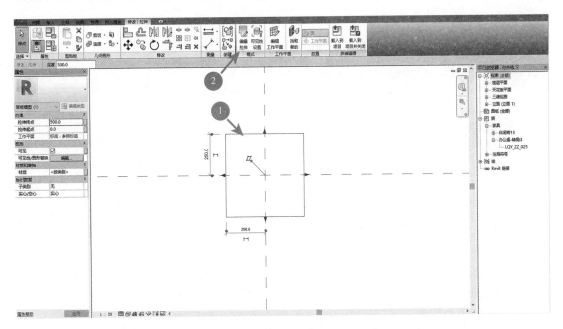

图 3-2-26

2）完成以上操作，Revit 将会自动切换至"修改｜拉伸 > 编辑拉伸"选项卡，单击选择"修改"面板中的"偏移"工具，在选项卡中修改"偏移"为 500，移动鼠标至视图中，单击轮廓的一边，用"Tab"键循环单击，Revit 将会出现虚线，如图 3-2-27 所示。

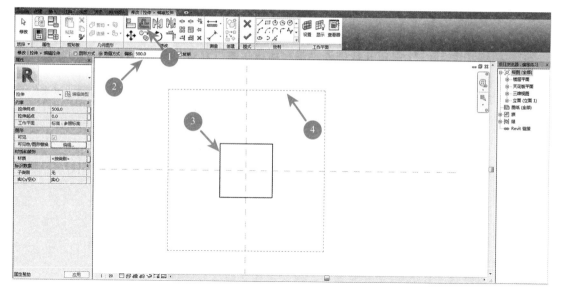

图 3-2-27

3）完成以上操作，单击边界，将会偏移完成，切换至"修改｜拉伸＞编辑拉伸"选项卡，选择"模式"面板中的"完成编辑模式"，如图 3-2-28 所示。

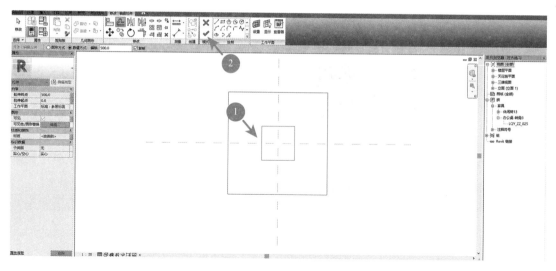

图 3-2-28

（5）移动："移动"工具的工作方式类似于拖曳。但是，它在选项栏上提供了其他功能，允许进行更精确的放置，选择要移动的对象，单击"修改"面板中的"移动"按钮，选择移动的起点，再选择移动的终点或直接输入移动的距离。

练习要求：请打开"第3章"→"3.2 节"→"练习文件夹"→"移动练习"进行以下练习，将椅子移动至中心位置。

1）在项目浏览器中，双击楼层平面中的"参照标高"，将视图切换至"参照标高"平面视图。单击选择"椅子"，Revit 将会自动切换至"修改｜家具"选项卡，选择"修改"面板中的"移动"工具，如图 3-2-29 所示。

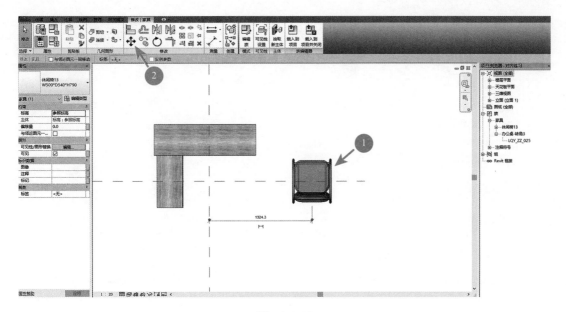

图　3-2-29

2）完成以上操作，椅子将会以虚线显示，将椅子移动至中心参照平面处，如图 3-2-30 所示。完成以后，如图 3-2-31 所示。

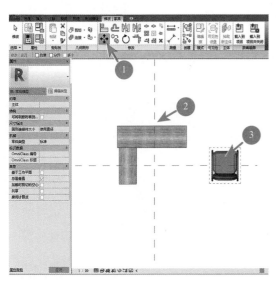 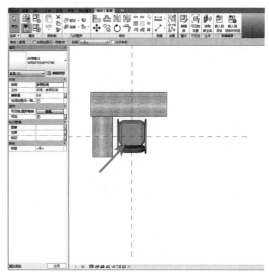

图　3-2-30　　　　　　　　　　　　　　　　图　3-2-31

（6）旋转：选择要旋转的对象，可使图元围绕轴旋转。单击"修改"面板中的"旋转"按钮，单击"旋转中心：地点"，单击定义绘图区域旋转的中心点，选择旋转的起始线，再选择旋转的结束线或在选项栏直接输入角度。

练习要求：请打开"第 3 章"→"3.2 节"→"练习文件夹"→"旋转练习"进行以下练习，将椅子旋转至中心位置。

1）在项目浏览器中，双击楼层平面中的"参照标高"，将视图切换至"参照标高"平面视图，单击选择"椅子"，Revit 将会自动切换至"修改│家具"选项卡，选择"修改"面板中的"旋转"工具，如图 3-2-32 所示。

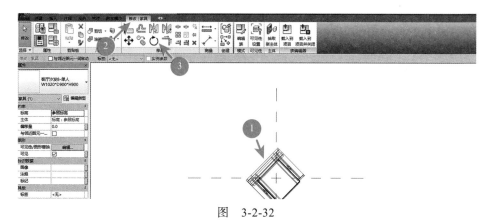

图　3-2-32

2）完成以上操作，椅子将会以虚线显示，将椅子旋转至中心参照平面处，如图 3-2-33
所示。完成以后，如图 3-2-34 所示。

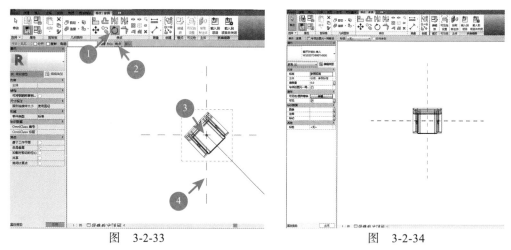

图　3-2-33　　　　　　　　　　　　　　图　3-2-34

（7）复制：选择要复制的对象，单击"修改"面板中的"复制"按钮，选择移动的起点，
再选择移动的终点或直接输入移动的距离，在选项栏中勾选"多个"，可以多次重复。

练习要求：请打开"第3章"→"3.2节"→"练习文件夹"→"复制练习"进行以下练习，
将右上方的椅子复制到左上方位置。

1）在项目浏览器中，双击楼层平面中的"参照标高"，将视图切换至"参照标高"
平面视图，单击选择"椅子"，Revit 将会自动切换至"修改 | 家具"选项卡，选择"修改"
面板中的"复制"工具，如图 3-2-35 所示。

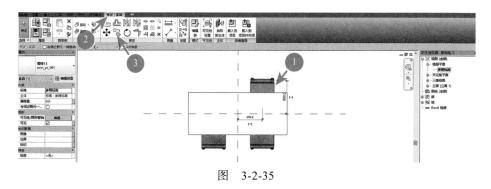

图　3-2-35

2）完成以上操作，椅子将会以虚线显示，将椅子复制到左边，如图 3-2-36 所示。完成以后，如图 3-2-37 所示。

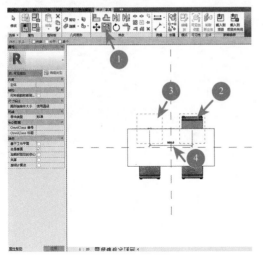 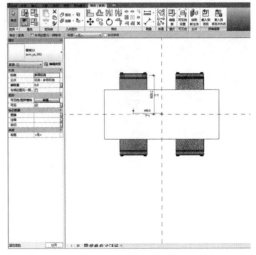

图 3-2-36   图 3-2-37

（8）镜像：可以选择现有的线或边作为镜像轴，来反转选定图元的位置，也可以绘制一条临时线用作镜像轴，来反转选定图元的位置，在选项栏中"复制"默认是勾选的，如果不勾选"复制"，镜像以后原图元不会保留。

练习要求：请打开"第 3 章"→"3.2 节"→"练习文件夹"→"镜像练习"进行以下练习，将左边的 2 个椅子镜像至右边位置。

1）在项目浏览器中，双击楼层平面中的"参照标高"，将视图切换至"参照标高"平面视图，单击选择"椅子"，Revit 将会自动切换至"修改 | 家具"选项卡，选择"修改"面板中的"镜像"工具，如图 3-2-38 所示。

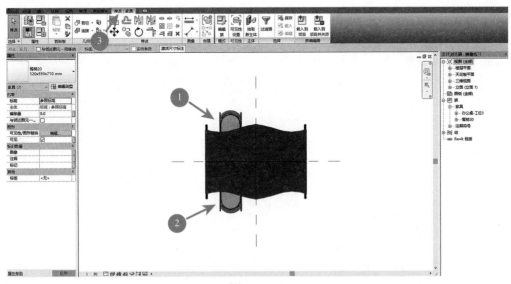

图 3-2-38

2）完成以上操作，椅子将会以虚线显示，将椅子镜像至右边，如图 3-2-39 所示。完成以后，如图 3-2-40 所示。

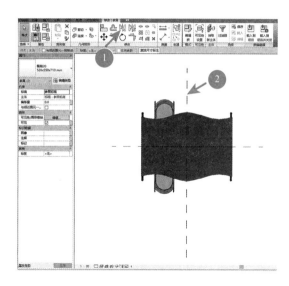

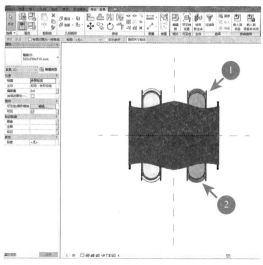

图　3-2-39　　　　　　　　　　　　　　　图　3-2-40

（9）阵列：

1）矩形阵列：选择要阵列的对象，单击"修改"面板中的"阵列"按钮，默认为"线性"阵列，在"项目数"中输入数值，选择移动到"第二个"，然后选择阵列的起点，再选择阵列的终点。这样就完成了将原物体进行矩形阵列的操作，且每个物体之间的间距都是刚刚所选择阵列起点和阵列终点的距离。

勾选"成组并关联"选项，这样阵列出的各个实体是以组存在，编辑其中任意一个实体，其他实体也随之更新。如果不勾选这个选项，则阵列后各个实体之间相互脱离，没有任何关系，也不能进行一些参数的运算。

练习要求：请打开"第 3 章"→"3.2 节"→"练习文件夹"→"矩形阵列 - 第二个阵列练习"进行以下练习，将左边的 2 个椅子阵列 10 个。

①在项目浏览器中，双击楼层平面中的"参照标高"，将视图切换至"参照标高"平面视图，单击选择"椅子"，Revit 将会自动切换至"修改 | 家具"选项卡，选择"修改"面板中的"阵列"工具，如图 3-2-41 所示。

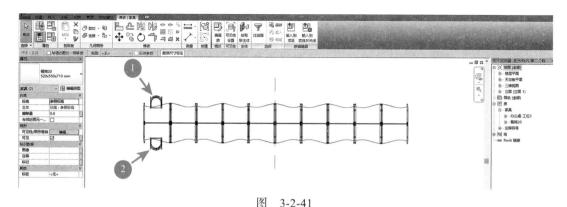

图　3-2-41

②完成以上操作，椅子将会以虚线显示，在选项栏中选择"线性"阵列，在"项目数"中输入数值 10，选择移动到"第二个"，进行阵列，如图 3-2-42 所示。

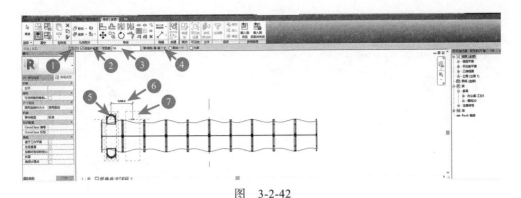

图　3-2-42

③完成以上操作，完成阵列，如图 3-2-43 所示。

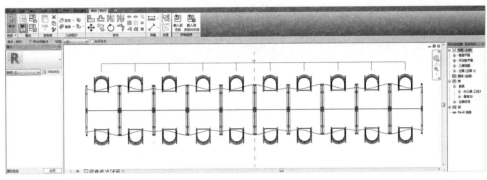

图　3-2-43

矩形阵列还有一种方式，即通过控制阵列的总长来控制阵列的数量，这也是一种十分常用的手段，选择要阵列的对象，单击"修改"面板中的"阵列"按钮，默认为"线性"阵列，在"项目数"中输入数值，选择移动到"最后一个"，然后选择阵列的起点，再选择阵列的终点，这样就完成了将原物体进行矩形阵列的操作，且第一个物体和最后一个物体的间距就是刚刚所选择的阵列起点和阵列终点的距离。

练习要求：请打开"第 3 章"→"3.2 节"→"练习文件夹"→"矩形阵列 - 最后一个阵列练习"进行以下练习，将左边的 2 个椅子阵列 10 个。

①在项目浏览器中，双击楼层平面中的"参照标高"，将视图切换至"参照标高"平面视图，单击选择"椅子"，Revit 将会自动切换至"修改 | 家具"选项卡，选择"修改"面板中的"阵列"工具，如图 3-2-44 所示。

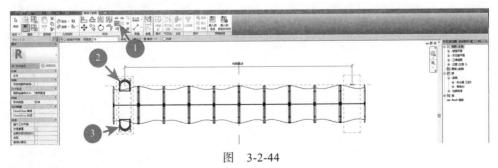

图　3-2-44

②完成以上操作，椅子将会以虚线显示，在选项栏中选择"线性"阵列，在"项目数"中输入数值 10，选择移动到"最后一个"，进行阵列，如图 3-2-45 所示。

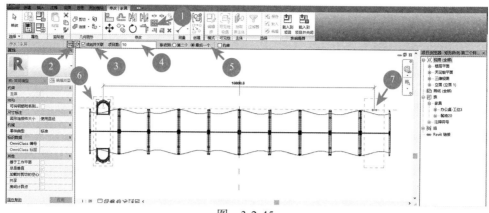

图 3-2-45

③完成以上操作，完成阵列，如图 3-2-46 所示。

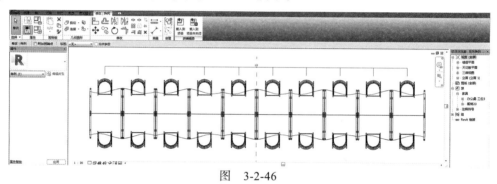

图 3-2-46

2）环形阵列：选择要阵列的对象，单击功能区"修改"面板中的"阵列"按钮，单击"径向"阵列按钮，在"项目数"中输入数值，选择移动到"最后一个"，单击"旋转中心：地点"，单击绘图区域环形阵列中心点，如两个参照平面的交点，然后选择旋转起始边，再在选项栏的"角度"中输入"360"，回车，这样就完成了将原物体进行环形阵列的操作，其环形阵列的度数就是360°，可用参数控制环形阵列的角度、数量和阵列半径。

练习要求：请打开"第3章"→"3.2节"→"练习文件夹"→"环形阵列练习"进行以下练习，将椅子沿中心环形阵列6个。

①在项目浏览器中，双击楼层平面中的"参照标高"，将视图切换至"参照标高"平面视图。单击选择"椅子"，Revit 将会自动切换至"修改 | 家具"选项卡，选择"修改"面板中的"阵列"工具，如图 3-2-47 所示。

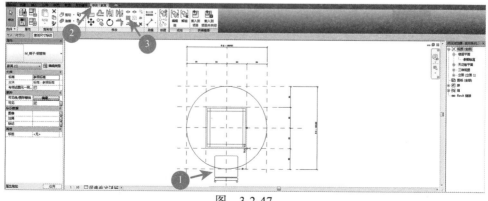

图 3-2-47

②完成以上操作，椅子将会以虚线显示，在选项栏中单击"径向"阵列按钮，在"项目数"中输入 6，选择移动到"最后一个"，单击"旋转中心：地点"，在视图中的中心位置单击，作为环形阵列中心点，旋转角度为 60°，进行环形阵列，如图 3-2-48 所示。

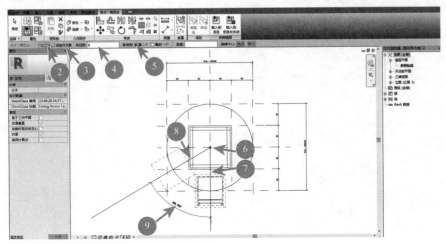

图　3-2-48

③完成以上操作，完成阵列，如图 3-2-49 所示。

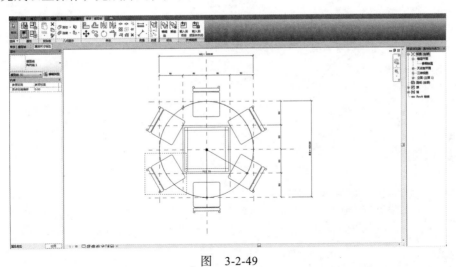

图　3-2-49

课后练习

1. 打开资料文件夹中"第 3 章"→"3.2 节"→"完成文件夹"→进行参考练习。

2. 请根据"3.2.1 布尔运算"操作步骤，对连接、剪切、拆分面、填色进行练习。

3. 请根据"3.2.2 修改工具"操作步骤，对对齐、拆分、偏移、移动、旋转、复制、镜像、阵列进行练习。

4

第 4 章

注释族及轮廓族

课程概要:

本章主要讲述如何在 Revit 中创建注释族及轮廓族,如何在创建的族中选用正确的样板以及如何在项目中应用族。

课程目标:

- 了解如何创建注释族
- 了解如何创建轮廓族
- 了解将注释族及轮廓族载入到项目中后,如何使用

4.1 注释族

注释族分为标记（Tag）及符号（Symbol）两种，与另一种二维构件族"详图构件"不同，注释族拥有"注释比例"的特性，即注释族的大小，会根据视图比例的不同而变化，以保证在出图时注释族保持同样的大小。

注释族的创建与编辑都很方便，主要是对于标签参数的设置，以达到用户对于图纸中构件标记的不同需求。

4.1.1 标记族

标记主要用于标注各种类别构件的不同属性，如窗标记、门标记等，这里以门标记为例进行练习。

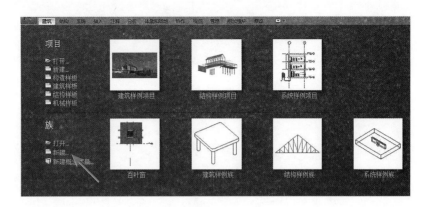

图　4-1-1

（1）新建族：启动 Revit 软件，在"最近使用的文件"界面，族栏目中，选择"新建"，如图 4-1-1 所示。

（2）选择族样板：Revit 将会弹出"新族 - 选择样板文件"对话框，双击打开"注释"文件夹，选择"公制门标记"，单击"打开"，如图 4-1-2 所示。

图　4-1-2

（3）族编辑器：单击"打开"按钮后，Revit 将会启动族编辑器工作界面，如图 4-1-3 所示，在门的"属性"面板中，勾选"随构件旋转"，应用于项目中可以随着门的方向进行附着标记。

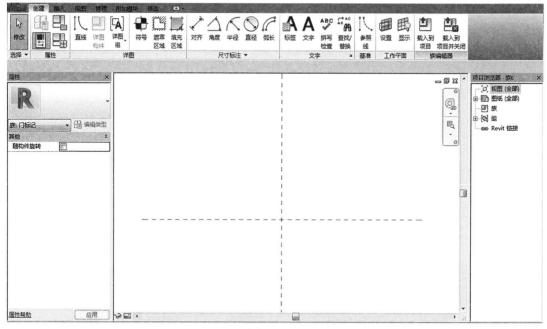

图 4-1-3

（4）添加标签到门标记。

1）切换至"创建"选项卡，选择"文字"面板中的"标签"工具，如图 4-1-4 所示。

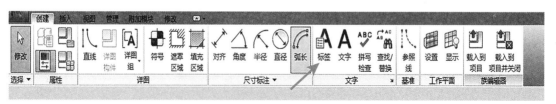

图 4-1-4

2）完成以上操作，Revit 将会切换至"修改｜放置标签"选项卡，选中"格式"面板中的"居中对齐"和"正中"按钮，如图 4-1-5 所示。

图 4-1-5

3）单击视图参照平面的交点，以此来确定标签的位置，弹出"编辑标签"的对话框，在"类别参数"下，选择"类型名称"，单击"将参数添加到标签"按钮，将"类型名称"参数添加到标签，单击确定，标签类型选择 3.5mm，如图 4-1-6 所示。

注：有时在项目里为了方便统计，可以将标记添加到标签参数里，再设置其可见性。

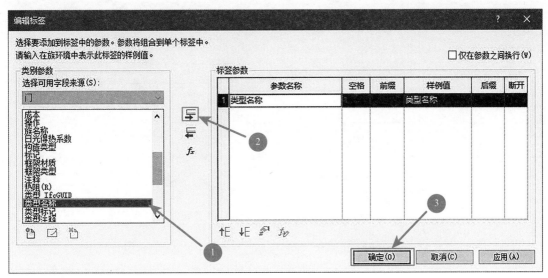

图 4-1-6

4）单击"创建"选项卡，选择"文字"面板中的"标签"工具，打开"修改 | 放置标签"选项卡，选中"格式"面板中的"居中对齐"和"正中"按钮，单击参照平面的交点，以此来确定标签的位置，弹出"编辑标签"对话框，在"类别参数"下，选择"标记"，单击"将参数添加到标签"，单击确定，标签类型选择 3.5mm，如图 4-1-7 所示。

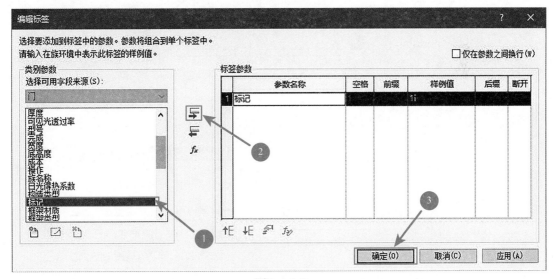

图 4-1-7

（5）调整标记的可见性设置。

选中标签"li"，单击"属性"面板中的"可见性设置"，弹出"关联族参数"对话框，单击"添加参数"工具，弹出"参数属性"对话框，在名称栏里命名名称，比如"标记可见"，单击确定，如图 4-1-8 所示。

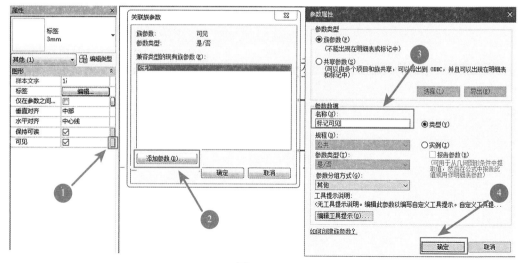

图　4-1-8

（6）载入到项目中进行测试。

1）进入项目视图，单击"建筑"选项卡，选择"构建"面板中的"门"工具，在墙上插入门，门标记也随之出现。选中门标记，单击"属性"面板中的"类型选择器"，选择刚载入进去的符号，如图 4-1-9 所示。

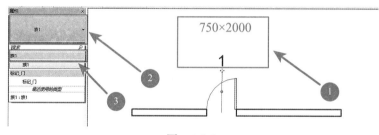

图　4-1-9

2）选中门标记，单击"属性"面板中的"编辑类型"工具，在弹出的"类型属性"对话框里，取消勾选"标记可见"，则不再显示标记，如图 4-1-10 所示。

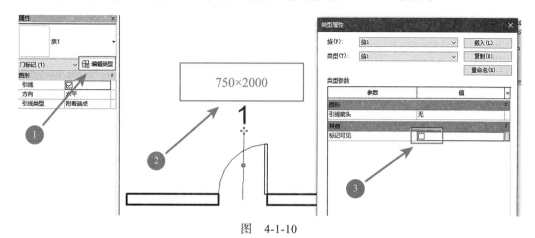

图　4-1-10

（7）保存文件：完成族创建，可以单击"快速访问栏"中的"保存"按钮，进行模型保存，如图 4-1-11 所示，名称保存为门标记。

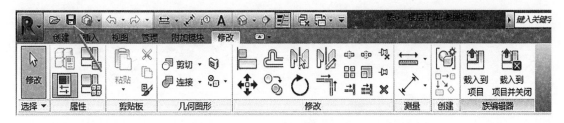

图　4-1-11

（8）窗标记和门标记是同一类型族文件，只是样板选择不同，创建族文件时只需更换样板文件，将"公制门标记"换成"公制窗标记"即可，步骤与门标记一致。

4.1.2　符号族

符号一般在项目中用于"装配"各种系统族标记，如立面标记、高程点标高等。这里以"标高标头族"及"轴网标头族"为例。

（1）创建"标高标头族"。

1）新建族：单击 Revit 初始界面的"应用程式菜单栏"按钮→"新建"→"族"。

2）打开样板文件：Revit 将会弹出"新族 - 选择样板文件"对话框，双击打开"注释"文件夹，选择"公制标高标头"，单击"打开"，如图 4-1-12 所示。

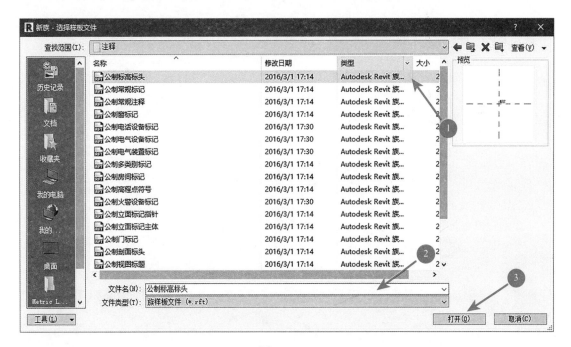

图　4-1-12

3）族编辑器：单击"打开"按钮，Revit 将会启动族编辑器工作界面，如图 4-1-13 所示，打开视图之后，将视图中的标注删除。

4）绘制标高符号。

①切换至"创建"选项卡，选择"详图"面板中的"直线"工具，如图 4-1-14 所示。

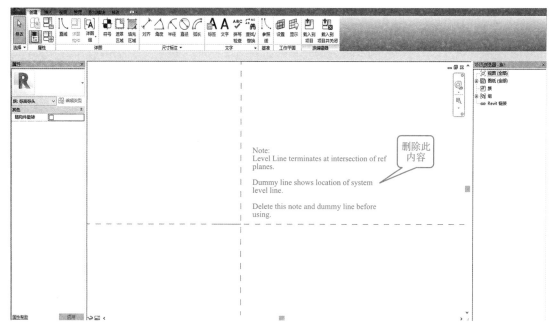

图 4-1-13

图 4-1-14

②在视图中绘制标高符号，符号的尖端在参照线的
交点处，如图 4-1-15 所示。

5）添加标签。

①切换至"创建"选项卡，选择"文字"面板中的"标
签"工具，如图 4-1-16 所示。

②完成以上操作，Revit 将会切换至"修改 | 放置标
签"选项卡，选中"格式"面板中的"居中对齐"和"正
中"按钮，如图 4-1-17 所示。

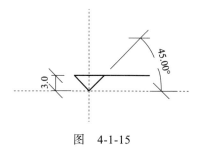

图 4-1-15

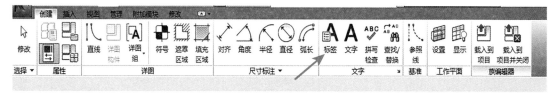

图 4-1-16

③单击"属性"面板中的"编辑类型"工具，打开"类型属性"对话框，可以调整文
字大小、文字字体、下画线是否显示等，复制新类型，名称"3.5mm"，按照制图标准，
将文字大小改为 3.5mm，宽度系数改为 0.7，单击确定，如图 4-1-18 所示。

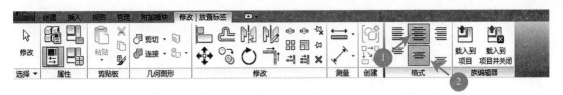

图　4-1-17

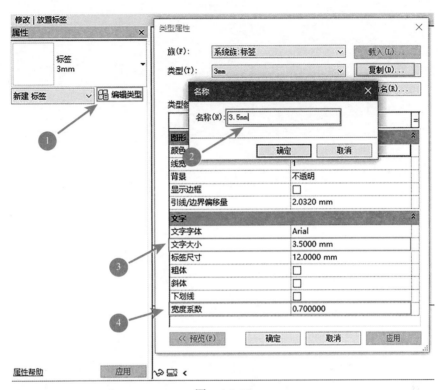

图　4-1-18

6）将标签添加到标高标记。

①单击参照平面的交点，以此来确定标签的位置，弹出"编辑标签"对话框，在"类别参数"下选择"立面"，单击"将参数添加到标签"按钮，将"立面"参数添加到标签，如图 4-1-19 所示。

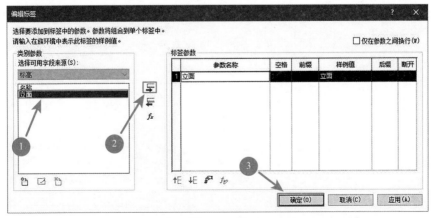

图　4-1-19

②编辑参数的单位格式，单击"编辑参数的单位格式"，出现"格式"对话框，按照制图标准，标高数字应以米为单位，舍入为三个小数位，如图 4-1-20 所示

③立面标签的位置应注写在标高符号的左侧或右侧，如图 4-1-21 所示。

④继续添加"名称"到标签栏，将立面和名称的标签类型都改为 3.5mm，将样板中自带的多余的线条和注意事项删掉，结果只留标高符号和标签，如图 4-1-22 所示。

7）载入项目中进行测试。进入项目里的东立面视图，单击"建筑"选项卡，选择"基准"面板中的"标高"工具，单击"属性"面板中的"编辑类型"工具，弹出"类型属性"对话框，调整类型参数，在符号栏里使用刚载入的符号，如图 4-1-23 所示，单击确定，绘制标高，如图 4-1-24 所示。

图　4-1-20

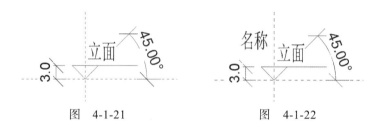

图　4-1-21　　　　　　　　图　4-1-22

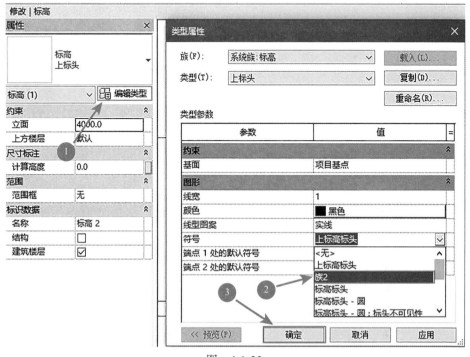

图　4-1-23

（2）创建"轴网标头族"。

1）新建族：单击 Revit 初始界面的"应用程序菜单栏"
按钮→"新建"→"族"。

图　4-1-24

2）打开样板文件：Revit 将会弹出"新族 - 选择样板
文件"对话框，双击打开"注释"文件夹，选择"公制轴网
标头"，单击"打开"，如图 4-1-25 所示。

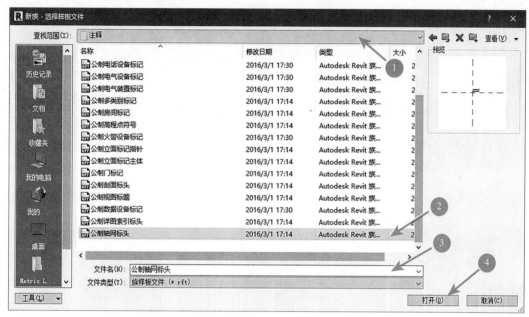

图　4-1-25

3）族编辑器：单击"打开"按钮，Revit 将会启动族编辑器工作界面，如图 4-1-26 所
示，打开视图之后，将视图中的标注删除。

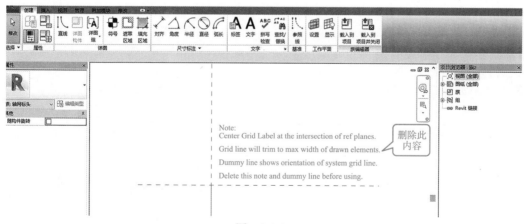

图　4-1-26

4）绘制轴网标头符号。

①按照制图标准，轴号圆应用细实线绘制，直径为 8 ～ 10mm。轴号圆的圆心应在定
位轴线的延长线上或延长线的折线上。

②在"创建"选项卡中，选择"详图"面板中的"直线"工具，线的子类别选择轴网标头，

如图 4-1-27 所示。

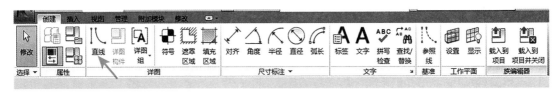

图　4-1-27

③绘制轴网标头，一个直径为 10mm 的圆，圆心在参照线平面交点处，如图 4-1-28 所示。

5）添加标签到轴网标头：请参考"（1）创建"标高标头族"→5）添加标签→①、②"的操作步骤。

6）单击参照平面的交点，以此来确定标签的位置，弹出"编辑标签"对话框，在"类别参数"下，选择"名称"，单击"将参数添加到标签"，单击确定，标签类型选择 3.5mm，如图 4-1-29 所示。

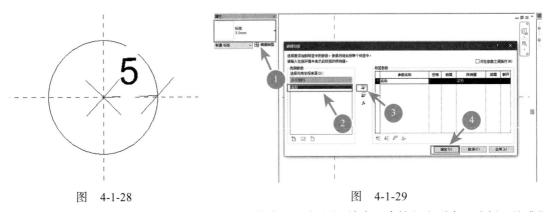

图　4-1-28　　　　　　　　　　　　　　　图　4-1-29

7）载入项目中进行测试。进入项目里的东立面视图，单击"建筑"选项卡，选择"基准"面板中的"轴网"工具，单击"属性"面板中的"编辑类型"工具，弹出类型属性对话框，调整类型参数，在符号栏里使用刚载入的符号，如图 4-1-30 所示，单击确定，绘制轴，如图 4-1-31 所示。

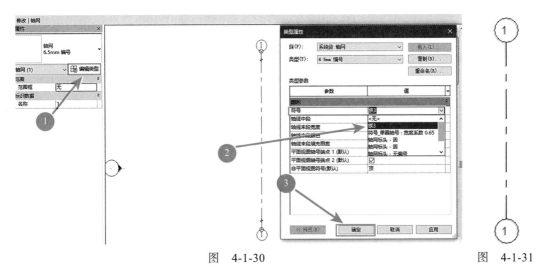

图　4-1-30　　　　　　　　　　　　　　　图　4-1-31

4.1.3　高程点族

（1）新建族：单击 Revit 初始界面的"应用程式菜单栏"按钮→"新建"→"族"。

（2）打开样板文件：Revit 将会弹出"新族 - 选择样板文件"对话框，双击打开"注释"文件夹，选择"公制高程点符号"，单击"打开"，如图 4-1-32 所示。

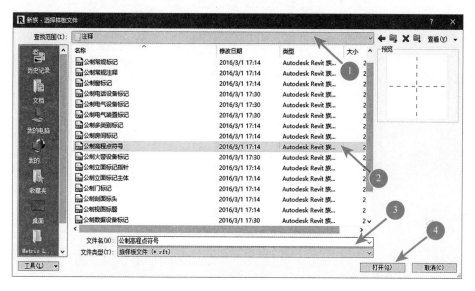

图　4-1-32

（3）族编辑器：单击"打开"按钮后，Revit 将会启动族编辑器工作界面，如图 4-1-33 所示。

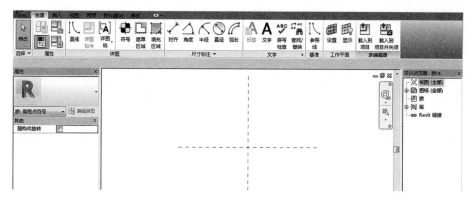

图　4-1-33

（4）绘制高程点符号。

1）单击"创建"选项卡→"详图"面板→"直线"命令，如图 4-1-34 所示。

图　4-1-34

2）完成以上操作，Revit 将会切换至"修改｜放置线"选项卡，选择"绘制"工具中的"矩形"工具，线的子类别选择高程点符号，如图 4-1-35 所示。

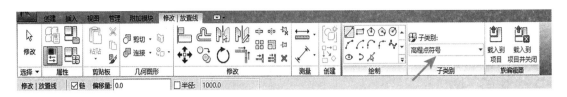

图　4-1-35

3）绘制高程点符号，一个等腰三角形，符号的尖端在参照线的交点处，如图 4-1-36 所示。

（5）载入到项目中进行测试。进入项目文件中的立面视图，单击"注释"选项卡→"尺寸标注"面板→"高程点"命令，单击"属性"面板→"编辑类型"命令，在弹出的"类型属性"对话框中将符号改为新载入的族，如图 4-1-37 所示，设置完成后，标注高程点，如图 4-1-38 所示。

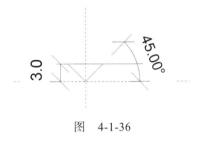

图　4-1-36

注：高程点在平面中进行测试时需要在有楼板或者地形的情况下测试，否则无法在平面上标注。

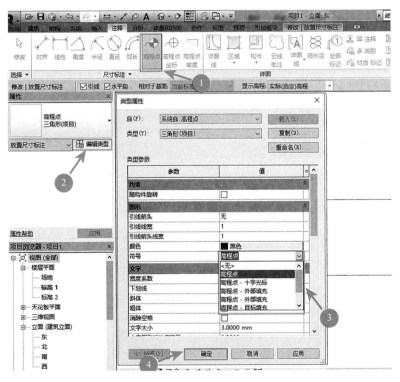

图　4-1-37

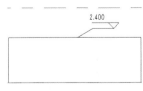

图　4-1-38

（6）保存文件：保存的族名称为"高程点"。

🔷 4.1.4　标题栏族

（1）新建族：单击"应用程式菜单栏"按钮，选择"新建"→"标题栏"命令，如图 4-1-39 所示。

（2）打开样板文件：Revit 将会弹出"新图框 - 选择样板文件"对话框，选择"A1 公制"，单击"打开"，如图 4-1-40 所示。

 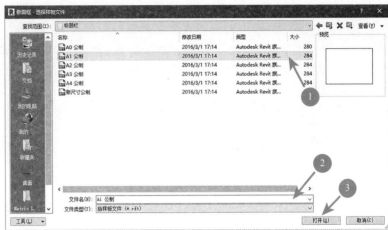

图　4-1-39　　　　　　　　　　　　　　　图　4-1-40

（3）族编辑器：单击"打开"按钮后，Revit 将会启动族编辑器工作界面，如图 4-1-41 所示。

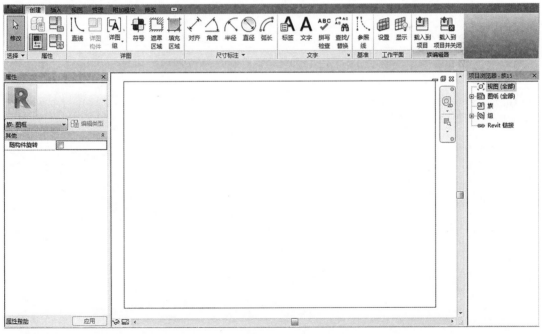

图　4-1-41

（4）为标题栏绘制线框。

1）调整线宽，切换至"管理"选项卡，选择"设置"面板中的"对象样式"命令，如图 4-1-42 所示。

图　4-1-42

2）进入"对象样式"对话框，调整标题栏的线宽，如图 4-1-43 所示。

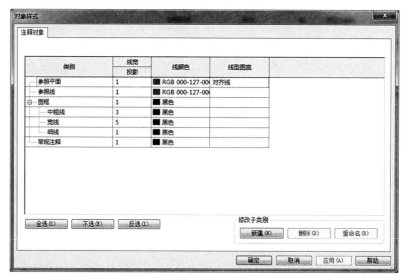

图　4-1-43

3）单击"插入"选项卡→"导入 CAD"命令，将"练习文件"中"A1 公制标题栏"导入至族中，选择"创建"选项卡→"直线"命令绘制如图 4-1-44 所示图框。

4）绘制完成后，选中内部主要边框线，将图元类型"线样式"改为"宽线"，其余线条保持不变，如图 4-1-45 所示。

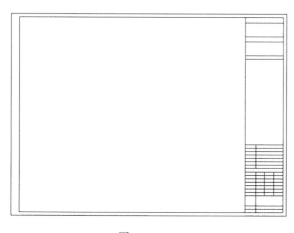

图　4-1-44　　　　　　　　　　图　4-1-45

（5）将标签和文字添加到标题栏中。

1）切换至"创建"选项卡，选择"文字"面板中的"文字"工具，如图 4-1-46 所示。

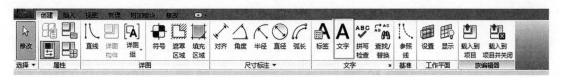

图 4-1-46

2）参照 CAD 图将"文字"放置于标题栏中，如图 4-1-47 所示。

3）可以在"编辑类型"命令"类型属性"对话框中自由修改文字大小，如图 4-1-48 所示。

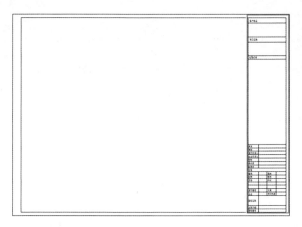

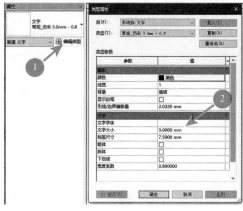

图 4-1-47   图 4-1-48

（6）添加标签参数。

1）切换至"创建"选项卡，选择"文字"面板中的"标签"工具，如图 4-1-49 所示。

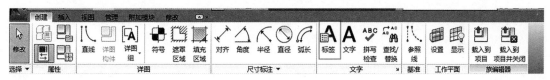

图 4-1-49

2）单击绘图区域中要添加参数的位置，在弹出的"编辑标签"对话框中选择要添加的类别参数进行添加，完成后如图 4-1-50 所示。

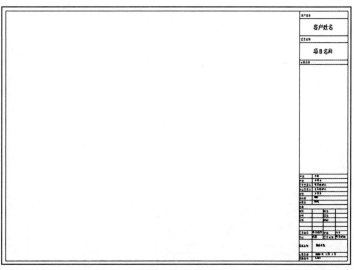

图 4-1-50

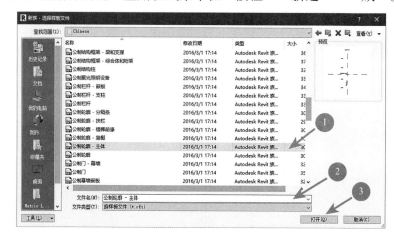

（课后练习标题图）

1. 请根据"4.1.1 标记族"操作步骤，创建门窗标记。
2. 请根据"4.1.2 符号族"操作步骤，创建标高标头或轴网标头。
3. 请根据"4.1.3 高程点族"操作步骤，创建高程点。
4. 请根据"4.1.4 标题栏族"操作步骤，创建标题栏。

4.2 轮廓族

轮廓族分为主体轮廓族、分隔缝轮廓族、楼梯前缘轮廓族、扶手轮廓族和竖梃轮廓族。这些类别的轮廓族，在载入项目中时具有一定的通用性，当绘制完轮廓族后，可以在"族属性"面板中，选择"类别与参数"工具，在弹出的"族类别和族参数"对话框中，可以设置轮廓族的"轮廓用途"。

在绘制轮廓族的过程中可以为轮廓族的定位添加参数，但添加的参数不能在被载入的项目中显示，但修改参数仍在绘制轮廓族时起作用，所以定义的参数只有在为该轮廓族添加不同的类型时使用，因轮廓族具有通用性，故本书只详细介绍主体轮廓族，其余轮廓族只介绍其特点。

4.2.1 主体轮廓族

（1）新建族：单击 Revit 初始界面的"应用程式菜单栏"按钮→"新建"→"族"。

（2）打开样板文件：Revit 将会弹出"新族 - 选择样板文件"对话框，选择"公制轮廓 - 主体"，单击"打开"，如图 4-2-1 所示。

（3）族编辑器：单击"打开"按钮后，Revit 将会启动族编辑器工作界面，如图 4-2-2 所示。

图 4-2-1

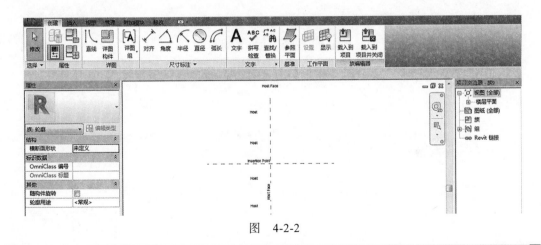

图　4-2-2

注：在打开的族样板中可以看到清楚的提示，放样的插入点位于垂直、水平参照线的交
点，主体的位置位于第二、三象限，轮廓草图绘制的位置一般位于第一、四象限。

（4）绘制轮廓线。

①切换至"创建"选项卡，选择"详图"面板中的"直线"工具，如图 4-2-3 所示。

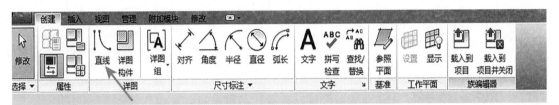

图　4-2-3

②完成以上操作，Revit 将会切换至"修改｜放置线"选项卡，选择"绘制"工具中的"矩
形"工具，在视图中进行图形绘制，如图 4-2-4 所示。

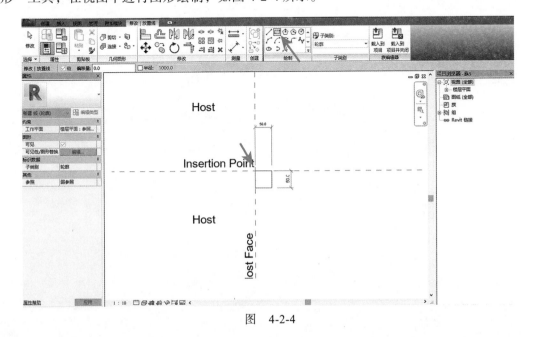

图　4-2-4

（5）添加尺寸标签。

①在视图上添加参照平面，单击"注释"面板，选择"尺寸标注"工具，为其添加尺寸标注，按 ESC 键结束尺寸标注，选择标注的尺寸，单击左上角"标签"栏选择"添加参数"，弹出"参数属性"对话框，选择"族参数"，在"参数数据"下的"名称"中，输入"高度"，单击确定，如图 4-2-5 所示。

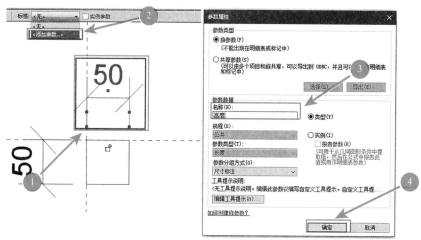

图　4-2-5

②用相同方法添加其他参数，完成后如图 4-2-6 所示。

（6）载入到项目中，以墙饰条来进行测试。

①单击"建筑"选项卡，选择"构建"面板中的"墙"工具下拉菜单→"墙：饰条"按钮，如图 4-2-7 所示。

单击"属性"面板→"编辑类型"命令，弹出"类型属性"

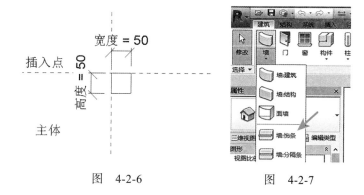

图　4-2-6

图　4-2-7

对话框，在"构造"栏中的"轮廓"参数，选择刚才载入的"墙饰条"，如图 4-2-8 所示。

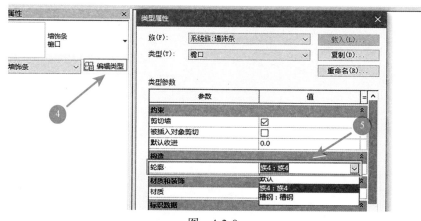

图　4-2-8

②完成后如图 4-2-9 所示，在项目浏览器里面可以选择刚载入的"墙饰条"进行族类型属性（族中添加的尺寸标签参数）更改，如图 4-2-10 所示。

（7）主体轮廓族可在任何可生成轮廓的族类型属性中选择。

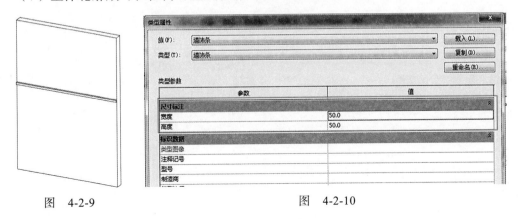

图　4-2-9　　　　　　　　　　　　　　　　图　4-2-10

4.2.2　分隔缝轮廓族

特点：这类族用于项目设计时的主体放样功能中，在族样板文件中可以看到清楚的提示，放样的插入点位于垂直、水平参照线的交点，主体的位置和主体轮廓族不同，位于第一、四象限，但出于分隔缝是在主体中用于消减构件的轮廓，因此绘制轮廓族草图的位置应该位于主体一侧，同样在第一、四象限。

（1）新建族：单击 Revit 初始界面的"应用程式菜单栏"按钮→"新建"→"族"。

（2）打开样板文件：Revit 将会弹出"新族 - 选择样板文件"对话框，选择"公制轮廓 - 分隔条"，单击"打开"，如图 4-2-11 所示。

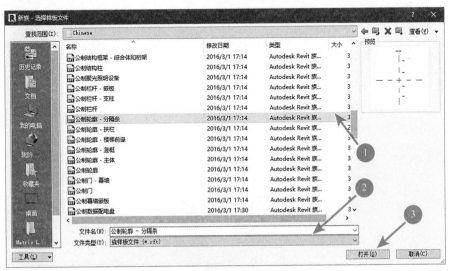

图　4-2-11

（3）族编辑器：单击"打开"按钮后，Revit 将会启动族编辑器工作界面，如图 4-2-12 所示。

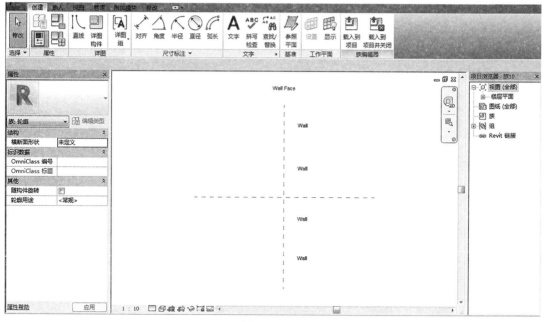

图 4-2-12

（4）创建分隔缝轮廓族与创建主体轮廓族的步骤基本一致，详细步骤请参考"4.2.1 主体轮廓族→（4）绘制轮廓线、（5）添加尺寸标签"的步骤进行操作，只是样板使用不同，而且分隔缝轮廓族只适用于项目中的墙体分隔缝，如图 4-2-13 所示。

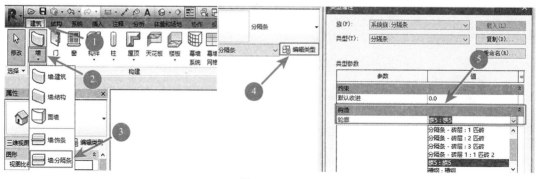

图 4-2-13

（5）完成后如图 4-2-14 所示。

图 4-2-14

4.2.3 楼梯前缘轮廓族

（1）特点：这类族在项目文件中楼梯的"图元属性"对话框中进行调用，使用"公制轮廓 - 楼梯前缘"样板（通过单击 Revit 初始界面的"应用程式菜单栏"按钮→"新建"→"族"）进行创建，这个类型的轮廓族的绘制位置与以上不同，楼梯踏步的主体位于第四象限，绘制轮廓草图应该在第三象限，如图 4-2-15 所示。

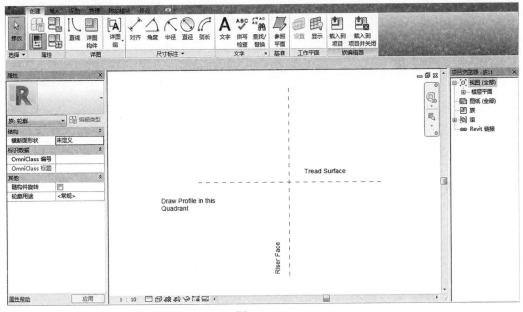

图 4-2-15

（2）创建楼梯前缘轮廓族与创建主体轮廓族的步骤基本一致，只是样板使用不同，而且楼梯前缘轮廓族只适用于项目中楼梯前缘轮廓，如图 4-2-16 所示。

（3）完成后如图 4-2-17 所示。

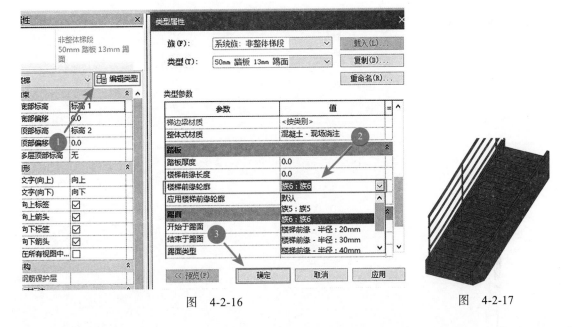

图 4-2-16 图 4-2-17

115

4.2.4 公制扶手轮廓族

（1）特点：这类族在项目设计中的扶手族"类型属性"对话框中进行调用，使用"公制轮廓-扶栏"样板（通过单击 Revit 初始界面的"应用程式菜单栏"按钮→"新建"→"族"）进行创建，在族样板文件中可以看到清楚的提示，扶手的顶面位于水平参照平面，垂直参照平面则是扶手的中心线，因此绘制轮廓草图的位置应该在第三、四象限，如图 4-2-18 所示。

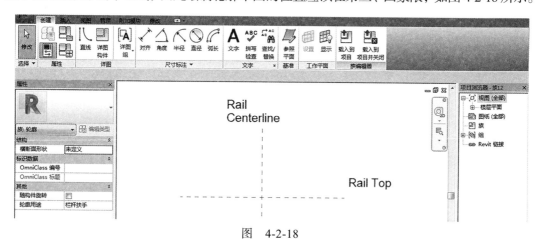

图 4-2-18

（2）创建扶手轮廓族与创建主体轮廓族的步骤基本一致，只是样板使用不同，而且扶手轮廓族只适用于扶手结构中，如图 4-2-19 所示。

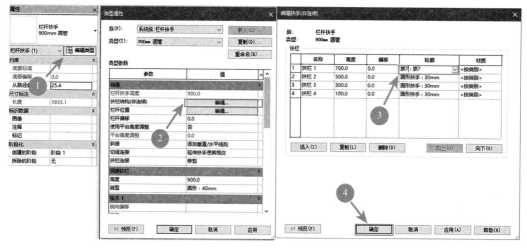

图 4-2-19

（3）完成后如图 4-2-20 所示。

图 4-2-20

▲ 4.2.5 公制竖梃轮廓族

（1）特点：这类族在项目设计中矩形竖梃的"类型属性"对话框中进行调用，使用"公制轮廓 - 竖梃"样板（通过单击 Revit 初始界面的"应用程式菜单栏"按钮→"新建"→"族"）进行创建，在族样板文件中的水平和垂直参照线的交点是竖梃断面的中心，因此绘制轮廓草图的位置，应该充满四个象限，如图 4-2-21 所示。

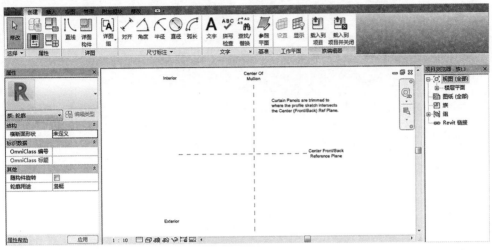

图 4-2-21

（2）创建竖梃轮廓族与创建主体轮廓族的步骤基本一致，只是样板使用不同，而且竖梃轮廓族在项目中只适用于竖梃，如图 4-2-22 所示。

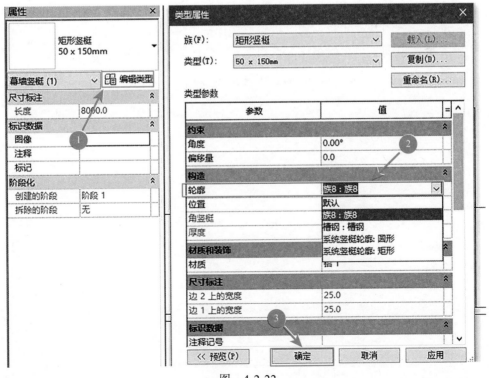

图 4-2-22

（3）完成后如图 4-2-23 所示，要使轮廓充满四个象限，需要用"EQ"对齐锁定，使竖梃一直位于中心线处，如图 4-2-24 所示。

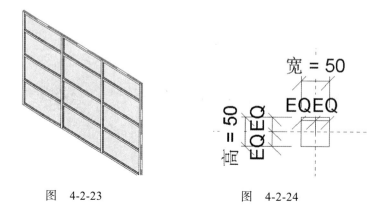

图　4-2-23　　　　　　　图　4-2-24

1. 请根据 "4.1.1 主体轮廓族" 操作步骤，创建主体轮廓族。
2. 请根据 "4.1.2 分隔缝轮廓族" 操作步骤，创建分隔缝轮廓族。
3. 请根据 "4.1.3 楼梯前缘轮廓族" 操作步骤，创建楼梯前缘轮廓族。
4. 请根据 "4.1.4 扶手轮廓族" 操作步骤，创建扶手轮廓族。
5. 请根据 "4.1.5 竖梃轮廓族" 操作步骤，创建竖梃轮廓族。

5

第 5 章

可载入族

课程概要：

　　本章主要讲述在 Revit 中，创建自定义可载入族时，如何通过一些命令的属性将创建的族完善。

课程目标：

- 了解子类别创建的意义及使用方法
- 了解参照平面
- 了解通过添加标签创建参数
- 了解通过角度参数控制参照线
- 了解 Revit 参数定义

5.1 子类别

本节将对子类别的概念进行详细讲解，并介绍子类别的创建过程与方法，以及在创建族时子类别是如何应用其中的。

（1）含义：族创建过程中，选择合适的样板软件会将其指定给某个类别，将族载入到项目中时，其类别决定着族的默认显示（族几何图形的线宽、线颜色、线型图案和材质指定）。那么，族的不同几何构件指定的这些不同属性，就需要在该类别中创建子类别。

（2）例如在门族中，可以将把手、门扇、门框等分别指定一个子类别，然后分别给它们指定不同的材质、显示线宽、线颜色、线型图案，如图 5-1-1 所示（由此可见，Revit 中的类别、子类别相当于 CAD 中图层的概念）。

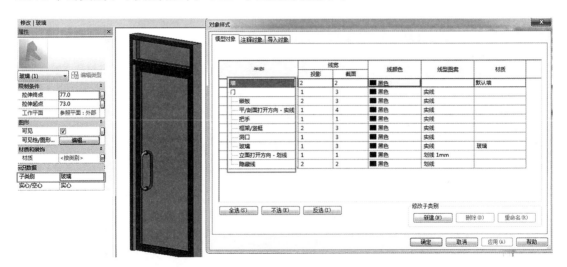

图 5-1-1

（3）创建子类别：接下来通过以下练习对创建子类别进行学习。

1）选择"管理"选项卡，选择"对象样式"命令，进入对象样式对话框，如图 5-1-2 所示。

图 5-1-2

2）打开对象样式对话框后，单击"新建"按钮，命名子类别名称（如：嵌板），并选择所属类别。如图 5-1-3 所示。

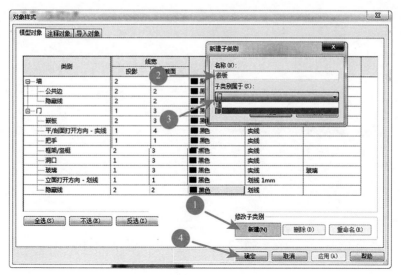

图　5-1-3

（4）给图元部件指定子类别。

1）选择需要赋予的构件，在属性栏中将子类别修改为对应的子类别，如图 5-1-4 所示。

2）赋予子类别完成后视图中的显隐性、线宽、线颜色、线型图案、材质都能单独控制，如图 5-1-5 所示。

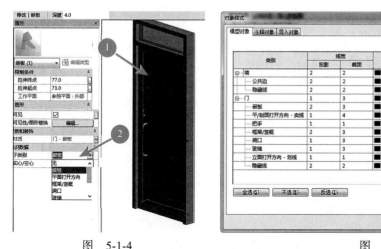

图　5-1-4　　　　　　　　　　　　　　　　　　　　图　5-1-5

注：在可见性 / 图形替换中的修改只在当前视图有效，而在对象样式中的修改对所有视图都有效。

5.2　参照平面及参照线

"参照平面"和"参照线"是族制作中最常用的工具，经常会将模型实体锁定在两者上，用于驱动实体进行参变，但相比"参照平面"，在 Revit 中"参照线"也可用来驱动角度参变。

"参照平面"和"参照线"属性及操作方法基本一致，故以"参照平面"为例，在最后单独列举"参照线"的特性。

▲ 5.2.1 参照平面

1）切换至"创建"选项卡，选择"基准"面板中"参照平面"工具，如图 5-2-1 所示。

图 5-2-1

2）"参照平面"包含"名称""定义原点""是参照"等属性，如图 5-2-2 所示。

3）名称：在 Revit 绘制族中，当绘制了很多参照平面时，可以为需要用到的参照平面指定名称，设置工作平面时可直接选择参照平面的名称，如图 5-2-3 所示。

4）参照平面优先级。

①在 Revit 中参照平面有一个名为"是参照"的属性，如图 5-2-4 所示，如果设置了该属性，则在项目中放置族时就会指定可以将尺寸标注到或捕捉到该参照平面。

图 5-2-2

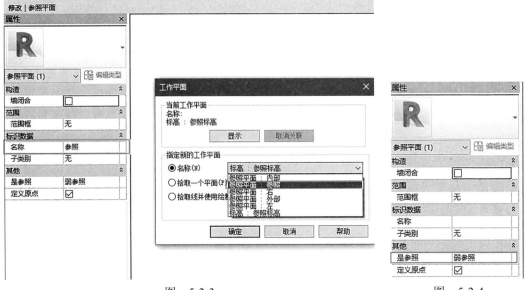

图 5-2-3   图 5-2-4

②在创建一个家具族时，需要标注家具族某一位置的尺寸，那么就可以绘制一个参照平面并修改其"是参照"属性，如图 5-2-5 所示；绘制一个参照平面，并将它的"是参照"属性修改为强参照，载入到项目中。

③将族放置在项目中，选择"对齐尺寸标注"工具，可以发现鼠标能够迅速捕捉到刚刚创建的"强参照"参照平面，如图 5-2-6 所示。

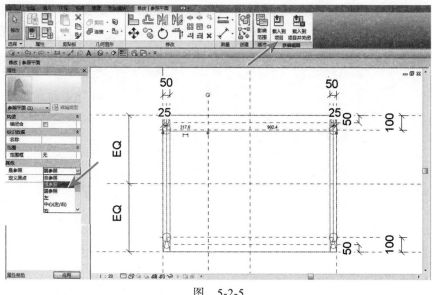

图　5-2-5

④要对放置在项目中族上面的位置进行尺寸标注或捕捉时，就需要在族编辑器中定义参照，附着到几何图形的参照平面可以设置为强参照或弱参照。

a. 强参照：强参照的尺寸标注和捕捉的优先级最高。例如，创建一个窗族并将其放置在项目中，放置此族时，临时尺寸标注会捕捉到族中任何强参照，在项目中选择此族时，临时尺寸标注将显示在强参照上。

如果放置永久性尺寸标注，窗几何图形中的强参照将首先高亮显示，强参照的优先级高于墙参照点，在"是参照"属性中，强参照包括强参照、左、中心（左 / 右）、右、前、中心（前 / 后）、后、底、中心（标高）、顶。

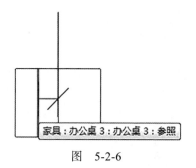

图　5-2-6

b. 弱参照：弱参照的尺寸标注和捕捉优先级最低。因为强参照首先高亮显示，所以，将族放置到项目中并对其进行尺寸标注时，可能需要按"Tab"键选择弱参照。

c. 非参照：非参照在项目环境中不可见，因此不能尺寸标注到或捕捉到项目中的这些位置。如果创建多个族，而针对特定参照平面都使用相同的"是参照"值，那么，当在族构件之间切换时，对该参照平面的尺寸标注始终适用。

5）定义原点。

①定义原点是指正在放置的对象上的光标位置，一般是用于指定图元的插入点。例如：在项目中放置矩形柱，光标是放置于该柱造型的中心线，如图 5-2-7 所示。

②在 Revit 族样板中，基本都创建了两个具有预定义原点的参照平面，但某些族可能也需要单独设置原点，在定义原点时，需要先绘制参照平面。

③单击"创建"选项卡，选择"参照平面"工具，如图 5-2-8 所示，绘制一个参照平面，如图 5-2-9 所示。

图　5-2-7

图 5-2-8

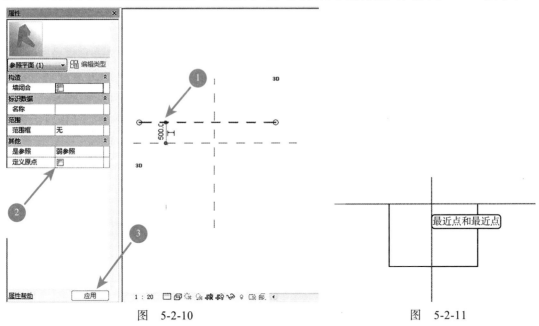

图 5-2-9

④选择新建的"参照平面",在属性栏中勾选"定义原点",单击"应用"按钮,如图 5-2-10 所示。完成后随意绘制一个构件,载入到项目中进行测试,如图 5-2-11 所示。

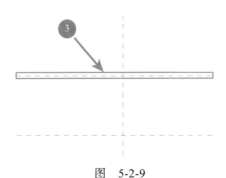

图 5-2-10   图 5-2-11

可以看到这个族的捕捉点不是中心线,而是刚刚新定义的参照平面原点。

5.2.2 参照线

在 Revit 中参照线与参照平面使用方法大致相同,用于在创建构件时提供参照,或为创建的构件提供限制,但参照线比参照平面多了两个端点和两个工作平面,直参照线提供四个用于绘制的面或平面,一个是平行于参照线的工作平面,另一个垂直于该平面,另外在每个端点各有一个,所有平面都经过该参照线。

当选择或高亮显示参照线或者使用"工作平面"工具时,这两个平面就会显示出来,选择工作平面后，可以将光标放置在参照线上，并按"Tab"键在这四个面之间切换。

绘制了线的平面总是首先显示，也可以创建弧形参照线，但不会确定平面，而且在绘制参照线时可以发现，参照线为实线，可在三维中显示出来，如图 5-2-12 所示。

图 5-2-12

当族载入到项目中后，参照线的行为与参照平面的行为相同。参照线在项目中不可见，并且在选择族实例时，参照线不会高亮显示；参照线在与当前参照平面相同的环境中，高亮显示并生成造型操纵柄，这取决于它们的"是参照"属性。

5.3 Revit 族参数定义

在 Revit 中参数对于族十分重要，正是因为有了参数来传递信息，族才有了强大的生命力。在第 2 章已经详细介绍了族参数的创建方法。本节主要说明如何通过尺寸标注添加标签来创建参数。

（1）尺寸标注添加标签以创建参数。在创建 Revit 族的过程中，需要通过修改参数来控制图元的修改，那么将参数限制到图元上就需要对族框架进行尺寸标注，再为尺寸标注添加标签，以创建参数。如：需要给图 5-3-1 所示的参照平面添加上参数，以便后期通过参数来修改锁定图元。

（2）单击"修改"选项卡，选择"测量"面板中的"对齐尺寸标注"工具，对参照平面进行标注，如图 5-3-2 所示。

图 5-3-1

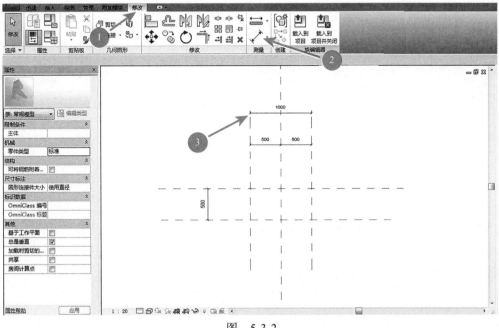

图 5-3-2

（3）进行尺寸标注，选择选项栏中"标签"→"添加参数"，如图5-3-3所示，Revit将会弹出"参数属性"对话框，在名称处输入"宽度"，如图5-3-4所示，添加完成后如图5-3-5所示。

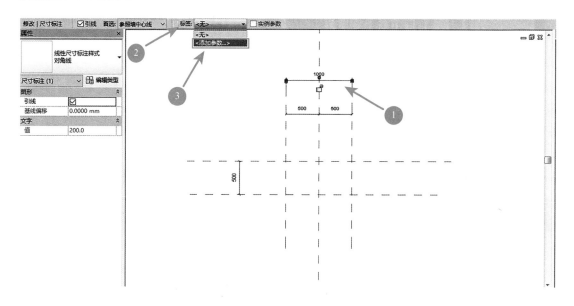

图　5-3-3

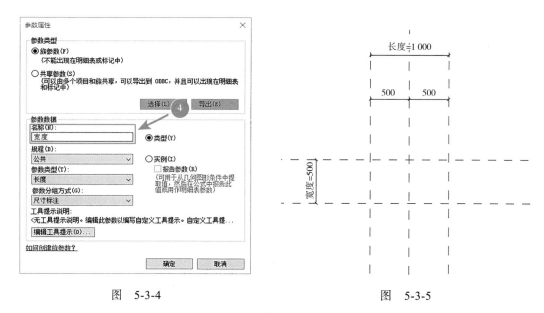

图　5-3-4　　　　　　　　　　　　　　　　图　5-3-5

（4）角度尺寸标注添加标签以创建参数。

1）单击"创建"选项卡，选择"基准"面板中的"参照线"命令，绘制一条参照线，如图5-3-6所示。

2）用"对齐"命令将参照线端点锁定在参照平面交点，如图5-3-7所示。

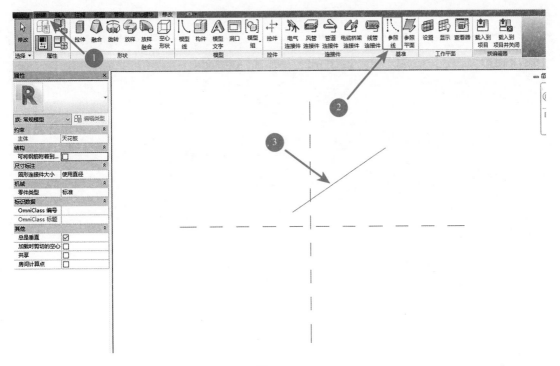

图 5-3-6

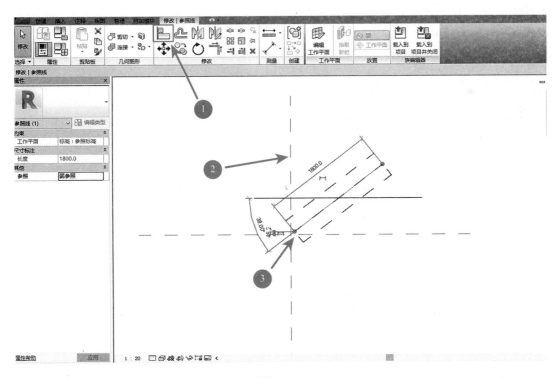

图 5-3-7

3）单击"修改"选项卡，选择"测量"面板中的"角度尺寸标注"命令，对参照平面进行标注，如图 5-3-8 所示。

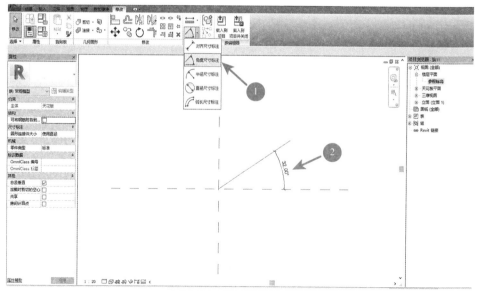

图 5-3-8

4）添加完成后，如图 5-3-9 所示。

5）带标签的尺寸标注将成为族的可修改参数，可以使用族编辑器中的"族类型"对话框修改它们的值，如图 5-3-10 所示。

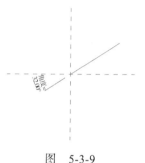

图 5-3-9

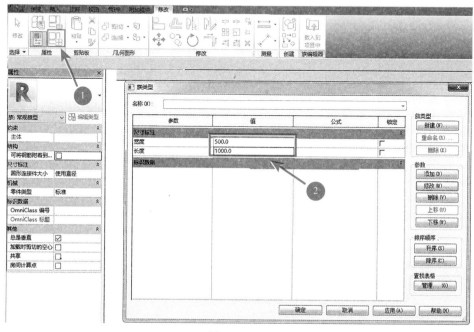

图 5-3-10

在将创建完成的族载入到项目中之后，可以在"属性"面板上，修改任何实例参数，或者打开"类型属性"对话框修改类型参数值。

（5）参数类型。

1）在族中存在该标注类型的参数，可以选择它作为标签。否则，必须创建该参数，以指定它是实例参数还是类型参数，如图 5-3-11 所示。

2）类型参数：如果有同一个族的多个相同的类型被载入到项目中，类型参数的值一旦被修改，所有的类型个体都会相应改变。

3）实例参数：如果有同一个族的多个相同的类型被载入到项目中，其中一个类型的实例参数值一旦被修改，只有当前被修改的这个类型的实体会相应变化，该族其他类型的这个实例参数的值仍然保持不变。在创建实例参数后，所创建的参数名后将自动加上"默认"两字。

图 5-3-11

> 注：类型参数设置完成后在族的类型属性中显示，实例参数则在属性栏中显示。

5.4 共享参数与全局参数

本节将对共享参数与全局参数进行详细讲解，介绍创建共享参数与全局参数的过程与方法，以及如何在族与项目中进行应用。

共享参数是可以添加到族或项目中的参数定义，共享参数定义保存在与任何族文件或 Revit 项目都不相关的文件中，这样可以从其他族或项目中访问此文件。

项目参数是定义后添加到项目多类别图元中的信息容器，它特定于项目，不能与其他项目共享，可在多类别明细表或单一类别明细表中使用这些项目参数。

全局参数特定于单个项目文件，但未像项目参数那样指定给类别，全局参数可以是简单值、来自表达式的值或使用其他全局参数从模型获取的值。

5.4.1 共享参数

（1）含义：共享参数是参数定义，可用于多个族或项目中，是一个信息容器定义，其中的信息可用于多个族或项目，使用共享参数在一个族或项目中定义的"信息"，不会自动应用到使用相同共享参数的其他族或项目中。

（2）设置共享参数：共享参数保存在文本文件中，可以放置到网络的共享区域，以允许其他项目访问该参数，可以在项目环境或族编辑器中创建共享参数，再创建用于分类的组中的共享参数。

（3）创建共享参数文件、组和参数：共享参数文件包含参数、组的信息，存储可定位到创建共享参数所需的位置，创建共享参数文件、组和参数的方法如下：

1）新建项目：启动 Revit 软件，单击选择"项目"模块中的"建筑样板"，以新建项目，如图 5-4-1 所示。

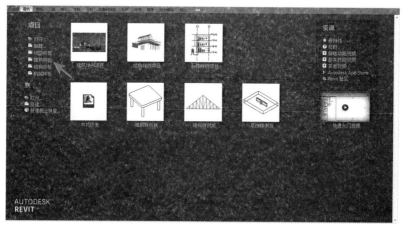

图　5-4-1

2）选择共享参数工具：切换至"管理"选项卡，选择"设置"面板中的"共享参数"工具，如图 5-4-2 所示。

图　5-4-2

3）创建共享参数：完成以上操作，Revit 将会弹出"编辑共享参数"对话框，单击"创建"按钮，如图 5-4-3 所示，Revit 将会弹出"创建共享参数文件"对话框，输入文件名，并且定位到所需的位置，单击"保存"按钮，如图 5-4-4 所示。

图　5-4-3

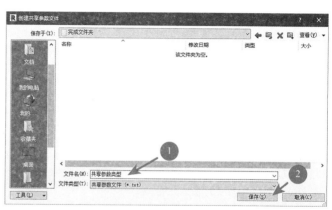

图　5-4-4

4）添加组：完成以上操作，Revit 将会切换回"编辑共享参数"对话框，在"组"框中，单击"新建"，Revit 将会弹出"新参数组"对话框，输入参数名称，单击"确定"按钮，如图 5-4-5 所示。

5）完成以上操作，Revit"参数组"的参数创建完成，如图 5-4-6 所示。

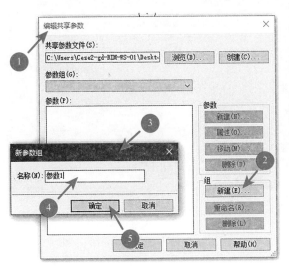
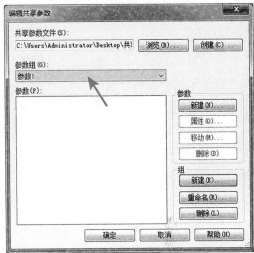

图　5-4-5　　　　　　　　　　　图　5-4-6

6）新建参数：完成以上操作，Revit 将会弹出"新建参数"对话框，从"参数组"下拉菜单中选择一个组，在"参数组"框中单击"新建"，在"参数属性"对话框中，输入参数的名称、规程和类型，类型指定输入参数值的信息格式，单击"确定"按钮，如图 5-4-7 所示。

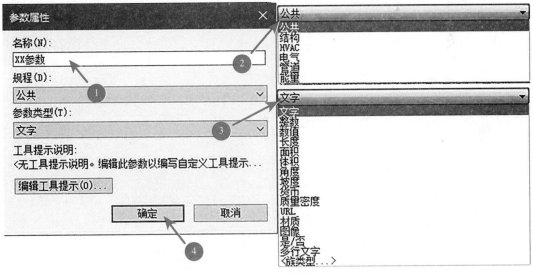

图　5-4-7

注：不能将参数指定为实例或类型，以后将参数添加到族或项目中时再决定。在"工具提示说明"下，单击"编辑工具提示"。在"编辑工具提示"对话框中，输入工具提示文本（最多 250 个字符），然后单击"确定"按钮。

7）完成以上操作，Revit 将会切换回"编辑共享参数"对话框，单击"确定"按钮，共享参数创建完成，如图 5-4-8 所示。

（4）重命名参数组：命名共享参数组以帮助分类或确定参数集。

1）选择共享参数：请参考"（3）创建共享参数文件、组和参数→2）选择共享参数工具"操作步骤。

2）完成以上操作，Revit 将会弹出"编辑共享参数"对话框，从"参数组"菜单中选择该组，单击"新建"按钮，Revit 将会弹出"新建组"对话框，修改名称为"参数"，单击"确定"按钮，如图 5-4-9 所示。

图　5-4-8

3）完成以上操作，Revit"参数组"的名称修改完成，单击"确定"按钮，如图 5-4-10 所示。

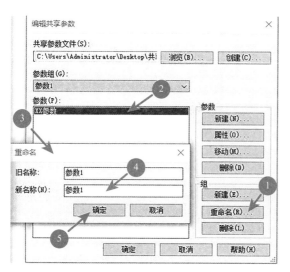

图　5-4-9

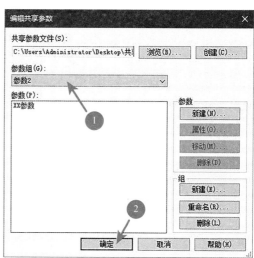

图　5-4-10

（5）删除参数组：请参考"（4）重命名参数组"操作步骤，注意的事项为在"参数组"菜单中选择该组，单击"删除"按钮，将参数组删除。

（6）查看、移动和删除共享参数：无法重命名现有的共享参数或修改其类型，但可以将其移动到其他组或删除它们。

（7）将共享参数添加到族：使用"族编辑器"将共享参数添加到族中，其操作方法如下：

1）打开系统默认族：启动 Revit 软件，在"初始工作界面"中，单击选择"族"模块中"建筑样例族"，打开系统样例族，如图 5-4-11 所示。

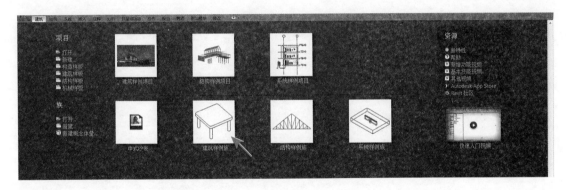

图 5-4-11

2）打开族类型：切换至"创建"选项卡，选择"属性"面板中的"族类型"工具，如图 5-4-12 所示。

图 5-4-12

3）添加参数：完成以上操作，Revit 将会弹出"族类型"对话框，单击"新建参数"按钮，如图 5-4-13 所示；完成以上操作，Revit 将会弹出"参数属性"对话框，单击选择"共享参数"选项，单击"选择"按钮，如图 5-4-14 所示。

图 5-4-13

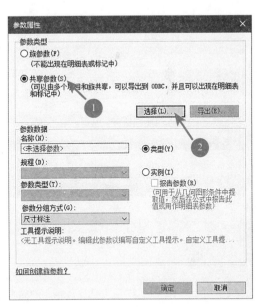

图 5-4-14

4）完成以上操作，Revit 将会弹出"共享参数"对话框，选择"共享参数"，单击"确定"按钮，如图 5-4-15 所示；完成以上操作，Revit 将会切换回"参数属性"对话框，查看"参数数据"选项，单击两次"确定"按钮，参数添加完成，如图 5-4-16 所示。

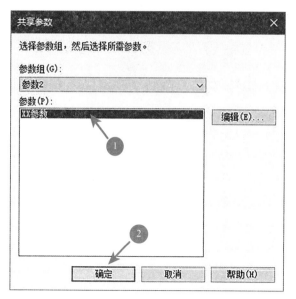

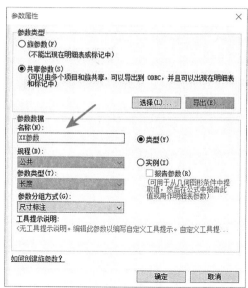

图 5-4-15　　　　　　　　　　　　　　　　图 5-4-16

（8）替换共享或族参数：族参数与共享参数可相互替换。族参数是特定于某个族的。各共享参数之间也可相互替换，继"（7）将共享参数添加到族"的操作进行以下练习。

1）打开族类型：请参考"（7）将共享参数添加到族→2）打开族类型"操作步骤。

2）修改参数为共享参数：在"族类型"对话框中，选择要替换的参数，单击"修改"，如图 5-4-17 所示。在"参数属性"对话框中，选择共享参数，单击"选择"按钮，如图 5-4-18 所示。

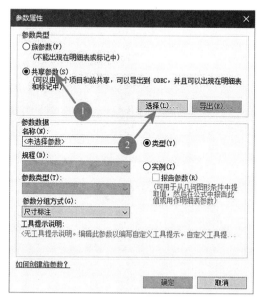

图 5-4-17　　　　　　　　　　　　　　　　图 5-4-18

3）完成以上操作，Revit 将会弹出"共享参数"对话框，选择"共享参数"，单击"确定"按钮，如图 5-4-19 所示；完成以上操作，Revit 将会切换回"参数属性"对话框，查看"参数数据"选项，单击两次"确定"按钮，参数添加完成，如图 5-4-20 所示。

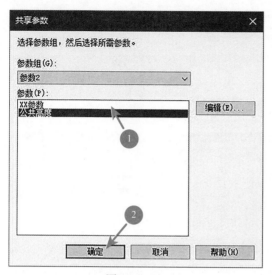

图　5-4-19

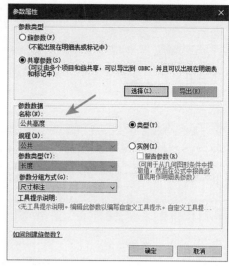

图　5-4-20

注：如果需要替换的参数，不能满足要求，创建族参数以替换现有参数，创建共享
　　参数的操作过程，请参考"（3）创建共享参数文件、组和参数→6）新建参数"，
　　注意参数的"规程"和"类型"必须与要替换的族参数的"规程"和"类型"一致。

（9）将共享参数导出到共享参数文件中：共享参数可以从族或项目导出到新的或现
有的共享参数文件中。

1）创建或打开共享参数文件（共享参数将要导出到的目标文件），继"（7）将共享
参数添加到族"的操作进行以下练习。

2）在族中导出共享参数：

①打开族类型：请参考"（7）将共享参数添加到族→2）打开族类型"操作步骤。

②修改参数为共享参数：在"族类型"对话框中，选择要替换的参数，单击"修改"，
如图 5-4-21 所示；在"参数属性"对话框中，单击"导出"按钮，将显示消息提示用户共
享参数将导出到 1）所设置的共享参数文件中，如图 5-4-22 所示。

图　5-4-21

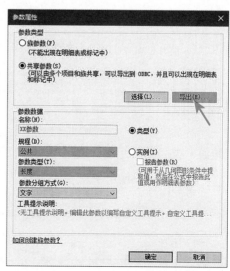

图　5-4-22

注：如果选定的共享参数已在当前共享参数文件中存在，则不会启用"导出"选项。

3）在项目中导出共享参数：任意打开一个项目文件。

①打开项目参数工具：切换至"管理"选项卡，选择"设置"面板中的"项目参数"工具，如图 5-4-23 所示。

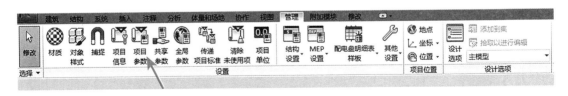

图 5-4-23

②完成以上操作，Revit 将会弹出"项目参数"对话框，选择需要导出的"共享参数"，单击"修改"按钮，如图 5-4-24 所示；完成以上操作，Revit 将会切换回"参数属性"对话框，单击"导出"按钮，将会弹出"Revit"对话框，单击两次"确定"按钮，参数添加完成，如图 5-4-25 所示。

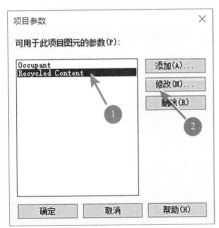
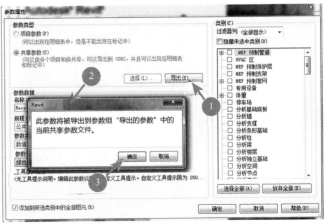

图 5-4-24　　　　　　　图 5-4-25

③将显示消息提示用户共享参数将导出到 1）所设置的共享参数文件中。

5.4.2 全局参数

全局参数：使用全局参数驱动或报告值，可以在项目使用全局参数以驱动尺寸标注或约束的值、关联到图元实例或类型属性以驱动其值、关联到实例或类型项目参数、报告尺寸标注的值，从而使该值可在其他全局参数的公式中使用。

（1）创建全局参数：创建全局参数可用于在项目中创建明细表、排序和过滤。

1）新建项目：单击 Revit 初始界面的"应用程式菜单栏"按钮→"新建"→"项目"→选择"建筑样板"。

2）切换至"管理"选项卡，选择"设置"面板中的"全局参数"工具，如图 5-4-26 所示。

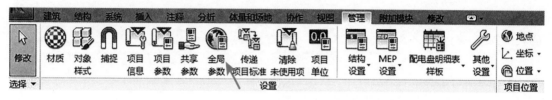

图 5-4-26

3）完成以上操作，Revit 将会弹出"全局参数"对话框，单击"新建全局参数"如图
5-4-27 所示，Revit 将会弹出"全局参数属性"对话框，填写名称、规程、参数类型、参数
分组方式（指定组的全局参数，组指定用于在"全局参数"对话框中排列全局参数）字段，
此处输入名称为长度 1，完成操作，单击"确定"按钮，完成全局参数的创建，如图 5-4-28 所示。

图 5-4-27

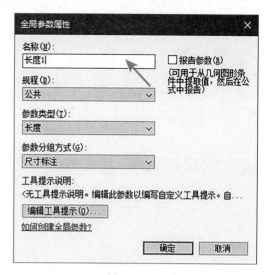

图 5-4-28

注：名称，在"全局参数"对话框中是按名称的字母顺序进行排序的，若要将
参数组合到一起，请在创建这些参数时在名称中添加前缀。
报告参数：如果想要使用某个参数从几何图形条件中提取值，然后使用它
向公式报告数据或将其关联到明细表参数。
在"工具提示说明"下，单击"编辑工具提示"，在"编辑工具提示"对话框中，
输入工具提示文本（最多 250 个字符），然后单击"确定"按钮。

4）完成以上操作，Revit 将会切换回"全局参数"对话框，
需要定义参数时输入"值"与"公式"，若要在"全局参数"
对话框中删除选定参数，则选择参数，单击"删除全局参数"，
若要显示包含特定参数的模型视图，请选择该参数，然后单
击"显示"按钮，如图 5-4-29 所示。

（2）指定全局参数：可以为图元参数（例如族参数）
以及实例和类型的项目参数指定全局参数，为更好地控制
使用系统参数的族（如墙、门、窗口、柱和电气装置）的
行为，可将选定的系统参数与全局参数关联。对于窗族和

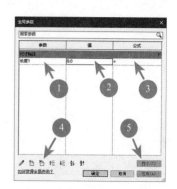

图 5-4-29

门族，"窗台高度"和"窗顶高度"参数是相关的；因此，一次仅其中一种参数可以与全局参数关联。

1）打开资料文件夹中"第 5 章"→"5.4 节"→"练习文件夹"→"全局参数 .rvt"项目文件，进行以下练习。

2）将项目中的尺寸标注指定为全局参数：

①创建"墙体长度 1"全局参数：选择"墙体 1"的尺寸标注，Revit 将会自动切换为"修改 | 尺寸标注"选项卡，选择"标签尺寸标注"面板中的"创建参数"工具，如图 5-4-30 所示。

图　5-4-30

②完成以上操作，Revit 将会弹出"全局参数属性"对话框，输入名称为"墙体长度 1"，单击"确定"按钮，如图 5-4-31 所示。

注：位于图形区域的"全局参数"图标 ✐ 指示全局参数已指定完成，如图 5-4-32 所示。

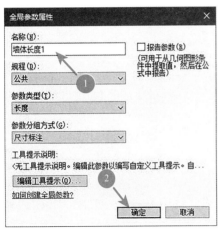

图　5-4-31

图　5-4-32

3）重复步骤 2），创建"墙体长度 2"和"墙体长度 3"的全局参数，创建完成如图 5-4-33 所示。

4）添加楼板的"长度"和"宽度"全局参数：需要编辑楼板轮廓，练习文件已标注完成，可以在此基础上进行创建。

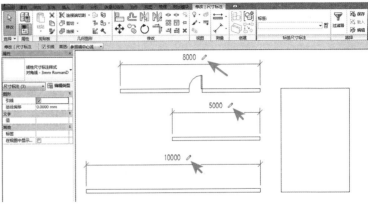

图　5-4-33

①双击楼板，Revit 将会自动切换为"修改｜编辑边界"选项卡，如图 5-4-34 所示。

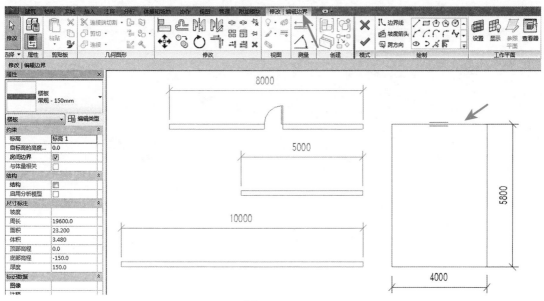

图　5-4-34

②创建"长度"和"宽度"全局参数：请参考"5.4.2 全局参数→（2）指定全局参数→2）将项目中的尺寸标注指定为全局参数"的操作步骤。

③完成创建：完成以上操作，绘制完成后，右击选择"取消"或是按"Esc"键两次，移动至"修改｜编辑边界"选项卡，选择"模式"面板中的"完成编辑模式"工具，完成模型创建，如图 5-4-35 所示。

图　5-4-35

（3）设置全局参数公式：

1）打开全局参数：请参考"5.4.2 全局参数→（1）创建全局参数→2）"操作步骤，操作完成如图 5-4-36 所示。

2）在"全局参数"中的所有参数，都是相关联的，参数之间可以添加参数，互相约束与驱动，可以参考图 5-4-37 进行参数设置，设置完成，单击"确定"按钮，如没提示错误，说明设置成功。

（4）添加图元实例全局参数：此次以墙体的实例参数与全局参数进行关联。

1）选择墙体，Revit 将会启动"墙体"的属性面板，墙体的实例参数有"底部偏移"与

图　5-4-36

"顶部偏移"，此处单击"顶部偏移"后面的"关联参数"按钮，如图 5-4-38 所示。完成以上操作，Revit 将会弹出"关联全局参数"对话框，单击"新建全局参数"，如图 5-4-39 所示。

图 5-4-37

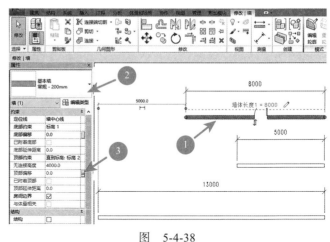

图 5-4-38

2）完成以上操作，Revit 将会弹出"全局参数属性"对话框，以下进行的操作，请参考"5.4.2 全局参数→（2）指定全局参数→2）将项目中的尺寸标注指定为全局参数→②"的操作步骤，新建全局参数的名称为"墙体 1 顶部偏移"，单击两次"确定"按钮，完成所有操作。

（5）通过全局参数关联过滤明细表：使用过滤明细表查找具有特定全局参数关联或缺少关联的所有图元，此处以统计墙体的明细表为例进行讲解。

1）在"项目浏览器"中，选择"明细表/数量"，右击选择"新建明细表/数量"，如图 5-4-40 所示。

2）完成以上操作，Revit 将会弹出"新建明细表"对话框，选择类别为"墙"，名称为"墙全局参数明细表"，单击"确定"按钮，如图 5-4-41 所示。

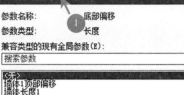

图 5-4-39

图 5-4-40

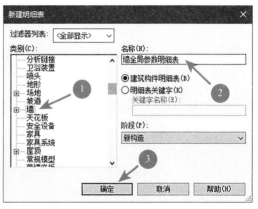

图 5-4-41

3）完成以上操作，Revit 将会弹出"明细表属性"对话框，在"字段"选项，将"族与类型""长度"添加至"明细表字段（按顺序排列）"，如图 5-4-42 所示。

选择"过滤器"选项，设置"过滤条件"，在第一个字段中选择要检查其关联的参数，在第二个字段中，选择"关联"或"不关联"（此处选择"不关联"），在第三个字段中，选择全局参数名称，如图 5-4-43 所示。

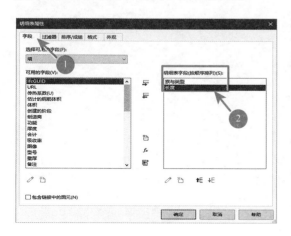

图　5-4-42

图　5-4-43

4）完成以上操作，"墙全局参数明细表"创建完成，如图 5-4-44 所示。

<墙全局参数明细表>	
A	B
族与类型	长度
基本墙: 常规 - 200mm	8000
基本墙: 常规 - 200mm	5000
基本墙: 常规 - 200mm	13000

图　5-4-44

课后练习

1.打开资料文件夹中"第 5 章"→"5.4 节"→"完成文件夹"→"共享参数""全局参数"项目文件，进行参考练习。

2.请根据"5.4.1 共享参数"操作步骤，对"共享参数"进行练习。

3.请根据"5.4.2 全局参数"操作步骤，对"全局参数"进行练习。

6

第 6 章

创建建筑族

课程概要：

　　本章将以建筑模块中常用的族为例进行详细讲解，介绍内建族的创建过程与方法，进一步认识内建族编辑器的各个功能，门窗族是建筑设计中常用的三维构件族，在具体的项目中，用到的门窗样式数量大且种类不一，相同种类的门窗还会有不同的规格。

　　在创建门窗族时，涉及参数较多，尺寸约束较复杂，容易给用户学习带来不便，本章内容将以内建室外台阶、双开门、普通推拉窗、百叶窗、人物、植物为实例详细介绍建筑族的创建。

　　本章内容包括如何在 Revit 中创建族，如何选择正确的族样板、族类型，具体的操作步骤和参数化驱动，以及如何将族应用于实际项目中。

课程目标：

- 进一步认识族编辑器中的各个功能
- 了解如何创建内建模型
- 了解如何创建建筑专业的门、窗族
- 了解如何创建阵列族，以百叶窗为例
- 了解如何创建人物族
- 了解如何创建植物族
- 掌握族的具体操作步骤，创建方法

6.1　内建模型

内建族是在创建当前项目专有的独特构件时，所需创建的独特图元，可以创建内建几何图形，以便它可参照其他项目几何图形，使其在所参照的几何图形发生变化时进行相应的大小调整和其他调整。

打开资料文件夹中"第 6 章"→"6.1 节"→"练习文件夹"→"内建模型 .rvt"项目文件，进行以下练习。

（1）打开项目文件之后，在项目浏览器中切换到"标高 1"楼层平面图，根据底图说明，创建室外台阶尺寸：踏步高为 150mm，踢步宽为 300mm。

（2）切换至"建筑"选项卡→选择"构建"面板→"构件"下拉列表→"内建模型"，如图 6-1-1 所示。

图　6-1-1

（3）设置族类别：单击确认之后，Revit 将弹出"族类别和族参数"对话框，如图 6-1-2 所示，单击选择族类别为"常规模型"，如图 6-1-3 所示。

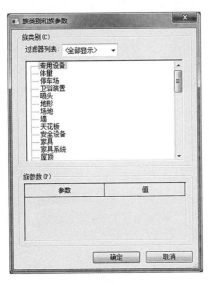
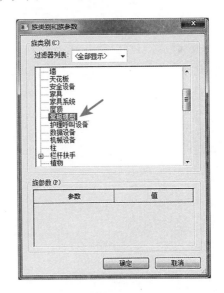

图　6-1-2　　　　　　　　　　　　图　6-1-3

（4）设置族类别名称：选择完成之后，单击"确定"，Revit 就会弹出"名称"对话框，如图 6-1-4 所示，修改对话框名称为"室外台阶"，单击"确定"，完成族类别名称设置，如图 6-1-5 所示。

（5）在位编辑器：完成以上操作，Revit 将会自动切换至"内建族编辑器"（通常情况称为"在位编辑器"），如图 6-1-6 所示。

图 6-1-4 图 6-1-5

图 6-1-6

（6）创建室外台阶模型：采用编辑器中的"放样"工具，进行创建。

1）切换至"创建"选项卡→选择"形状"面板→"放样"工具，如图 6-1-7 所示。

图 6-1-7

2）绘制路径：选择"放样"工具后，Revit 将会自动切换至"修改 | 放样"选项卡，单击选择"绘制路径"，如图 6-1-8 所示。

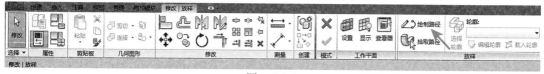

图 6-1-8

3）完成以上操作，Revit 将会自动切换至"修改 | 放样 > 绘制路径"选项卡，选择"绘制"面板中的"拾取"工具，如图 6-1-9 所示。

图 6-1-9

4）在楼层平面"标高 1"中，拾取室外台阶形成的路径，此处案例沿着墙边拾取其路径，如图 6-1-10 所示。

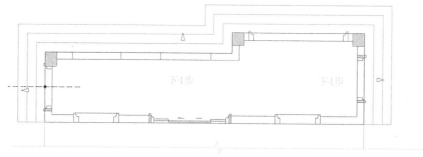

图 6-1-10

注：通过沿路径放样二维轮廓，可以创建三维形状。在绘制路径时，Revit 默认第一段路径为放样起点，也为放样"二维轮廓"的参照原点。绘制二维轮廓时，必须切换原点位置绘制，否则将创建失败。

绘制完成路径，单击"修改 | 放样 > 绘制路径"选项卡中"模式"面板中的"完成编辑模式"，如图 6-1-11 所示。

图 6-1-11

5）创建轮廓：完成以上操作，在项目浏览器中切换到"南"立面视图，单击"修改 | 放样"选项卡→选择"放样"面板→激活"选择轮廓"工具，如图 6-1-12 所示。

图 6-1-12

激活"选择轮廓"工具后，"编辑轮廓"将会高亮显示，单击选择"编辑轮廓"工具，如图 6-1-13 所示。

图 6-1-13

6）"编辑轮廓"工具选择完成后，Revit 将会自动切换至"修改 | 放样"选项卡，选择"绘制"面板中的"直线"工具，如图 6-1-14 所示。

图 6-1-14

移动视图至已导入"室外台阶节点"底图的位置，进行踏板二维轮廓的绘制，如图 6-1-15 所示。

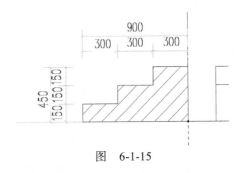

图 6-1-15

7）完成轮廓绘制，单击"修改 | 放样"选项卡中"模式"面板中的"完成编辑模式"，如图 6-1-16 所示。

图　6-1-16

8）完成以上操作，再一次单击"修改 | 放样"选项卡中"模式"面板中的"完成编辑模式"，完成踏板放样，如图 6-1-17 所示。

图　6-1-17

在项目浏览器中，双击三维视图中的 {三维}，切换至"三维视图"，如图 6-1-18 所示。单击已完成的踏板模型，如图 6-1-19 所示。

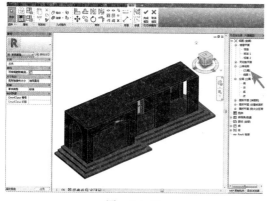

图　6-1-18　　　　　　　　　　　　　　图　6-1-19

（7）添加踏板材质：选择"属性"编辑器中"材质和装饰"实例属性中的"材质"值，如图 6-1-20 所示，Revit 将会弹出"关联族参数"对话框，如图 6-1-21 所示。

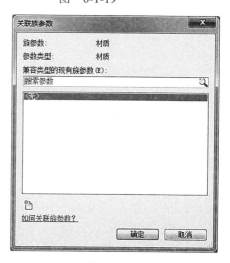

图　6-1-20　　　　　　　　　图　6-1-21

1）单击"新建参数"按钮，新建踏板材质参数，如图 6-1-22 所示。当单击按钮时，Revit 将会弹出"参数属性"对话框，如图 6-1-23 所示。

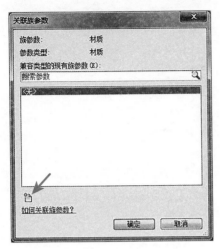

图 6-1-22

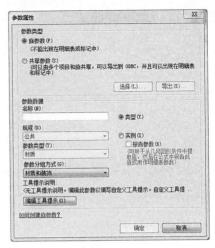

图 6-1-23

2）输入参数名称为"面层材质"，单击确定，完成参数新建，如图 6-1-24 所示。Revit 将会切换至"关联族参数"对话框，再次单击"确定"，完成所有操作，如图 6-1-25 所示。

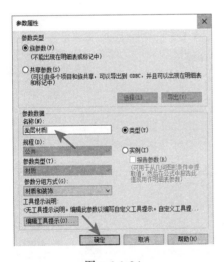

图 6-1-24

图 6-1-25

（8）添加材质属性：切换至"建筑"选项卡→选择"属性"面板→"族类型"工具，如图 6-1-26 所示。

图 6-1-26

1）完成以上操作，Revit 将会弹出"族类型"对话框，如图 6-1-27 所示。单击"材质和装饰"中的"面层材质"值，如图 6-1-28 所示。

图 6-1-27

图 6-1-28

2) 完成以上操作, Revit 将会弹出 "材质浏览器", 如图 6-1-29 所示。

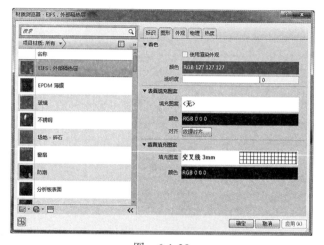

图 6-1-29

3) 单击 "材质浏览器" 下方的 "新建材质" 按钮, Revit 将会新建一个材质, 如图 6-1-30 所示; 选择 "默认为新材质", 右击重命名, 如图 6-1-31 所示; 将名称修改为 "室外台阶材质", 如图 6-1-32 所示。

图 6-1-30

图 6-1-31

图 6-1-32

4）单击"打开/关闭资源浏览器"按钮，如图6-1-33所示，Revit将会弹出"资源浏览器"，单击上方的搜索按钮，输入"混凝土"，Revit将会自动搜索出"混凝土"的材质，选择其中一个材质，单击后面的"添加"按钮，将材质资源添加到"室外台阶"材质中，如图6-1-34所示，添加完成，单击两次"确定"按钮，完成材质添加操作。

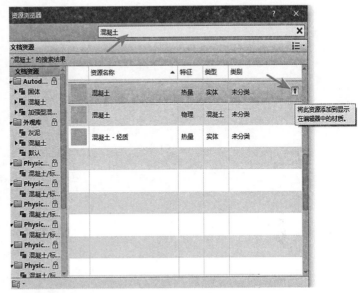

图 6-1-33　　　　　　　　　　　图 6-1-34

（9）完成以上操作，单击"建筑"选项卡→选择"在位编辑器"面板→"完成模型"工具，如图6-1-35所示。

图 6-1-35

1. 打开资料文件夹中"第6章"→"6.1节"→"练习文件夹"→"内建模型.rvt"项目文件，进行练习。
2. 请根据"6.1 内建模型"操作步骤，进行内建模型练习。

6.2 双开门

本节以双开门为例，讲解需要掌握的创建门族的步骤，创建实体时，工作平面的设定和锁定的应用、设定子类别、为族添加参数（材质，长度）、设置构件在视图中的可见性。

双开门要求：门宽度为 1500mm，高度为 2100mm，门扇边框断面尺寸为 60mm×50mm，玻璃厚度为 6mm，墙、门扇、玻璃全部中心对齐，材质为木材，并创建门的平面、立面二维表达。

（1）新建族：启动 Revit 软件，单击应用程序菜单下拉列表，选择"新建"→"族"命令，如图 6-2-1 所示。

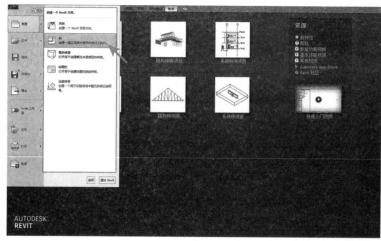

图 6-2-1

1）Revit 将会弹出"新族 - 选择样板文件"对话框，如图 6-2-2 所示。

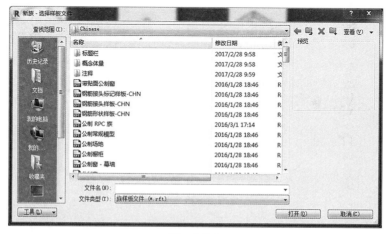

图 6-2-2

2）选择族样板为"公制门"，单击打开按钮，如图 6-2-3 所示。

图 6-2-3

3）完成以上操作之后，Revit 将会启动族编辑器工作界面，如图 6-2-4 所示。

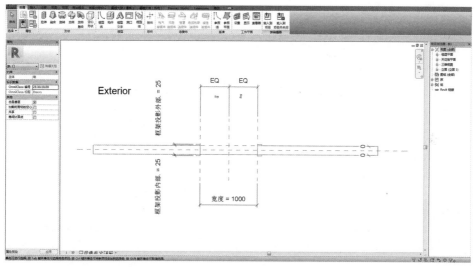

图 6-2-4

（2）设置参照平面：在创建门扇时，需要设置创建的工作平面，创建门族，一般情况下需要在立面进行操作，在 Revit 默认启动的族编辑器，打开的是"参照标高"的平面视图。

1）切换"创建"选项卡→选择"工作平面"面板→"设置"工具，如图 6-2-5 所示。

图 6-2-5

2）完成以上操作，Revit 将会弹出"工作平面"对话框，如图 6-2-6 所示，在"指定新的工作平面"中，选择"拾取一个平面"，单击确定，如图 6-2-7 所示。

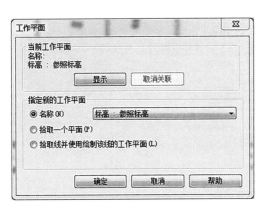 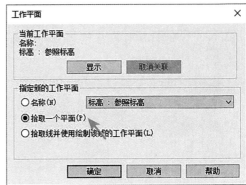

图　6-2-6　　　　　　　　　　图　6-2-7

3）完成以上操作，鼠标的图标将会变成"十字形"，移动光标至平面视图中"水平中心"的参照平面，如图 6-2-8 所示。

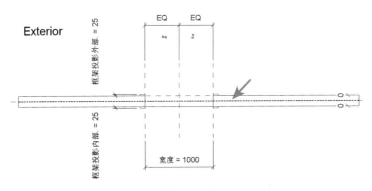

图　6-2-8

4）Revit 将会弹出"转到视图"对话框，如图 6-2-9 所示，单击选择"内部"，然后单击"打开视图"，如图 6-2-10 所示。

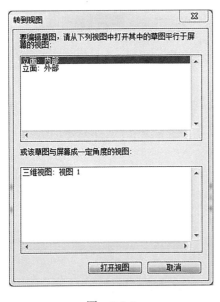 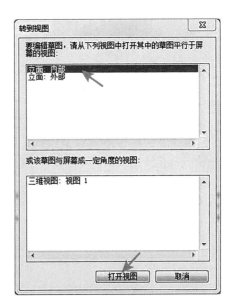

图　6-2-9　　　　　　　　　　图　6-2-10

5）完成以上操作，Revit 将会切换至"内部"立面视图，如图 6-2-11 所示。

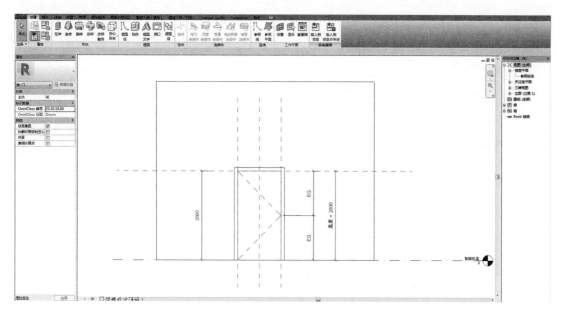

图　6-2-11

（3）创建左门扇模型：采用编辑器中的"拉伸"工具进行创建。

1）切换至"创建"选项卡→选择"形状"面板→"拉伸"工具，如图 6-2-12 所示。

图　6-2-12

2）Revit 将会自动切换至"修改|创建拉伸"选项卡，如图 6-2-13 所示。

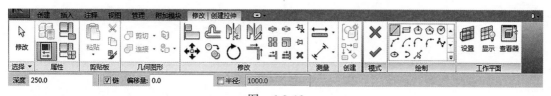

图　6-2-13

3）选择"绘制"面板→"矩形"工具，如图 6-2-14 所示。

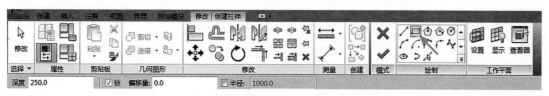

图　6-2-14

注：在选择"矩形"工具时，鼠标的光标变成"矩形"。

4）设置拉伸起点与终点：由于参照平面设置为中心参照平面，深度为 60mm，创建模型的拉伸终点应为"30"、拉伸起点应为"-30",在属性面板中设置参数,如图 6-2-15 所示。

5)绘制门扇外围轮廓草图:移动鼠标至立面视图中绘制矩形,并锁定其四边,如图 6-2-16 所示。

图 6-2-15

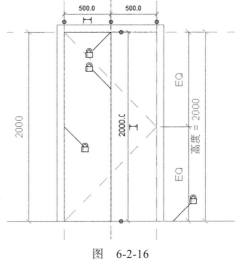

图 6-2-16

6)绘制门扇内围轮廓草图:由于门扇的截面为 60mm × 50mm,重复用"矩形"工具,进行绘制时,需要在选项栏中设置偏移量为"-50",如图 6-2-17 所示。

图 6-2-17

7)重复用"矩形"工具绘制矩形,在图 6-2-16 相同的位置,从左上角往右下角进行绘制,如图 6-2-18 所示,绘制完成并锁定其四边,如图 6-2-19 所示。

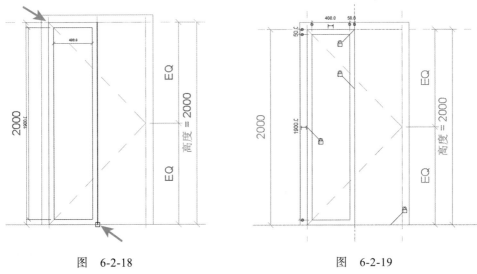

图 6-2-18

图 6-2-19

8)对草图进行尺寸标注:切换"注释"选项卡→选择"尺寸标注"面板→"对齐"

工具，如图 6-2-20 所示，添加 4 个尺寸标注，在两个草图边界之间进行标注，如图 6-2-21 所示。

图　6-2-20

9）添加门扇宽度参数：

①选择 4 个尺寸标注，通过 Ctrl+ 鼠标，进行加选，选中时，会蓝显，如图 6-2-22 所示。

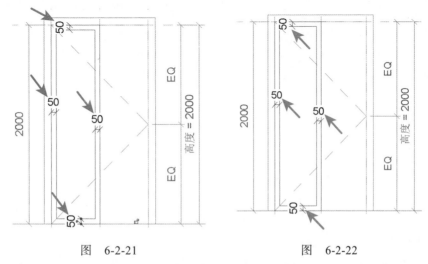

图　6-2-21　　　　　　　　　　图　6-2-22

②在选择 4 个尺寸标注后，Revit 将会自动切换"尺寸标注"选项卡，如图 6-2-23 所示。

图　6-2-23

③创建参数：完成尺寸标注选择，移动鼠标至"尺寸标注"选项卡→选择"标签尺寸标注"面板→"创建参数"工具，如图 6-2-24 所示。

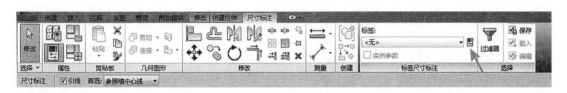

图　6-2-24

④参数属性：完成以上操作，Revit 将会弹出"参数属性"对话框，如图 6-2-25 所示。

⑤设置参数名称：在"参数属性"对话框中，输入名称为"门扇截面宽度"，单击确定，完成所有操作，如图 6-2-26 所示。

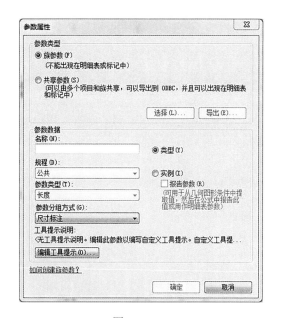

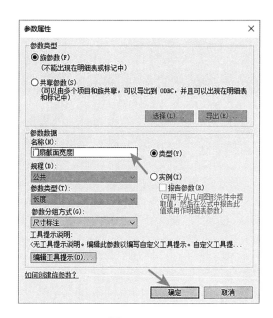

图 6-2-25 图 6-2-26

10）完成以上操作，移动鼠标至"修改｜创建拉伸"选项卡→选择"模式"面板→"完成编辑模式"工具，完成模型创建，如图 6-2-27 所示。

图 6-2-27

（4）创建右门扇模型：重复采用编辑器中的"拉伸"工具，进行创建。

1）切换至"创建"选项卡→选择"形状"面板→"拉伸"工具，如图 6-2-28 所示。

图 6-2-28

2）Revit 将会自动切换至"修改｜创建拉伸"选项卡，选择"绘制"面板→"矩形"工具，如图 6-2-29 所示。

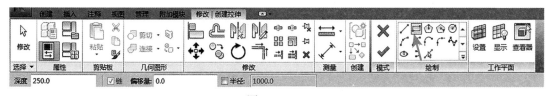

图 6-2-29

3）设置拉伸起点与终点：由于在创建左门扇模型时，已经设置拉伸起点与终点的值，Revit 默认拉伸起点与终点为上次设置的数值，因此，本次操作不需要修改其拉伸起点与终点值。

4）绘制外围轮廓草图：移动鼠标至立面视图中绘制矩形，并锁定其四边，如图 6-2-30 所示。

5）绘制内围轮廓草图：由于门扇的截面为 60mm×50mm，重复用"矩形"工具，进行绘制时，需要在选项栏中，设置偏移量为"–50"，如图 6-2-31 所示。

6）在图 6-2-30 相同的位置绘制，如图 6-2-32 所示，从左上角往右下角进行绘制，绘制完成并锁定其四边，如图 6-2-33 所示，绘制完成后，右击选择"取消"或是按"Esc"键两次。

7）对草图进行尺寸标注：切换"注释"选项卡→选择"尺寸标注"面板→"对齐"工具，如图 6-2-34 所示。添加 4 个尺寸标注，在两个草图边界之间进行标注，如图 6-2-35 所示。

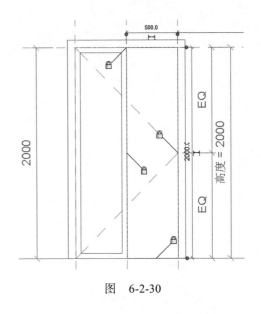

图　6-2-30

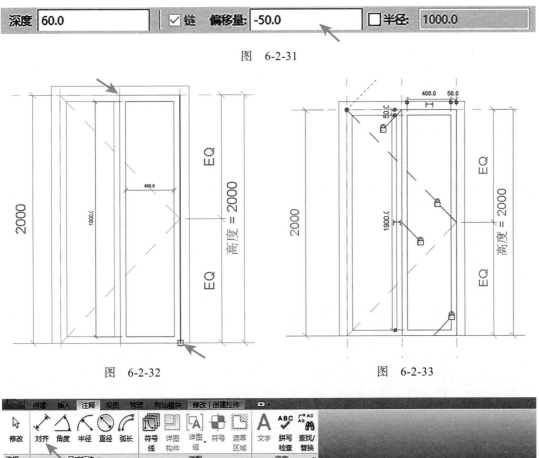

图　6-2-31

图　6-2-32

图　6-2-33

图　6-2-34

8）添加门扇宽度参数：

①选择 4 个尺寸标注，通过 Ctrl+ 鼠标，进行加选，选中时，会蓝显，如图 6-2-36 所示。

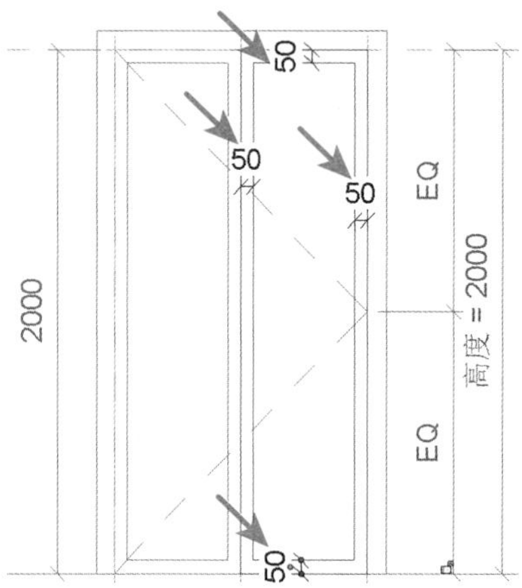

图 6-2-35

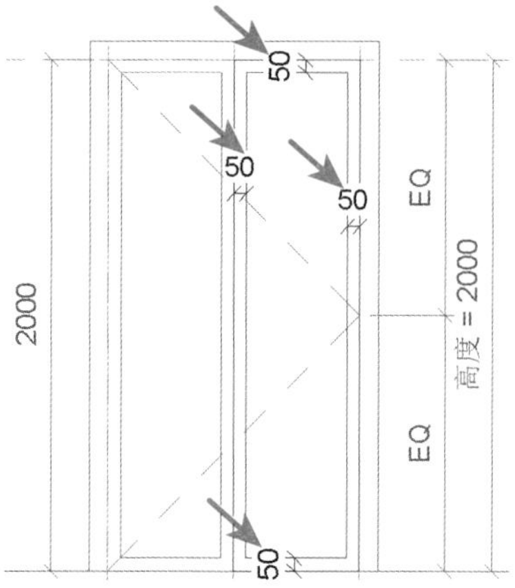

图 6-2-36

②在选择 4 个尺寸标注后，Revit 将会自动切换“尺寸标注”选项卡，如图 6-2-37 所示。

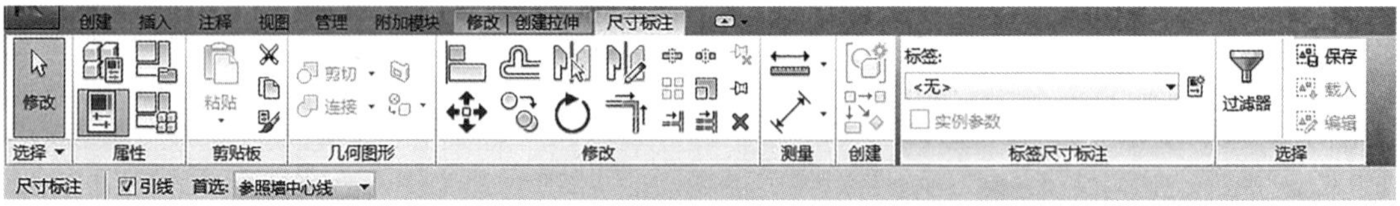

图 6-2-37

③设置的参数为“门扇截面宽度”，由于创建左门扇模型时已创建，此处不需要进行重新创建，移动鼠标至“尺寸标注”选项卡→选择“标签尺寸标注”面板→“标签”工具下拉列表，如图 6-2-38 所示。

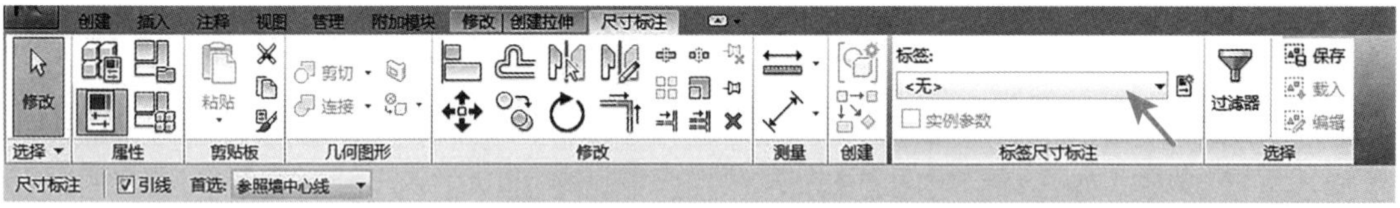

图 6-2-38

④添加标签：在“标签”下拉列表中，选择“门扇截面宽度 =50”，如图 6-2-39 所示。单击完成之后，原标注在草图上的尺寸将会被定义参数，如图 6-2-40 所示。

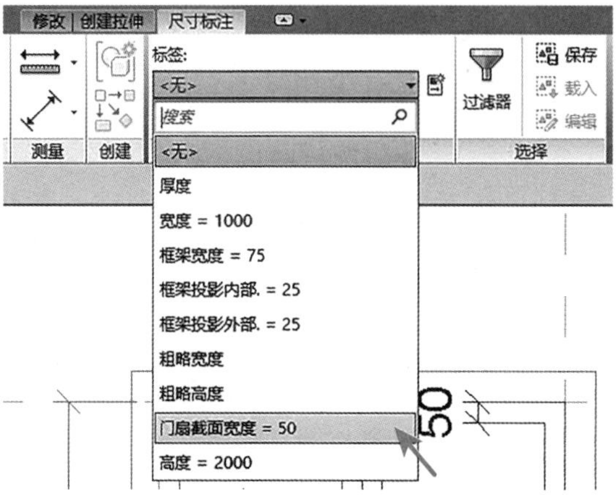

图 6-2-39

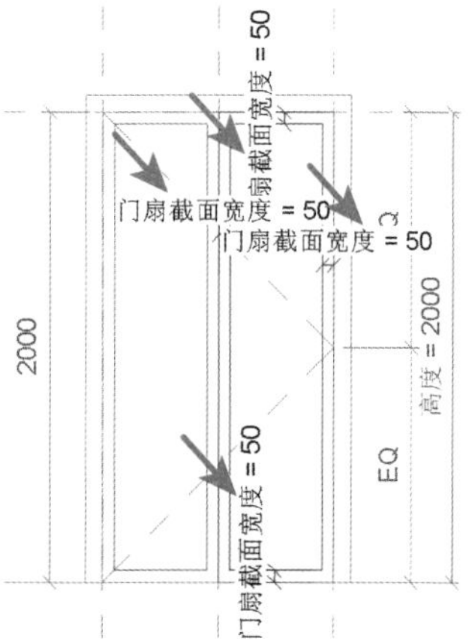

图 6-2-40

9）完成以上操作，右击选择"取消"或是按"Esc"键两次。移动至"修改｜创建拉伸"选项卡→选择"模式"面板→"完成编辑模式"工具，完成模型创建，如图6-2-41所示。

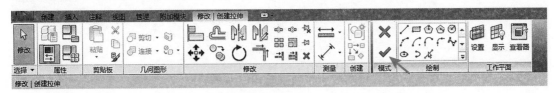

图 6-2-41

（5）创建左门扇玻璃模型：采用编辑器中的"拉伸"工具进行创建。

1）切换至"创建"选项卡→选择"形状"面板→"拉伸"工具，如图6-2-42所示。

图 6-2-42

2）Revit将会自动切换至"修改｜创建拉伸"选项卡，选择"绘制"面板→"矩形"工具，如图6-2-43所示。

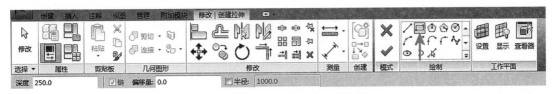

图 6-2-43

3）设置拉伸起点与终点：由于参照平面设置为中心参照平面，玻璃厚度为6mm，创建模型的拉伸终点应为"3"、拉伸起点应为"−3"。在属性面板中设置参数，如图6-2-44所示。

4）绘制左门扇玻璃轮廓：移动鼠标至立面视图中绘制矩形，并锁定其四边，如图6-2-45所示。

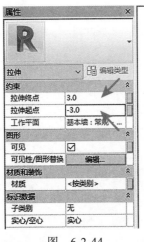

图 6-2-44

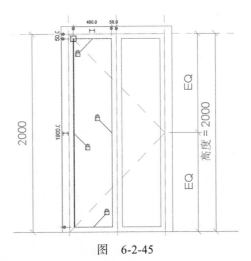

图 6-2-45

5）完成以上操作，右击选择"取消"或是按"Esc"键两次。移动至"修改 | 创建拉伸"选项卡→选择"模式"面板→"完成编辑模式"工具，完成模型创建，如图 6-2-46 所示。

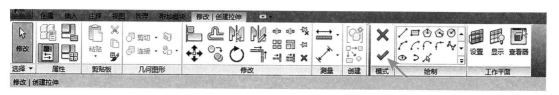

图 6-2-46

（6）创建右门扇玻璃模型：参照"（5）创建左门扇玻璃模型"操作步骤，进行创建。

（7）创建门扇门框材质参数：

1）移动鼠标至门扇门框，单击选择，通过 Ctrl+ 鼠标，进行加选，如图 6-2-47 所示。

2）添加材质参数：选择"属性"编辑器中的"材质和装饰"实例属性中的"材质"值，如图 6-2-48 所示。Revit 将会弹出"关联族参数"对话框，如图 6-2-49 所示。

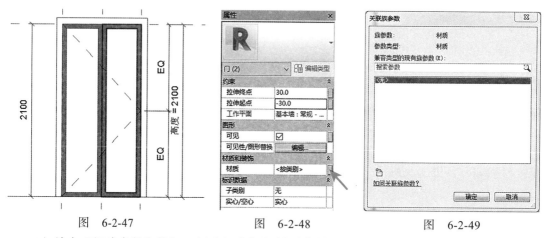

图 6-2-47　　　　　　图 6-2-48　　　　　　图 6-2-49

3）单击"新建参数"按钮，新建门扇门框材质参数，如图 6-2-50 所示，当单击"新建参数"按钮后，Revit 将会弹出"参数属性"对话框，如图 6-2-51 所示。

图 6-2-50

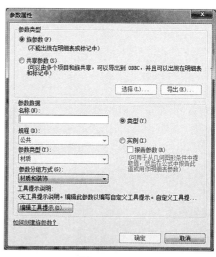

图 6-2-51

4）输入参数名称为"门扇门框材质"，单击确定，完成参数新建，如图6-2-52所示，Revit将会切换至"关联族参数"对话框，再次单击"确定"，完成所有操作，如图6-2-53所示。

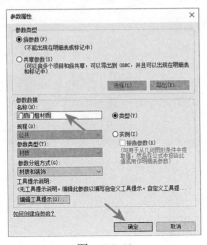

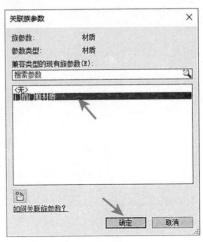

图　6-2-52　　　　　　　　　　　　　　图　6-2-53

（8）创建门扇玻璃材质、门框架材质参数：添加参数为"玻璃材质""门框架材质"，参照"（7）创建门扇门框材质参数"操作步骤，进行创建。

> 提示：在选择玻璃模型时，移动鼠标至门框边，利用键盘"Tab"键进行选择。

（9）添加材质属性：切换至"修改"选项卡→选择"属性"面板→"族类型"工具，如图6-2-54所示。

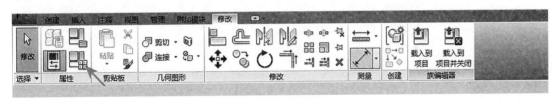

图　6-2-54

1）添加玻璃材质：完成以上操作，Revit将会弹出"族类型"对话框，如图6-2-55所示，单击"材质和装饰"中的"玻璃材质"值，如图6-2-56所示。

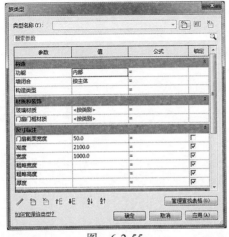

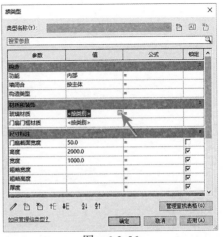

图　6-2-55　　　　　　　　　　　　　　图　6-2-56

2）单击确定后，Revit 将会弹出"材质浏览器"，单击选择默认"玻璃"材质，如图 6-2-57 所示。

3）添加门扇门框材质：完成以上操作，单击确定，Revit 将会切换至"族类型"对话框，如图 6-2-58 所示，单击选择"门扇门框材质"，如图 6-2-59 所示。

4）完成以上操作，单击确定，Revit 将会弹出"材质浏览器"，如图 6-2-60 所示。

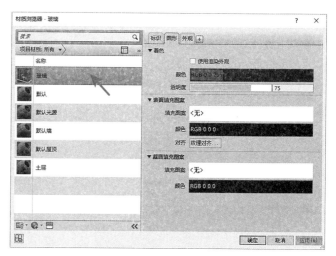

图　6-2-57

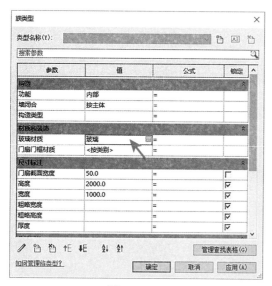

图　6-2-58

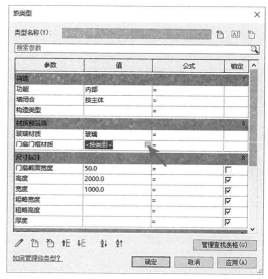

图　6-2-59

5）单击"材质浏览器"下方的"新建材质"按钮，Revit 将会新建一个材质，如图 6-2-61 所示。选择"默认为新材质"，右击重命名，如图 6-2-62 所示。将名称修改为"门扇门框材质"，如图 6-2-63 所示，设置其材质为木材。

图　6-2-60

图　6-2-61　　　　　　　　图　6-2-62　　　　　　　　图　6-2-63

6）单击"打开/关闭资源浏览器"按钮，如图6-2-64所示。Revit将会弹出"资源浏览器"，单击上方的搜索按钮，输入"木材"，Revit将会自动搜索出"木材"材质，选择其中一个材质，单击后面的添加按钮，将材质资源添加到"门扇门框材质"中，如图6-2-65所示。添加完成，关闭"资源浏览器"，单击两次"确定"按钮，完成材质添加操作。

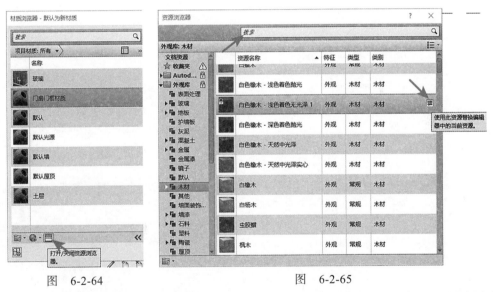

图　6-2-64　　　　　　　　　　　　图　6-2-65

（10）添加门框架材质：门框架材质与门扇门框材质一致，参照"（7）创建门扇门框材质参数"操作步骤，进行创建。

（11）设置图元可见性：由于图元模型创建完后，平面视图会出现很多图元线，在二维表达时将会受到影响，因此，模型中的图元，需要隐藏图元线在平面上的显示。

由于采用的是"公制门"样板文件，门框架默认已隐藏其在平面视图中的显示，因此，要将以上创建的模型设置可见性。

1）移动鼠标至门扇门框，单击选择，通过Ctrl+鼠标进行加选，将创建的模型选择，如图6-2-66所示。

2）单击"属性"面板中"图形"选项下的"编辑"按钮，如图 6-2-67 所示。

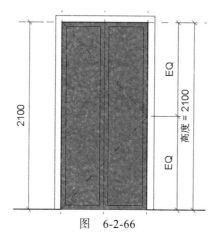

图 6-2-66

图 6-2-67

3）完成以上操作，Revit 将会弹出"族图元可见性设置"对话框，如图 6-2-68 所示。取消勾选"平面 / 天花板平面视图""当在平面 / 天花板平面视图中被剖切时（如果类别允许）"，如图 6-2-69 所示。

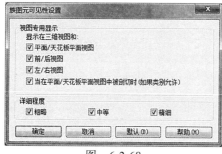

图 6-2-68

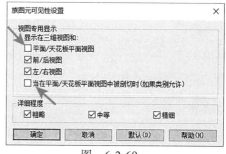

图 6-2-69

（12）创建立面表达：

1）删除立面视图原有的"立面打开方向"线，切换至"注释"选项卡→选择"详图"面板→"符号线"工具，如图 6-2-70 所示。

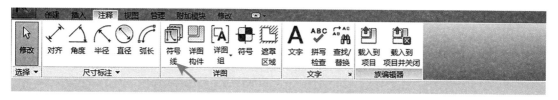

图 6-2-70

2）选择"符号线"之后，Revit 将会自动切换至"修改 | 放置符号线"选项卡，选择"绘制"面板中的"直线"工具，进行绘制，选择"子类别"下拉列表中的"立面打开方向（投影）"，如图 6-2-71 所示。

图 6-2-71

3）绘制"立面打开方向（投影）符号线"：绘制时，捕捉中点进行绘制，如图 6-2-72 所示。在视图中已标示好的左右两边尺寸标注"2100"，单击选择，会蓝显，如图 6-2-73 所示。

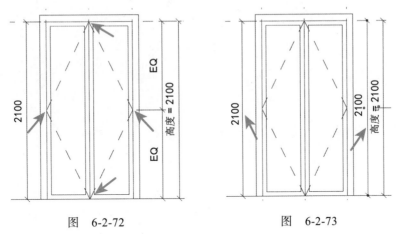

图　6-2-72　　　　　　　　　　图　6-2-73

4）完成以上操作，Revit 将会自动切换至"修改｜尺寸标注"选项卡，选择"尺寸界线"面板中的"编辑尺寸界线"，如图 6-2-74 所示。

图　6-2-74

5）移动鼠标至尺寸标注位置，捕捉中点，如图 6-2-75 所示。右键单击，确定位置，单击"EQ"，此时尺寸标注位置将会被平分约束，如图 6-2-76 所示。

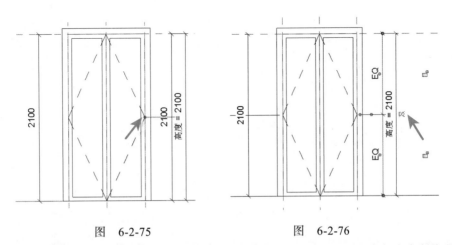

图　6-2-75　　　　　　　　　　图　6-2-76

6）移动鼠标至尺寸标注位置，捕捉中点，如图 6-2-77 所示，右键单击，确定位置，单击"EQ"，此时尺寸标注位置将会被平分约束，如图 6-2-78 所示。

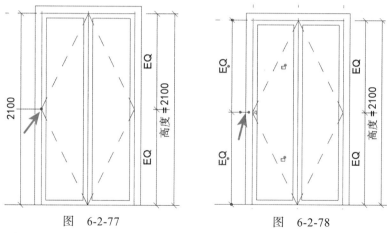

图 6-2-77   图 6-2-78

（13）创建平面表达：

1）在项目浏览器中，双击楼层平面中的"参照标高"，切换至"参照平面"，如图 6-2-79 所示。Revit 将会切换至"参照标高"楼层平面视图，如图 6-2-80 所示。

2）绘制参照平面：创建门的平面表达，需要绘制参照平面，创建参数，使门宽度修改时，平面表达随着改变。

①切换至"创建"选项卡→选择"基准"面板→"参照平面"工具，如图 6-2-81 所示。

②Revit 将会自动切换至"修改｜放置参照平面"选项卡，选择"绘制"面板中的"拾取"工具，设置偏移量为"500"，如图 6-2-82 所示。

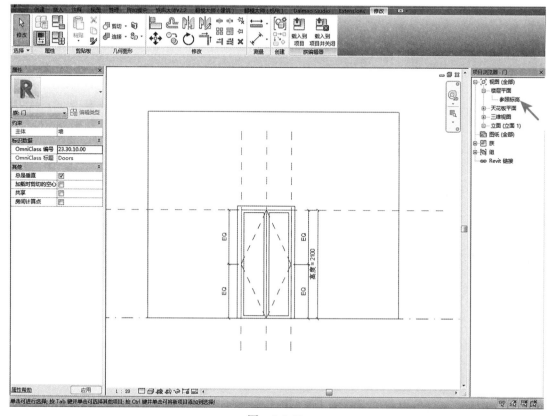

图 6-2-79

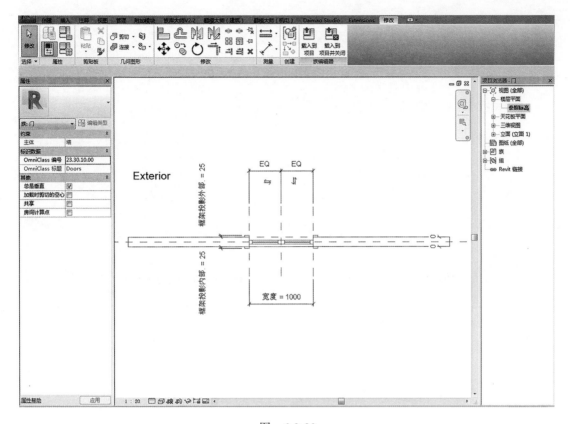

图 6-2-80

图 6-2-81

图 6-2-82

注：由于默认宽度为 1000mm，由于需要绘制双开门的二维表达，此处绘制的参
照平面垂直距离是门宽度的一半，即与水平参照平面的距离为宽度的一半。

③绘制参照平面：移动鼠标至平面视图中水平参照平面处，如图 6-2-83 所示，将会出现
临时参照平面，单击确定绘制参照平面的位置。

3）标注门扇宽度尺寸：标注创建的门扇宽度尺寸，为创建完成的参照平面与水平中
心参照平面之间的距离。

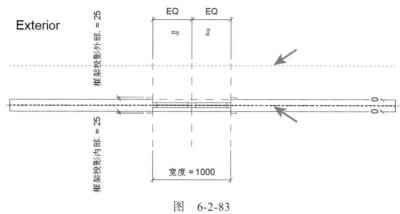

图 6-2-83

①切换至"注释"选项卡→选择"尺寸标注"面板→"对齐"工具,如图 6-2-84 所示。

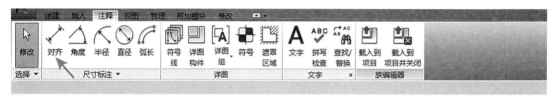

图 6-2-84

②移动鼠标至创建完成的参照平面与水平中心参照平面进行标注,如图 6-2-85 所示。

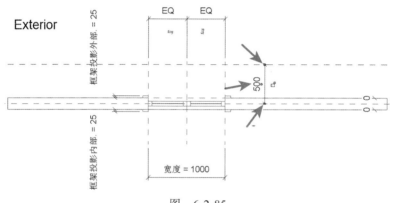

图 6-2-85

4)创建门扇宽度参数:

①单击选择"500"的尺寸标注,Revit 将会自动切换至"修改|尺寸标注"选项卡,选择"标签尺寸标注"面板中的"创建参数",如图 6-2-86 所示。

图 6-2-86

②参数属性:完成以上操作,Revit 将会弹出"参数属性"对话框,如图 6-2-87 所示。

③设置参数名称:在"参数属性"对话框中,输入名称为"门扇宽度",单击确定,如图 6-2-88 所示。

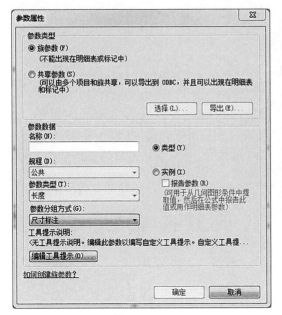

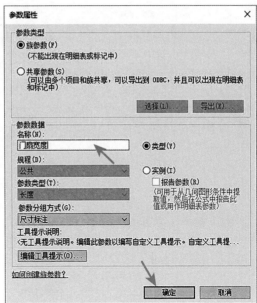

图 6-2-87   图 6-2-88

④完成所有操作，如图 6-2-89 所示。

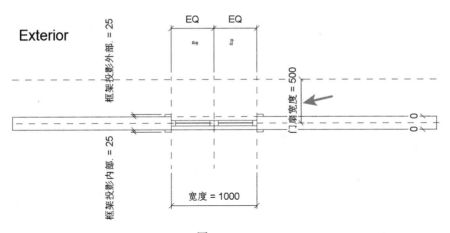

图 6-2-89

5）添加公式：为门扇宽度设置公式，修改门宽度，门扇宽度参数可以自动驱动变化。

①切换至"修改"选项卡→选择"属性"面板→"族类型"工具，如图 6-2-90 所示。

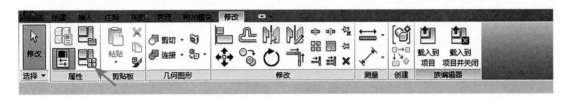

图 6-2-90

②添加玻璃材质：完成以上操作，Revit 将会弹出"族类型"对话框，如图 6-2-91 所示。单击"尺寸标注"中"门扇宽度"后面的公式，输入"宽度/2"，单击确定，完成所有操作，如图 6-2-92 所示。

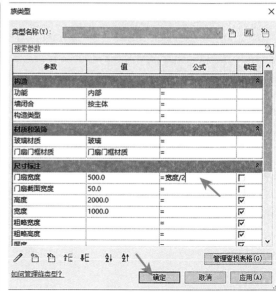

图 6-2-91　　　　　　　　　　　　　　图 6-2-92

6）选择工具：切换至"注释"选项卡→选择"详图"面板→"符号线"工具，如图 6-2-93 所示。

7）选择"符号线"之后，Revit 将会自动切换至"修改｜放置符号线"选项卡，选择"绘制"面板中的"直线"工具，进行绘制，选择"子类别"下拉列表中的"平面打开方向（投影）"，如图 6-2-94 所示。

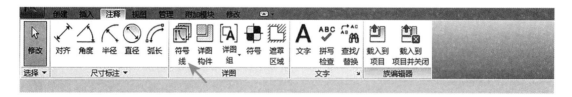

图　6-2-93

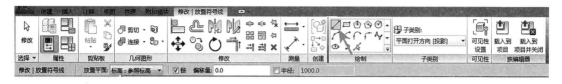

图　6-2-94

8）绘制平面打开方向（投影）符号线：左右两边各绘制 1 条符号线，创建完成的符号线与中心参照平面垂直，并锁定在参照平面上，如图 6-2-95 所示。

完成以上操作，选择"绘制"面板中的"圆心 - 端点弧"工具，进行绘制，选择"子类别"下拉列表中的"平面打开方向（投影）"，如图 6-2-96 所示。

完成以上操作，在平面视图中绘制两个半圆，并锁定在参照平面上，如图 6-2-97 所示。

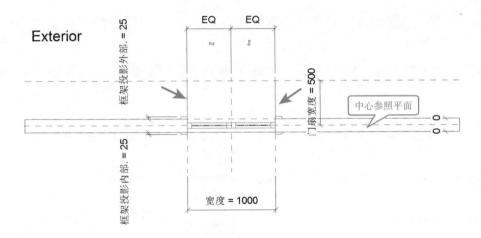

图　6-2-95

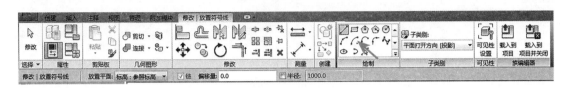

图　6-2-96

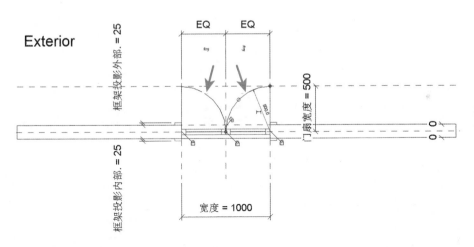

图　6-2-97

（14）修改参数：测试族是否参数化，切换至"修改"选项卡→选择"属性"面板→单击"族类型"工具，如图 6-2-98 所示。

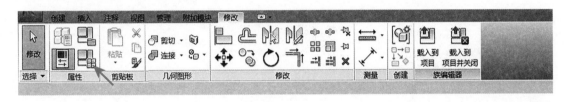

图　6-2-98

完成以上操作，Revit 将会弹出"族类型"对话框，如图 6-2-99 所示，修改宽度为"1500"，高度为"2100",单击"应用"如果没有弹出"警告"对话框提示错误,表示族创建成功,如图 6-2-100 所示。

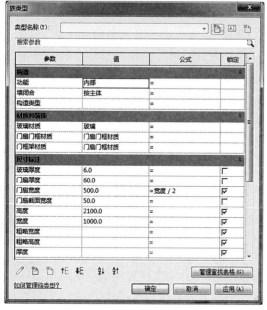
图 6-2-99

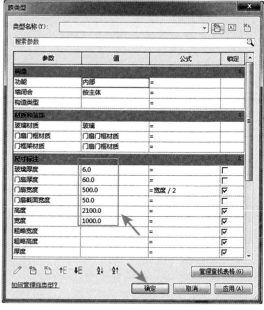
图 6-2-100

1. 打开资料文件夹中"第 6 章"→"6.2 节"→"完成文件夹"→"双开门"项目文件,进行参考练习。

2. 请根据"6.2 双开门"操作步骤,创建双开门。

6.3 推拉窗

本节以推拉窗为例,讲解创建推拉窗的步骤,以及创建实体时,工作平面的设定和锁定的应用、设定子类别、为族添加参数(材质,长度)、设置构件在视图中的可见性。

推拉窗要求：窗宽度为 1000mm，高度为 1200mm，窗框断面尺寸为 60mm×60mm，窗扇边框断面尺寸为 40mm×40mm，玻璃厚度为 6mm，墙、门扇、玻璃全部中心对齐，并创建平面、立面二维表达，材质为铝合金。

（1）选择族样板：

1）启动 Revit 软件，单击应用程序菜单下拉列表，选择"新建"→"族"命令，如图 6-3-1 所示。

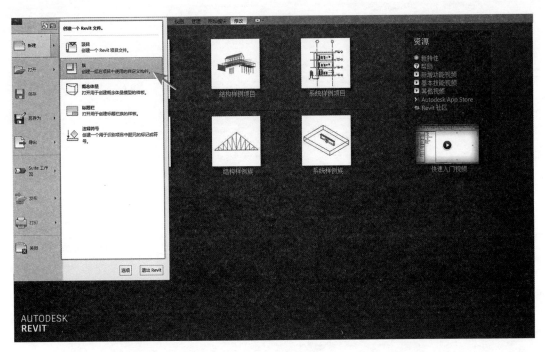

图　6-3-1

2）Revit 将会弹出"新族 - 选择样板文件"对话框，如图 6-3-2 所示。

图　6-3-2

3）选择族样板为"公制窗"，单击打开按钮，如图 6-3-3 所示。

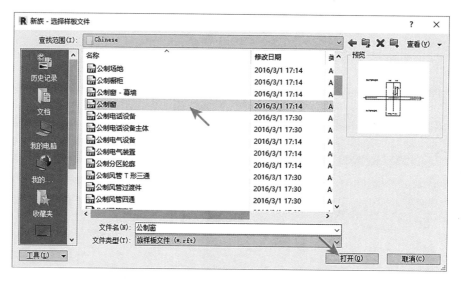

图　6-3-3

4）完成以上操作之后，Revit 将会启动族编辑器工作界面，如图 6-3-4 所示。

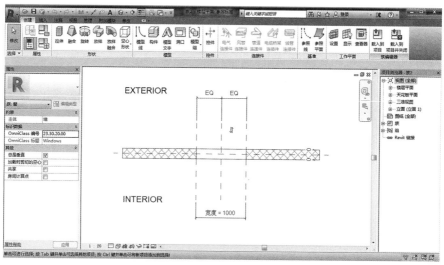

图　6-3-4

（2）设置参照平面：在创建窗框时，需要设置创建的工作平面，创建窗族，一般情况下需要在立面进行操作，在 Revit 默认启动的族编辑器中，打开的是"参照标高"的平面视图。

1）切换至"创建"选项卡→选择"工作平面"面板→"设置"工具，如图 6-3-5 所示。

图　6-3-5

2）完成以上操作，Revit 将会弹出"工作平面"对话框，如图 6-3-6 所示，在"指定新的工作平面"中，选择"拾取一个平面"，单击确定，如图 6-3-7 所示。

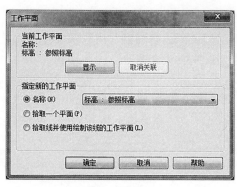

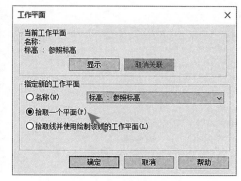

图　6-3-6　　　　　　　　　　　　　　　图　6-3-7

3）完成以上操作，鼠标的图标将会变成"十字形"，移动光标至平面视图中"水平中心"的参照平面，如图 6-3-8 所示。

4）Revit 将会弹出"转到视图"对话框，如图 6-3-9 所示，单击选择"立面：内部"，然后单击"打开视图"，如图 6-3-10 所示。

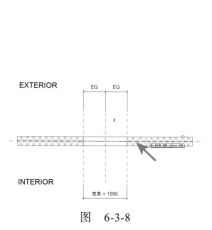

图　6-3-8　　　　　　　　　　图　6-3-9　　　　　　　　　　图　6-3-10

5）完成以上操作，Revit 将会切换至"内部"立面视图，如图 6-3-11 所示。

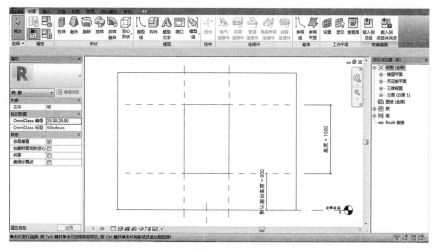

图　6-3-11

（3）创建窗框架模型：采用编辑器中的"拉伸"工具进行创建。

1）切换至"创建"选项卡→选择"形状"面板→"拉伸"工具，如图 6-3-12 所示。

图　6-3-12

2）Revit 将会自动切换至"修改｜创建拉伸"选项卡，如图 6-3-13 所示。

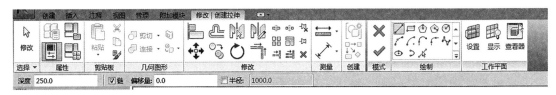

图　6-3-13

3）选择"绘制"面板→"矩形"工具，如图 6-3-14 所示。

图　6-3-14

注：在选择"矩形"工具时，鼠标的图标变成"矩形"。

4）设置拉伸起点与终点：由于参照平面设置为中心参照平面，厚度为 60mm，创建模型的拉伸终点应为"30"、拉伸起点应为"-30"，在属性面板中设置参数，如图 6-3-15 所示。

5）绘制窗扇外围轮廓草图：移动鼠标至立面视图中绘制矩形，并锁定其四边，如图 6-3-16 所示。

图　6-3-15

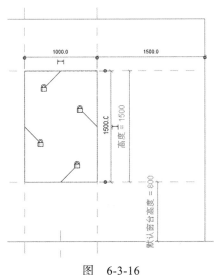

图　6-3-16

6）绘制窗扇内围轮廓草图：由于窗扇的截面为 60mm×60mm，重复用"矩形"工具，进行绘制时，需要在选项栏中，设置偏移量为"-60"，如图 6-3-17 所示。

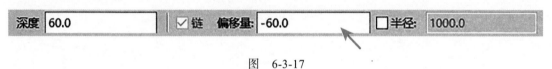

图　6-3-17

7）重复用"矩形"工具绘制矩形，在图 6-3-16 相同的位置绘制，从左上角往右下角进行绘制，如图 6-3-18 所示。绘制完成并锁定其四边，如图 6-3-19 所示。

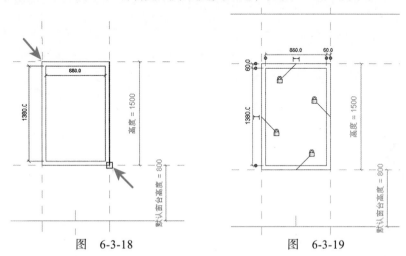

图　6-3-18　　　　　　　　　　　　　　图　6-3-19

8）对草图进行尺寸标注：切换至"注释"选项卡→选择"尺寸标注"面板→"对齐"工具，如图 6-3-20 所示，添加 4 个尺寸标注，在两个草图边界之间进行标注，如图 6-3-21 所示。

图　6-3-20

9）添加窗框宽度参数：

①选择 4 个尺寸标注，可通过 Ctrl+ 鼠标进行加选，如图 6-3-22 所示。

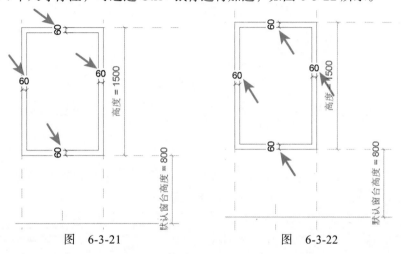

图　6-3-21　　　　　　　　　　　　　　图　6-3-22

②在选择4个尺寸标注后，Revit将会自动切换至"尺寸标注"选项卡，如图6-3-23所示。

图　6-3-23

③创建参数：完成尺寸标注选择，移动鼠标至"尺寸标注"选项卡→选择"标签尺寸标注"面板→"创建参数"工具，如图6-3-24所示。

图　6-3-24

④参数属性：完成以上操作，Revit将会弹出"参数属性"对话框，如图6-3-25所示。

⑤设置参数名称：在"参数属性"面板中，输入名称为"窗扇截面宽度"，单击确定，完成所有操作，如图6-3-26所示。

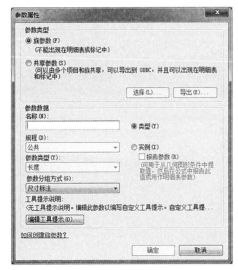

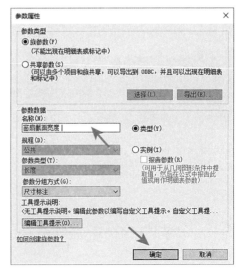

图　6-3-25　　　　　　　　　　　图　6-3-26

10）完成以上操作，移动鼠标至"修改｜创建拉伸"选项卡→选择"模式"面板→"完成编辑模式"工具，完成模型创建，如图6-3-27所示。

图　6-3-27

（4）创建左窗扇模型：采用编辑器中的"拉伸"工具进行创建。

1）切换至"创建"选项卡→选择"形状"面板→"拉伸"工具，如图6-3-28所示。

图　6-3-28

2）Revit 将会自动切换至"修改｜创建拉伸"选项卡，如图 6-3-29 所示。

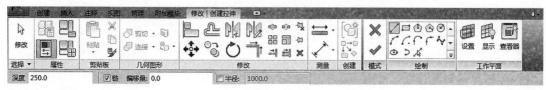

图　6-3-29

3）选择"绘制"面板→"矩形"工具，如图 6-3-30 所示。

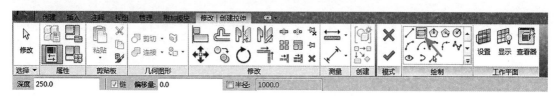

图　6-3-30

> 注：在选择"矩形"工具时，鼠标的图标变成"矩形"。

4）设置拉伸起点与终点：由于参照平面设置为中心参照平面，宽度为 40mm，创建模型的拉伸终点应为"20"、拉伸起点应为"–20"，在属性面板中设置参数，如图 6-3-31 所示。

5）绘制窗扇外围轮廓草图：移动鼠标至立面视图中绘制矩形，并锁定其四边，如图 6-3-32 所示。

6）绘制窗扇内围轮廓草图：由于窗扇的截面为 40mm ×40mm，重复用"矩形"工具，

图　6-3-31

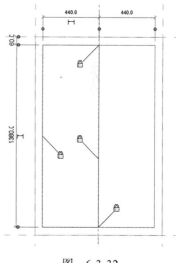

图　6-3-32

进行绘制时，需要在选项栏中，设置偏移量为"–40"，如图 6-3-33 所示。

图　6-3-33

7）重复用"矩形"工具绘制矩形，在图 6-3-32 相同的位置绘制。从左上角往右下角进行绘制，如图 6-3-34 所示。绘制完成并锁定其四边，如图 6-3-35 所示。

8）对草图进行尺寸标注：
切换至"注释"选项卡→选择"尺
寸标注"面板→"对齐"工具，
如图 6-3-36 所示，添加 4 个尺
寸标注，在两个草图边界之间
进行标注，如图 6-3-37 所示。

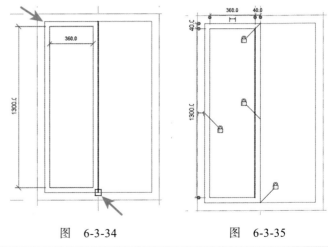

图　6-3-34　　　　　图　6-3-35

图　6-3-36

9）添加窗扇宽度参数：

①选择4个尺寸标注，可通过
Ctrl+ 鼠标进行加选，如图 6-3-38
所示。

②在选择 4 个尺寸标注后，
Revit 将会自动切换至"尺寸标注"
选项卡，如图 6-3-39 所示。

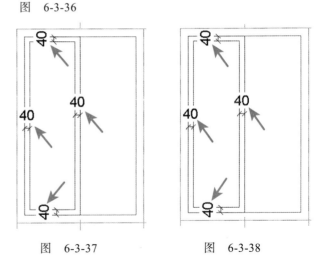

图　6-3-37　　　　　图　6-3-38

图　6-3-39

③创建参数：完成尺寸标注选择，移动鼠标至"尺寸标注"选项卡→选择"标签尺寸标
注"面板→"创建参数"工具，如图 6-3-40 所示。

图　6-3-40

④参数属性：完成以上操作，Revit 将会弹出"参数属性"对话框，如图 6-3-41 所示。

⑤设置参数名称：在"参数属性"对话框中，输入名称为"窗扇截面宽度"，单击确定，完成所有操作，如图 6-3-42 所示。

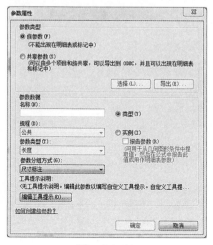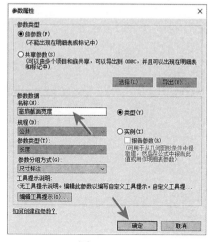

图　6-3-41　　　　　　　　　　图　6-3-42

10）完成以上操作，移动鼠标至"修改｜创建拉伸"选项卡→选择"模式"面板→"完成编辑模式"工具，完成模型创建，如图 6-3-43 所示。

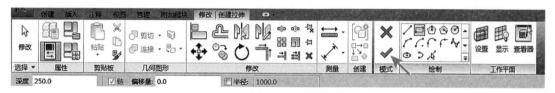

图　6-3-43

（5）创建右窗扇模型：参照"（4）创建左窗扇模型"操作步骤，进行创建。

（6）创建左窗玻璃模型：采用编辑器中的"拉伸"工具进行创建。

1）切换至"创建"选项卡→选择"形状"面板→"拉伸"工具，如图 6-3-44 所示。

图　6-3-44

2）Revit 将会自动切换至"修改｜创建拉伸"选项卡，选择"绘制"面板→"矩形"工具，如图 6-3-45 所示。

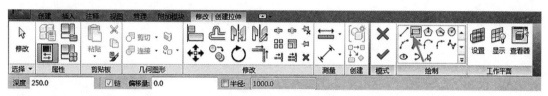

图　6-2-45

3）设置拉伸起点与终点：由于参照平面设置为中心参照平面，玻璃厚度为 6mm，创建模型的拉伸终点应为"3"、拉伸起点应为"-3"。在属性面板中设置参数，如图 6-3-46 所示。

4）绘制左窗扇玻璃轮廓：移动鼠标至立面视图中绘制矩形，并锁定其四边，如图6-3-47所示。

5）完成以上操作，右击选择"取消"或是按"Esc"键两次。移动鼠标至"修改｜创建拉伸"选项卡→选择"模式"面板→"完成编辑模式"工具，完成模型创建，如图6-3-48所示。

图 6-3-46

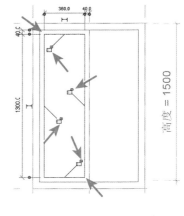

图 6-3-47

图 6-3-48

（7）创建右窗扇玻璃模型：参照"（6）创建左窗玻璃模型"操作步骤，进行创建。

（8）设置图元可见性：在"属性"面板中选择"图元"选项下的可见性设置，Revit 将会弹出"族可见性设置"，取消勾选"平面/天花板平面视图""当在平面/天花平面视图中被剖切时（如果类别允许）"。

（9）创建窗框厚度参数：

1）在项目浏览器中，双击楼层平面中的"参照标高"，切换至"参照平面"，如图6-3-49所示，Revit 将会切换至"参照标高"楼层平面视图，如图6-3-50所示。

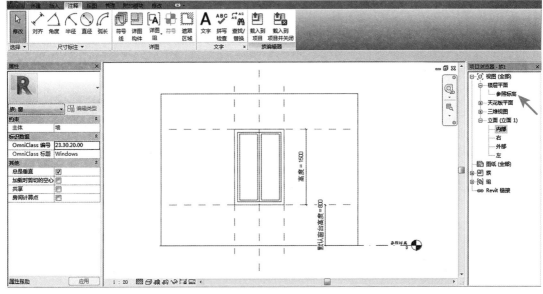

图 6-3-49

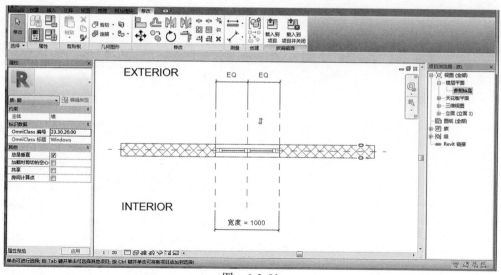

图　6-3-50

2）对草图进行尺寸标注：切换至"注释"选项卡→选择"尺寸标注"面板→"对齐"工具，如图 6-3-51 所示。添加窗框在参照平面的尺寸标注，在窗框两边边界之间进行标注，如图 6-3-52 所示。

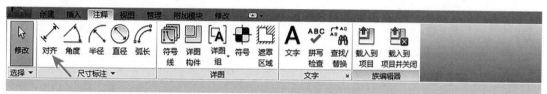

图　6-3-51

3）创建窗框厚度参数：选择步骤 2）创建的尺寸标注，Revit 将会自动切换至"修改 | 尺寸标注"选项卡，如图 6-3-53 所示。

①参数属性：完成以上操作，Revit 将会弹出"参数属性"对话框，如图 6-3-54 所示。

②设置参数名称：在"参数属性"对话框中，输入名称为"窗框厚度"，单击确定，完成所有操作，如图 6-3-55 所示。

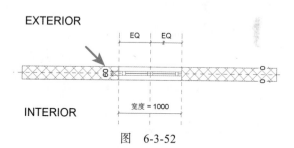

图　6-3-52

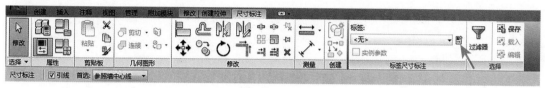

图　6-3-53

（10）创建窗扇厚度参数、玻璃厚度参数：参照"（9）创建窗框厚度参数"进行创建。

（11）创建立面表达：

1）在项目浏览器中，双击立面中的"内部"，切换至"内部"立面视图，如图 6-3-56 所示，Revit 将会切换至"内部"立面视图，如图 6-3-57 所示。

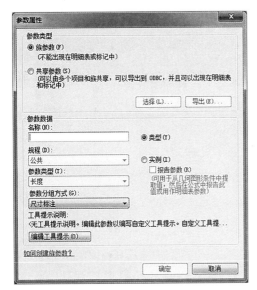 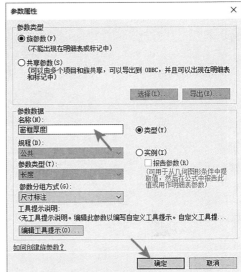

图 6-3-54　　　　　　　　　　　　图 6-3-55

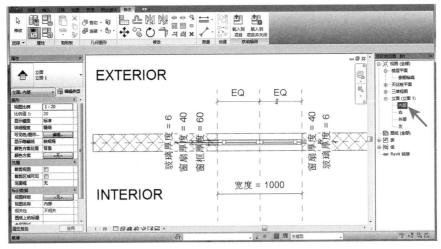

图 6-3-56

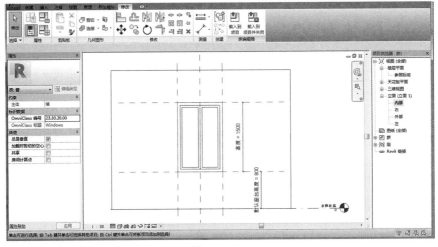

图 6-3-57

2）切换至"注释"选项卡→选择"详图"面板→"符号线"工具，如图 6-3-58 所示。

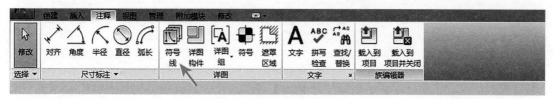

图 6-3-58

①选择"符号线"之后，Revit 将会自动切换至"修改│放置符号线"选项卡，选择"绘制"面板中的"直线"工具，进行绘制，选择"子类别"下拉列表中的"立面打开方向（投影）"，如图 6-3-59 所示。

图 6-3-59

②绘制"立面打开方向（投影）符号线"：绘制时，捕捉中点进行绘制，如图 6-3-60 所示。在视图中已标示好的左右两边尺寸标注"1380"，单击选择，如图 6-3-61 所示。

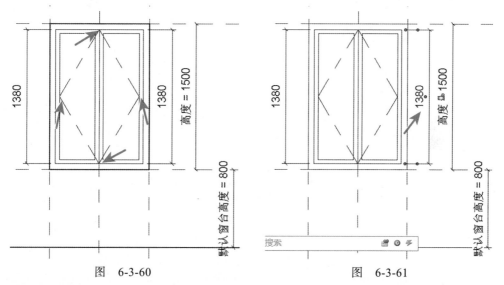

图 6-3-60   图 6-3-61

③完成以上操作，Revit 将会自动切换至"修改│尺寸标注"选项卡，选择"尺寸界线"面板中的"编辑尺寸界线"，如图 6-3-62 所示。

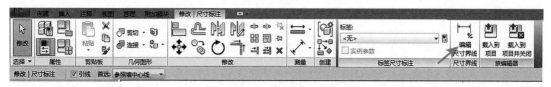

图 6-3-62

④均等约束右边符号线：移动鼠标至尺寸标注位置，捕捉中点，如图 6-3-63 所示。右键单击，确定位置，此时尺寸标注位置将会被平分约束，如图 6-3-64 所示。

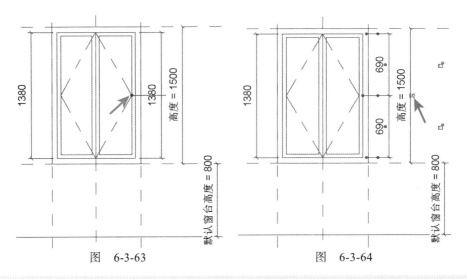

图 6-3-63

图 6-3-64

> 提示：采用尺寸标注的"EQ"命令，可将"符号线"均等约束在窗框上，在修改窗
> "高度"参数的时候，符号线可随之变化。

⑤均等约束左边符号线：移动鼠标至尺寸标注位置，捕捉中点，如图 6-3-65 所示。右
键单击，确定位置，单击"EQ"，此时尺寸标注位置将会被平分约束，如图 6-3-66 所示。

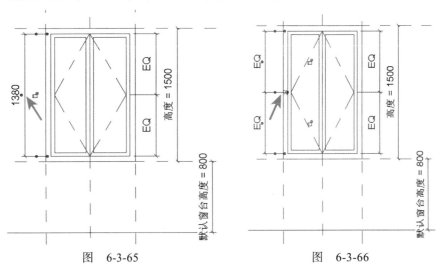

图　6-3-65

图　6-3-66

（12）创建平面表达：

1）切换至平面视图：参照"（9）创建窗框厚度参数"，进行切换。

2）选择工具：切换至"注释"选项卡→选择"详图"面板→"符号线"工具，如图
6-3-67 所示。

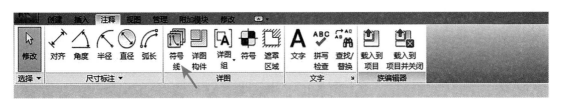

图　6-3-67

3）选择"符号线"之后，Revit 将会自动切换至"修改｜放置符号线"选项卡，选择"绘制"面板中的"直线"工具，进行绘制，选择"子类别"下拉列表中的"平面打开方向（投影）"，如图 6-3-68 所示。

图　6-3-68

4）绘制符号线：在平面中心参照平面两边，各绘制一条"符号线"，如图 6-3-69 所示。

5）标注符号线之间尺寸：

①切换至"注释"选项卡→选择"尺寸标注"面板→"对齐"工具，如图 6-3-70 所示。

②移动鼠标至创建完成的符号线与墙两边的参照平面进行标注，如图 6-3-71 所示。

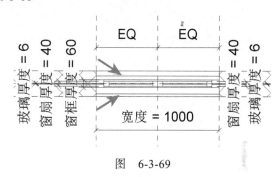

图　6-3-69

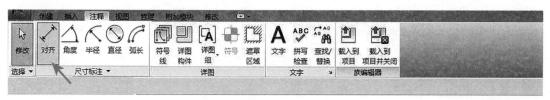

图　6-3-70

③均等分符号线：单击第②步标注的尺寸，会出现"EQ"控件，如图 6-3-72 所示，单击"EQ"，平均符号线与墙中，如图 6-3-73 所示。

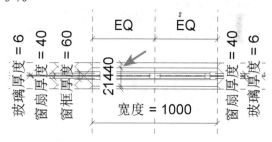

图　6-3-71

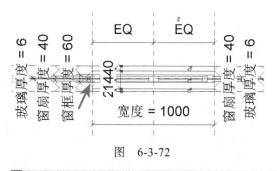

图　6-3-72

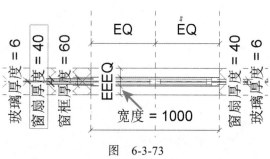

图　6-3-73

注意：在此次标注时，软件会自动捕捉参照平面与墙中心线，为可以更准确地捕捉到"符号线"与墙边界线，可利用"Tab"键进行辅助操作。

（13）修改参数：测试族是否参数化，切换至"修改"选项卡→选择"属性"面板→单击"族类型"工具，如图 6-3-74 所示。

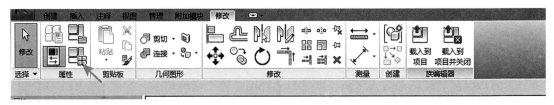

图　6-3-74

完成以上操作，Revit 将会弹出"族类型"对话框，如图 6-3-75 所示。修改宽度为 1000mm，高度为 1200mm，单击"应用"，如果没有弹出"警告"对话框提示错误，表示族创建成功，如图 6-3-76 所示。

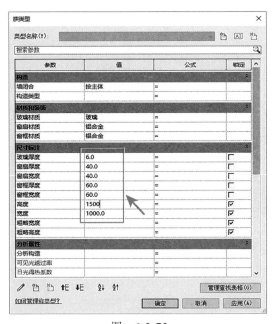

图　6-3-75　　　　　　　　　　　图　6-3-76

1. 打开资料文件夹中"第 6 章"→"6.3 节"→"完成文件夹"→"推拉窗"项目文件，进行参考练习。

2. 请根据"6.3 推拉窗"操作步骤，创建推拉窗。

6.4　百叶窗（阵列族）

本节以百叶窗为案例，讲解创建百叶窗族的步骤，以及创建实体时，工作平面的设定和锁定的应用、设定子类别、为族添加参数（材质、长度等）、设置构件在视图中的可见性、如何利用"阵列"命令完成百叶窗扇叶的创建与嵌套入百叶窗。

百叶窗要求：窗宽度为 900mm，高度为 1200mm，窗扇边框断面尺寸为 100mm×50mm，窗扇叶宽度为 60mm，厚度 8mm，窗扇叶长度为 800mm，窗扇叶数量可通过参数控制，材质为实木。

（1）创建窗扇叶模型：在创建百叶窗时，窗扇叶是"常规模型"，创建扇叶时采用"公制常规模型"族样板。

1）新建族：启动 Revit 软件，在"最近使用的文件"界面的族栏目中，选择"新建"，如图 6-4-1 所示。

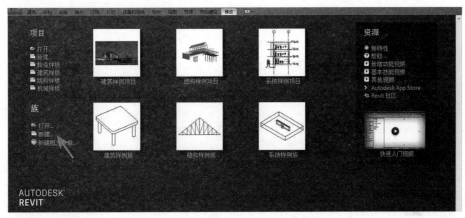

图　6-4-1

2）选择族样板：完成以上操作，Revit 将会弹出"新族 - 选择样板文件"对话框，选择族样板为"公制常规模型"，单击打开按钮，如图 6-4-2 所示。

图　6-4-2

3）族样板界面：完成以上操作，Revit 将会弹出"族编辑器界面"，如图 6-4-3 所示。

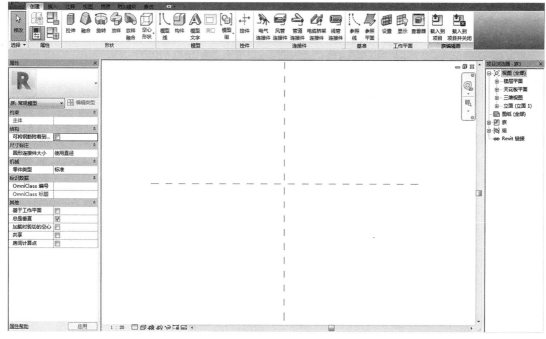

图 6-4-3

4）绘制窗扇叶两边参照平面：在"参照平面"视图中，绘制参考平面，定义窗扇长度。

①绘制参照平面：切换至"创建"选项卡→选择"基准"面板→"参照平面"工具，如图 6-4-4 所示。

图 6-4-4

②Revit 将会自动切换至"修改｜放置参照平面"选项卡，选择"绘制"面板中的"拾取"工具，设置偏移量为"400"，如图 6-4-5 所示。

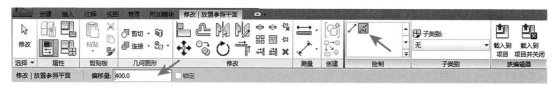

图 6-4-5

> 注意：由于要创建的窗扇长度为 800mm，一般情况下，是在模型中心设置参考平面，因此，此处的偏移量应为"400"。

③移动鼠标至中心参照平面处，靠左边，Revit 将会在左边创建参照平面，单击右键，创建左边参照平面，如图 6-4-6 所示。移动鼠标至中心参照平面处，靠右边，Revit 将会在右边创建参照平面，单击右键，创建右边参照平面，如图 6-4-7 所示。

图　6-4-6　　　　　　　　　　图　6-4-7

5）标注窗扇叶长度尺寸：标注窗扇叶两边尺寸，并用"EQ"命令，进行均分尺寸约束。

①切换至"注释"选项卡→选择"尺寸标注"面板→"对齐"工具，如图 6-4-8 所示。

图　6-4-8

②移动鼠标至创建完成的两边参照平面进行标注，如图 6-4-9 所示，再次进行标注，在两边参照平面与中心参照平面之间进行标注，如图 6-4-10 所示。

③均分约束：单击选择两边参照平面与中心参照平面的尺寸标注，将会出现"EQ"控件，如图 6-4-11 所示。单击 EQ，尺寸标注将会变成"EQ"字样，如图 6-4-12 所示。

6）定义窗扇叶长度参数：

①单击选择"800"的尺寸标注，Revit 将会切换至"修改 | 尺寸标注"选项卡，如图 6-4-13 所示。

②创建参数：完成以上操作，移动鼠标至"修改 | 尺寸标注"选项卡→选择"标签尺寸标注"面板→"创建参数"工具，如图 6-4-14 所示。

③参数属性：完成以上操作，Revit 将会弹出"参数属性"对话框，如图 6-4-15 所示。

在"参数属性"面板中，输入名称为"窗扇叶长度"，单击确定，完成所有操作，如图 6-4-16 所示。

7）选择工作平面：由于百叶窗的扇叶为向下斜45°，因此在创建模型时，可在左（或者右）立面视图进行创建。

①切换至"创建"选项卡→选择"工作平面"面板→"设置"工具，如图 6-4-17 所示。

②完成以上操作，Revit 将会弹出"工作平面"对话框，如图 6-4-18 所示，在"指定新的工作平面"中，选择"拾取一个平面"，单击确定，如图 6-4-19 所示。

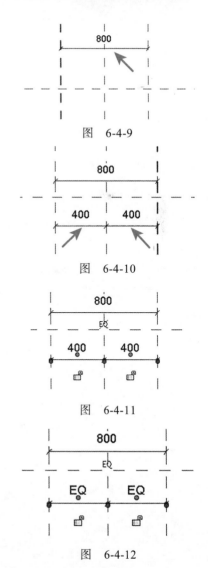

图　6-4-9

图　6-4-10

图　6-4-11

图　6-4-12

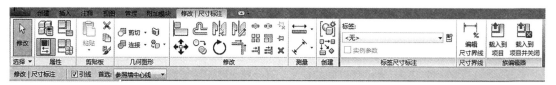

图   6-4-13

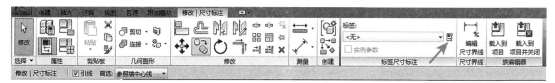

图   6-4-14

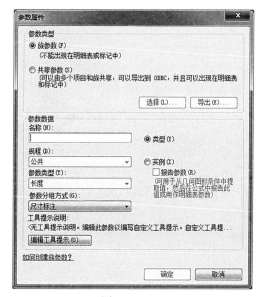

图   6-4-15

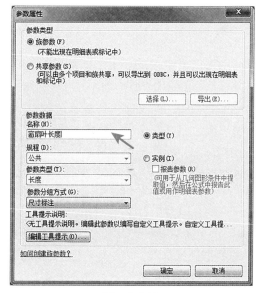

图   6-4-16

图   6-4-17

图   6-4-18

图   6-4-19

③完成以上操作，鼠标的图标将会变成"十字形"，移动至平面视图中的"中心参照平面"，如图 6-4-20 所示。

④ Revit 将会弹出"转到视图"对话框，如图 6-4-21 所示，单击选择"立面：右"，然后单击"打开视图"，如图 6-4-22 所示。

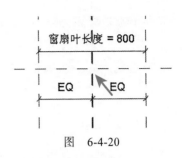

图　6-4-20

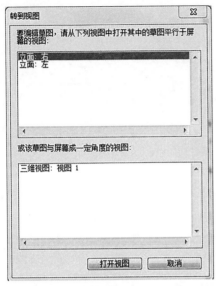

图　6-4-21

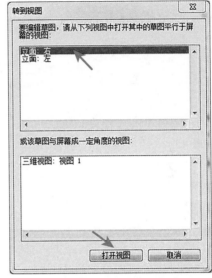

图　6-4-22

⑤完成以上操作，Revit 将会切换至"立面：右"视图，如图 6-4-23 所示。

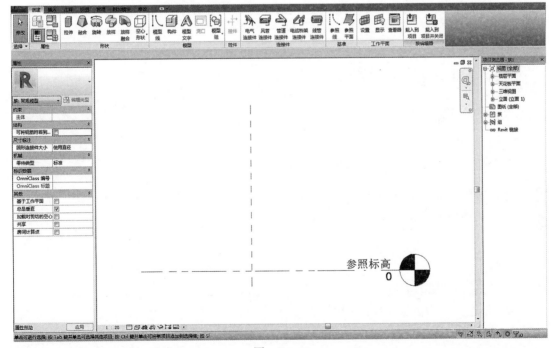

图　6-4-23

8）绘制两条45°参照平面：

①切换至"创建"选项卡→选择"基准"面板→"参照平面"工具，如图6-4-24所示。

图　6-4-24

②绘制东南方向45°参照平面：移动鼠标至视图，以"中心参照平面"与"参照标高"相交处为起点，斜向下绘制，可参考临时尺寸标注，捕捉到"45°"时，右击确定位置，如图6-4-25

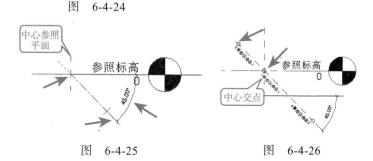

图　6-4-25　　　　图　6-4-26

所示，绘制完成，单击交点处，将参照平面向上拖拉，如图6-4-26所示。

③绘制西南方向45°参照平面：参照步骤①、②进行创建。

9）创建窗扇叶模型：采用编辑器中的"拉伸"工具进行创建。

①切换至"创建"选项卡→选择"形状"面板→"拉伸"工具，如图6-4-27所示。

图　6-4-27

②Revit将会自动切换至"修改｜创建拉伸"选项卡，选择"绘制"面板中的"拾取"工具，设置偏移量为"4"，如图6-4-28所示。

图　6-4-28

③沿着东南方向的参照平面进行绘制，如图6-4-29所示。

> 注意：窗扇叶宽度为60mm，厚度为8mm，模型以参照平面为中心进行创建，因此偏移量为宽度与厚度的一半。

④修改偏移量为"30"，沿着西南方向的参照平面进行绘制，如图6-4-30所示。

⑤采用修剪命令进行修剪：切换至"修改｜创建拉伸"选项卡→选择"修改"面板→"修剪"工具，如图6-4-31所示，修剪完成，如图6-4-32所示。

10）创建窗扇叶厚度参数：

①标注：切换至"注释"选项卡→选择"尺寸标注"面板→"对齐"工具，如图6-4-33所示。

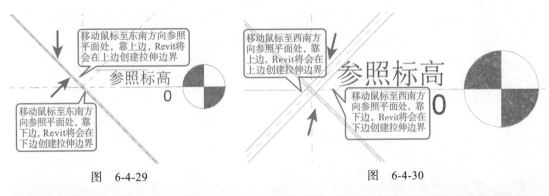

图 6-4-29   图 6-4-30

图 6-4-31

②移动鼠标至创建完成的两边参照平面进行标注，如图 6-4-34 所示，然后在两边参照平面与中心参照平面之间进行标注，如图 6-4-35 所示。

③均分约束：单击选择两边参照平面与中心参照平面的尺寸标注，将会出现"EQ"控件，如图 6-4-36 所示，单击 EQ，尺寸标注将会变成"EQ"字样，如图 6-4-37所示。

④创建窗扇叶厚度参数：

a.单击选择窗扇叶厚度的尺寸标注"8"，Revit 将会自动切换至"尺寸标注"选项卡，选择"标签尺寸标注"面板中的"创建参数"，如图 6-4-38 所示。

b.参数属性：完成以上操作，Revit 将会弹出"参数属性"对话框，如图 6-4-39 所示。

图 6-4-32

图 6-4-33

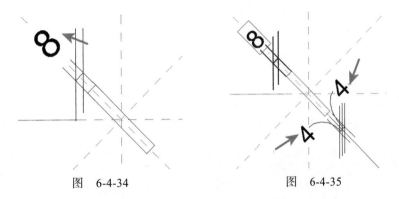

图 6-4-34   图 6-4-35

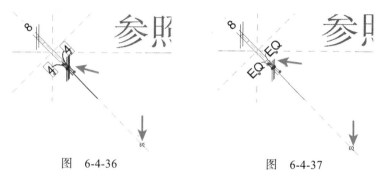

图 6-4-36　　　　　　　　　　　图 6-4-37

图 6-4-38

c.设置参数名称：在"参数属性"面板中，输入名称为"窗扇叶厚度"，单击确定，如图 6-4-40 所示。

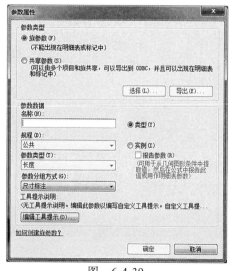 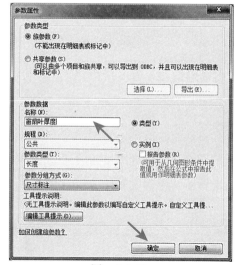

图 6-4-39　　　　　　　　　　　图 6-4-40

11）创建窗扇叶宽度参数：参照"10）创建窗扇叶厚度参数"操作步骤，创建窗扇叶宽度参数。

12）完成以上操作，单击选择"修改│编辑拉伸"选项卡→"模式"面板"完成编辑拉伸"，如图 6-4-41 所示，完成窗扇叶宽度、窗扇叶厚度参数创建。

13）创建窗扇叶长度参数：

①在项目浏览器中，双击楼层平面中的"参照标高"，切换至"参照平面"，如图6-4-42 所示，Revit 将会切换至"参照标高"楼层平面视图，如图 6-4-43 所示。

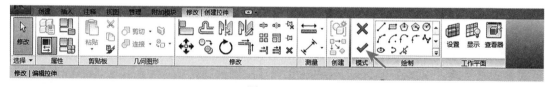

图 6-4-41

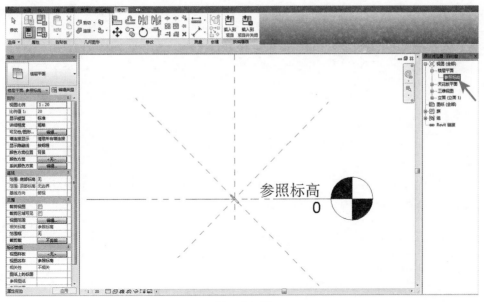

图 6-4-42

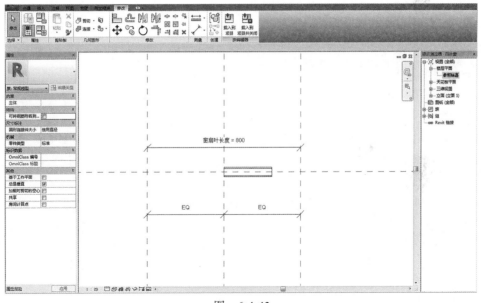

图 6-4-43

②对齐锁定模型约束：切换至"修改"选项卡，选择"修改"面板中的"对齐"工具，如图 6-4-44 所示。

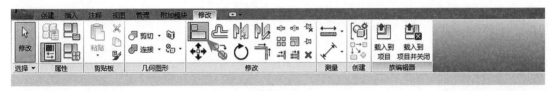

图 6-4-44

③移动鼠标至视图中，单击左边参照平面，再单击模型的左边线，如图 6-4-45 所示，此时，模型将会自动对齐到左边参照平面，并锁定于参照平面上，如图 6-4-46 所示。

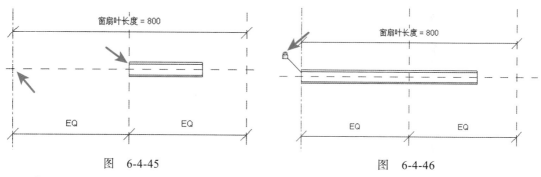

图 6-4-45   图 6-4-46

④移动鼠标至视图中，单击右边参照平面，再单击模型的右边线，如图 6-4-47 所示，此时，模型将会自动对齐到右边参照平面，并锁定于参照平面上，如图 6-4-48 所示。

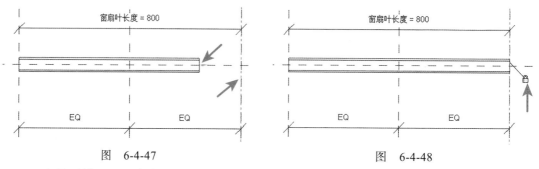

图 6-4-47   图 6-4-48

14）检测模型是否参数化：切换至"修改"选项卡→选择"属性"面板→单击"族类型"工具，Revit 将会弹出"族类型"对话框，单击"应用"如果没有弹出"警告"对话框提示错误，表示族创建成功。

15）单击快速访问栏中的"保存"按钮，将创建完成的模型保存，如图 6-4-49 所示。保存名称为"百叶窗扇叶"。

图 6-4-49

（2）创建百叶窗：百叶窗族可由"嵌套族"进行创建，嵌套族可以在族中嵌套（插入）其他族，以创建包含合并族几何图形的新族。与此同时，可将嵌套的族中的参数，关联到新族中，使嵌套族在新族中同样可以参数化控制。

1）选择族样板：启动 Revit 软件，单击应用程序菜单下拉列表，选择"新建"→"族"命令，Revit 将会弹出"新族 - 选择样板文件"对话框中，选择族样板为"公制窗"。

2）设置参照平面：在创建窗框时，需要设置创建的工作平面，创建窗族，一般情况下需要在立面进行操作，在 Revit 默认启动的族编辑器中，打开的是"参照标高"平面视图，拾取楼层平面中的"水平参照平面"，将视图切换至"立面：内部"立面视图。

3）创建百叶窗窗框模型：采用编辑器中的"拉伸"工具进行创建。

①切换至"创建"选项卡→选择"形状"面板→"拉伸"工具，如图 6-4-50 所示。

图　6-4-50

②Revit将会自动切换至"修改｜创建拉伸"选项卡，选择"绘制"面板→"矩形"工具，如图 6-4-51 示。

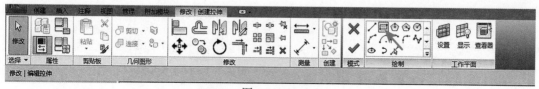

图　6-4-51

③设置拉伸起点与终点：由于参照平面设置为中心参照平面，厚度为100mm，创建模型的拉伸终点应为"50"、拉伸起点应为"–50"。在属性面板中设置参数，如图 6-4-52 所示。

④绘制门扇外围轮廓草图：移动鼠标至立面视图中绘制矩形，并锁定其四边，如图 6-4-53 所示。

⑤绘制窗扇内围轮廓草图：由于窗扇的截面为100mm×50mm，重复用"矩形"工具，进行绘制时，需要在选项栏中，设置偏移量为"–50"，如图 6-4-54 所示。

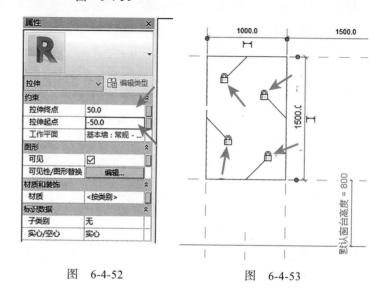

图　6-4-52　　　　　图　6-4-53

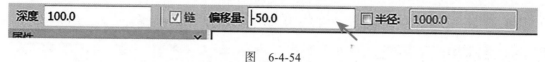

图　6-4-54

重复用"矩形"工具绘制矩形，在图 6-4-53 相同的位置，从左上角往右下角进行绘制，如图 6-4-55 所示，绘制完成并锁定其四边，如图 6-4-56 所示。

⑥对草图进行尺寸标注：切换至"注释"选项卡→选择"尺寸标注"面板→"对齐"工具，如图 6-4-57 所示，添加 4 个尺寸标注，在两个草图边界之间进行标注，如图 6-4-58 所示。

⑦添加百叶窗窗框宽度参数：

a.选择 4 个尺寸标注，可通过 Ctrl+ 鼠标进行加选，如图 6-4-59 所示。

b.在选择 4 个尺寸标注后，Revit 将会自动切换至"尺寸标注"选项卡，如图 6-4-60 所示。

c.创建参数：完成以上操作，移动鼠标至"尺寸标注"选项卡→选择"标签尺寸标注"面板→"创建参数"工具，如图 6-4-61 所示。

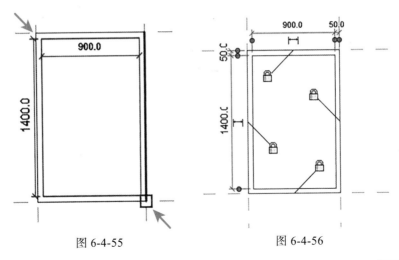

图 6-4-55   图 6-4-56

图　6-4-57

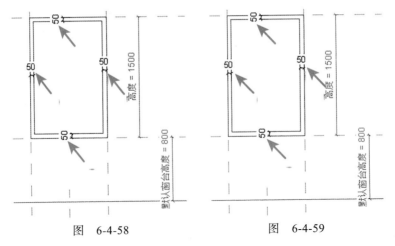

图　6-4-58   图　6-4-59

图　6-4-60

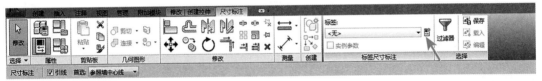

图　6-4-61

d. 参数属性：完成以上操作，Revit 将会弹出"参数属性"对话框，如图 6-4-62 所示。

e. 设置参数名称：在"参数属性"面板中，输入名称为"百叶窗窗框宽度"，单击确定，完成所有操作，如图 6-4-63 所示。

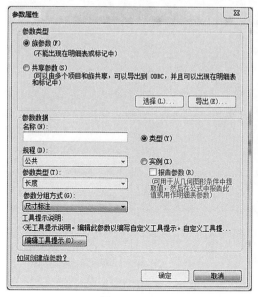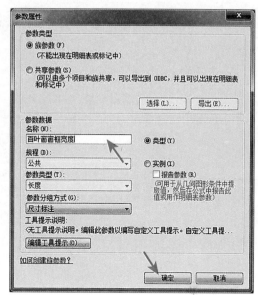

図　6-4-62　　　　　　　　　　図　6-4-63

f. 完成以上操作，移动鼠标至"修改｜创建拉伸"选项卡→选择"模式"面板→"完成编辑模式"工具，完成模型创建，如图 6-4-64 所示。

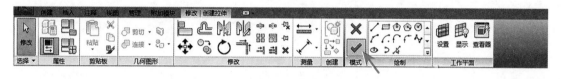

図　6-4-64

（3）创建百叶窗扇叶参照平面：为了百叶窗扇叶可以进行参数化控制，在进行嵌套设置时，需要创建参照平面，使百叶窗扇叶约束于参照平面上，再使用阵列命令，使扇叶个数可以通过参数控制。

1）创建百叶窗边参照平面：

①切换至"创建"选项卡，选择"基准"面板中的"参照平面"工具，如图 6-4-65 所示。

図　6-4-65

②完成以上操作，Revit 将会切换至"修改｜放置参照平面"选项卡，选择"绘制"面板中的"拾取"工具，修改选项栏中的偏移量为"50"，如图 6-4-66 所示。

③绘制参照平面：移动鼠标至视图中，拾取窗顶部的参照平面，如图 6-4-67 所示，创建完成，如图 6-4-68 所示。

④参照平面锁定于窗边缘：切换至"修改"选项卡，选择"修改"面板中的"对齐"工具，如图 6-4-69 所示。

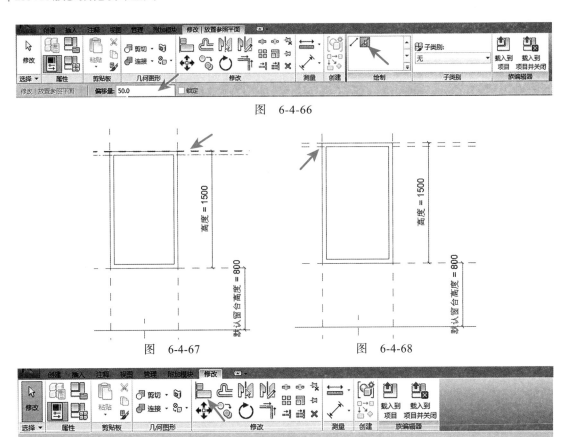

图　6-4-66

图　6-4-67　　　　　　　　图　6-4-68

图　6-4-69

⑤对齐锁定：移动鼠标至参照平面处单击，再单击窗边缘处，此时会出现"锁定"控件，如图6-4-70所示，单击"锁定"控件，进行约束，如图6-4-71所示。

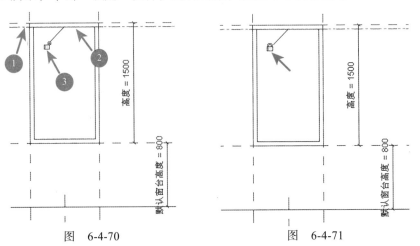

图　6-4-70　　　　　　　　图　6-4-71

2）创建上百叶窗参照平面：

①重复"1）创建百叶窗边参照平面→①"，Revit将会切换至"修改│放置参照平面"选项卡，选择"绘制"面板中的"拾取"工具，修改选项栏中的偏移量为"80"，如图6-4-72所示。

②绘制参照平面：移动鼠标至视图中，拾取窗框边的参照平面，如图6-4-73所示，创建完成如图6-4-74所示。

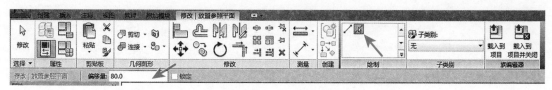

图　6-4-72

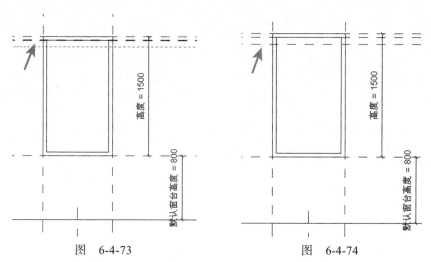

图　6-4-73　　　　　　　　　　图　6-4-74

3）创建下百叶窗参照平面：参照"1）创建百叶窗边参照平面、2）创建上百叶窗参照平面"进行创建，创建完成，如图 6-4-75、图 6-4-76 所示。

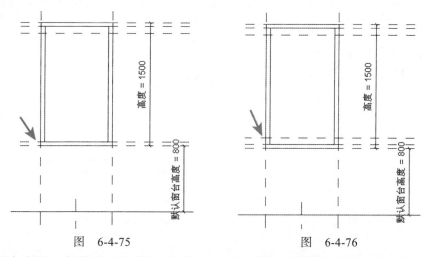

图　6-4-75　　　　　　　　　　图　6-4-76

4）添加标注：切换至"注释"选项卡，选择"尺寸标注"中的"对齐"工具，如图 6-4-77 所示，对窗顶参照平面与窗框边参照平面进行标注，如图 6-4-78 所示，对上参照平面、下参照平面与窗框边的距离进行标注，如图 6-4-79 所示。

图　6-4-77

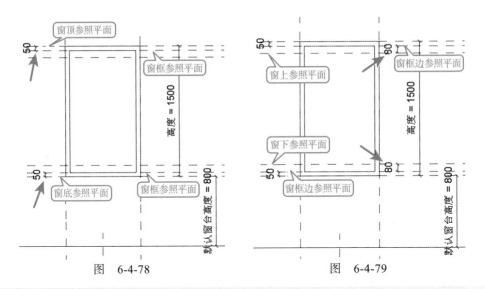

图 6-4-78   图 6-4-79

此处标注的"50",是使窗顶参照平面与窗框边参照平面进行约束,可满足后期参数修改时,使百叶窗可以参数化控制。

5)创建边距参数:

①选择标注:单击选择"80"的尺寸标注,Revit将会自动切换至"修改|尺寸标注"选项卡,选择"标签尺寸标注"面板中的"创建参数",如图6-4-80所示。

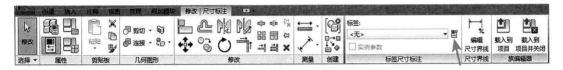

图   6-4-80

②参数属性:完成以上操作,Revit将会弹出"参数属性"对话框,如图6-4-81所示。

③设置参数名称:在"参数属性"面板中,输入名称为"边距",单击确定,如图6-4-82所示。

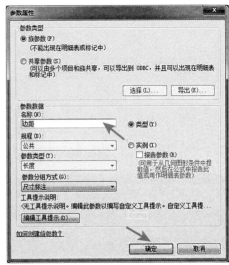

图   6-4-81   图   6-4-82

6）载入百叶窗扇叶：

①在项目浏览器中，双击楼层平面中的"参照标高"，切换至"参照平面"，将视图切换至"参照标高"楼层平面视图。

②切换至"百叶窗扇叶族"：移动鼠标至"快速访问栏"中的"切换窗口"，将窗口切换至"百叶窗扇叶族"工作环境下，如图 6-4-83 所示。

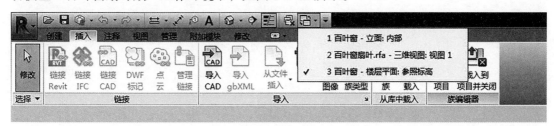

图　6-4-83

③切换至"创建"选项卡，选择"族编辑器"面板中的"载入到项目"工具，如图 6-4-84 所示。

图　6-4-84

7）放置百叶窗：切换至"创建"选项卡，选择"模型"面板中的"构件"工具，如图 6-4-85 所示。

图　6-4-85

完成以上操作，鼠标光标将会变成附有"百叶窗扇叶"的光标，移动光标至视图中心位置进行放置，如图 6-4-86 所示，放置完成后，右击选择"取消"或是按"Esc"两次。

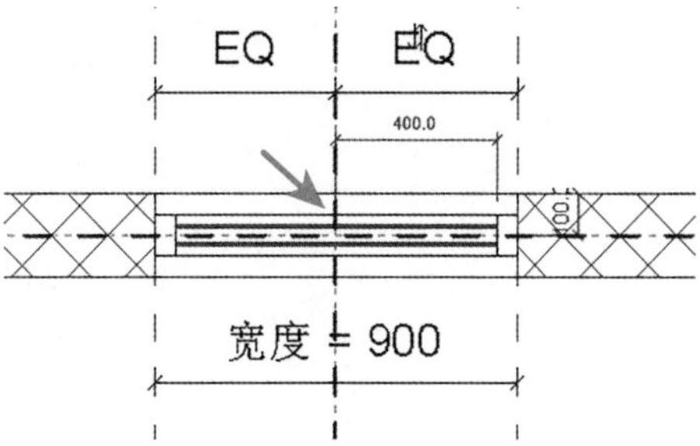

8）切换至"左"立面视图：在项目浏览器中，双击立面中的"左"，切换至"左"立面视图，如图 6-4-87 所示，Revit 将会切换至"左"立面视图，如图 6-4-88 所示。

9）移动百叶窗扇叶至"窗下参照平面"：

①选择百叶窗扇叶：在视图中，选择"百叶窗扇叶"，Revit 将会切换至"修改｜常规模型"选项卡，单击"修改"面板中的"移动"工具，勾选"约束"，如图 6-4-89 所示。

②捕捉百叶窗最低点：将"百叶窗扇叶"族移动至如图 6-4-90 所示的位置，首先需要捕捉百叶窗最低点，如图 6-4-91 所示，移动至"窗下参照平面"位置，如图 6-4-92 所示。

③锁定到参照平面上：切换至"修改"选项卡，选择"修改"面板中的"对齐"工具，如图 6-4-93 所示。

图　6-4-86

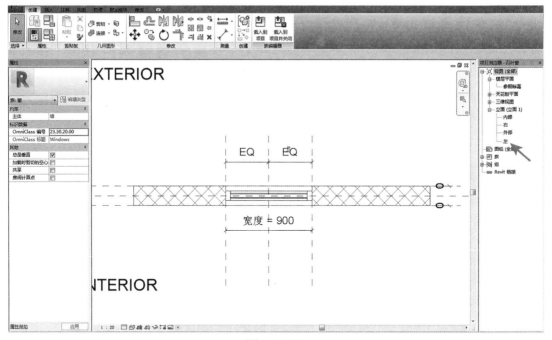

图　6-4-87

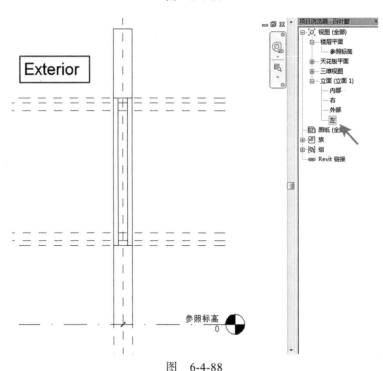

图　6-4-88

图　6-4-89

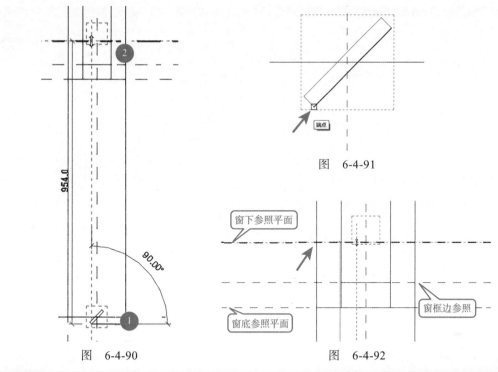

图 6-4-90　　　　　　　　　　　图 6-4-92

图 6-4-91

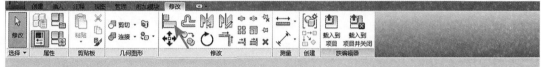

图 6-4-93

④对齐锁定：移动鼠标至窗下参照平面处单击，再移动至"百叶窗扇叶"边，采用"Tab"键进行循环切换，切换至窗扇叶最底点时，此时会出现"锁定"控件，如图 6-4-94 所示，单击"锁定"控件，如图 6-4-95 所示。

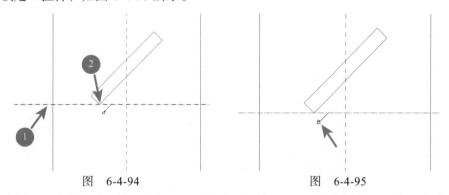

图 6-4-94　　　　　　　　　　图 6-4-95

⑤阵列"百叶窗扇叶"族：选择"百叶窗扇叶"族，Revit 将会切换至"修改｜常规模型"选项卡，选择"修改"面板中的"阵列"工具，将选项栏中的"移动到"修改为"最后一个"，如图 6-4-96 所示。

⑥移动鼠标至"百叶窗扇叶"族边，单击百叶窗扇叶最顶点，如图 6-4-97 所示，将其移动至"扇上参照平面"，单击鼠标右键确定其位置，如图 6-4-98 所示，单击确定，在两个族中间将会出现"文字编辑框"，如图 6-4-99 所示。

图 6-4-96

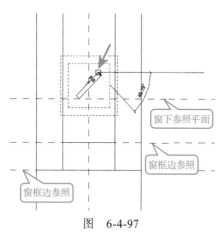

图 6-4-97

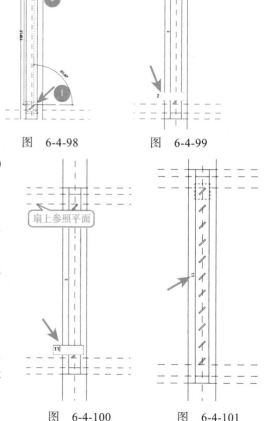

图 6-4-98　　　图 6-4-99

⑦修改编辑框中的数字为11，如图6-4-100所示，查看族是否阵列成功，如图6-4-101所示。

⑧对齐锁定：移动鼠标至窗下参照平面处单击，再移动至"百叶窗扇叶"边，采用"Tab"键进行循环切换，切换至窗扇叶最底点时，此时会出现"锁定"控件，如图6-4-102所示，单击"锁定"控件，如图6-4-103所示，完成后，右击选择"取消"或是按"Esc"键两次。

⑨创建参数：单击"阵列"，在已经完成阵列族旁边会出现"标签"，选择"11"Revit将会切换至"修改 | 阵列"选项卡，在"修改 | 阵列"选项栏中，单击"标签"中的"添加参数"工具，如图6-4-104所示。

图 6-4-100　　　图 6-4-101

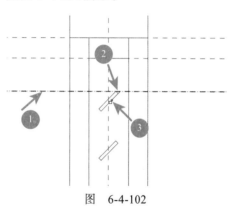

图 6-4-102

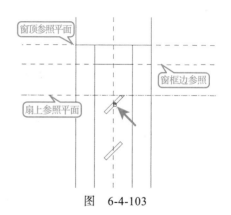

图 6-4-103

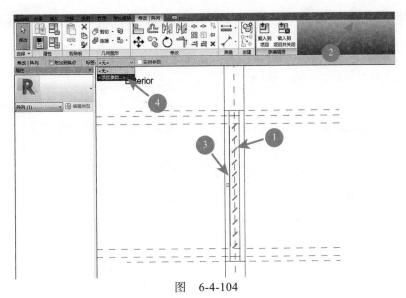

图 6-4-104

⑩参数属性：完成以上操作，Revit 将会弹出"参数属性"对话框，如图 6-4-105 所示，在"参数属性"对话框中，输入名称为"百叶窗扇叶"，单击确定，如图 6-4-106 所示。

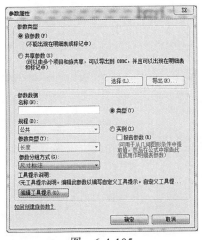

图 6-4-105

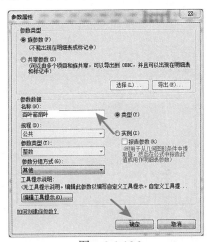

图 6-4-106

（4）设置关联参数：

1）在项目浏览器中，单击"族"→"常规模型"→"百叶窗扇叶"，如图 6-4-107 所示，右击选择"类型属性"，如图 6-4-108 所示。

2）Revit 将会弹出"类型属性"对话框，如图 6-4-109 所示，将类型属性中的参数全部关联到百叶窗中，单击"材质"后面的关联参数按钮，如图 6-4-110 所示。

3）Revit 将会弹出"关联族参数"对话框，如图 6-4-111 所示，由于百叶窗扇叶"材质"可以与百叶窗"材质"参数关联，选择"材质"参数，单击确定，如图 6-4-112 所示。

图 6-4-107　　图 6-4-108

209

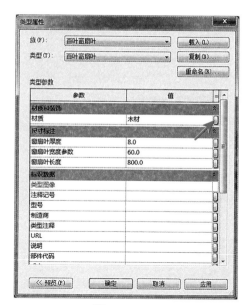

图　6-4-109　　　　　　　　　　图　6-4-110

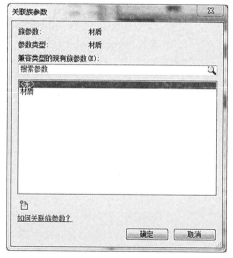

图　6-4-111

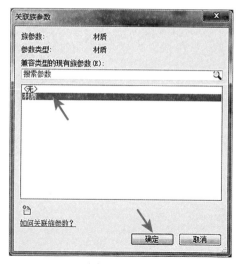

图　6-4-112

4）关联"窗扇叶厚度"参数：单击"窗扇叶厚度"后面的关联参数按钮，如图6-4-113所示，Revit将会弹出"关联族参数"对话框，由于百叶窗没有此参数，因此，单击"新建参数"，创建"窗扇叶厚度"参数，如图6-4-114所示。

单击确定之后，Revit将会弹出"参数属性"对话框，如图6-4-115所示，在"参数属性"对话框中，输入名称为"窗扇叶厚度"，单击确定，完成所有操作，如图6-4-116所示。

5）关联"窗扇叶宽度"参数：请参照"（4）设置关联参数"操作进行创建。

6）关联"窗扇叶长度"参数：请参照"（4）设置关联参数"操作进行创建。

7）完成所有操作，单击"关联参族数"中的"确定"，完成关联族参数，如图6-4-117所示，再次单击"类型属性"中的"确定"，完成所有"关联参数"设置，如图6-4-118所示。

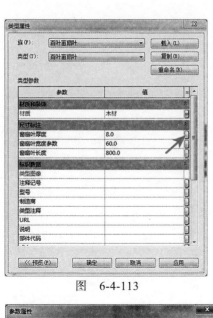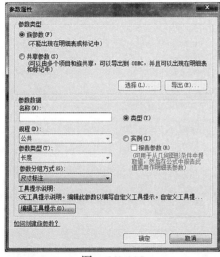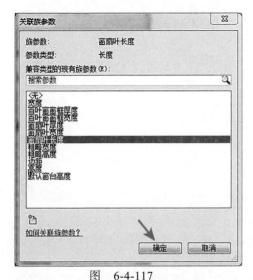

图 6-4-113

图 6-4-114

图 6-4-115

图 6-4-116

图 6-4-117

图 6-4-118

（5）修改参数：测试族是否参数化。

1）切换至"修改"选项卡→选择"属性"面板→单击"族类型"工具，如图 6-4-119 所示。

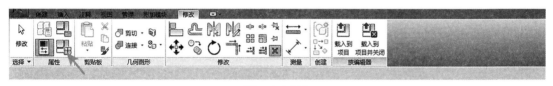

图　6-4-119

2）完成以上操作，Revit 将会弹出"族类型"对话框，如图 6-4-120 所示。

3）添加公式：在"窗扇叶长度"后面添加参数为"宽度 –2* 百叶窗窗框宽度"，修改宽度为 900mm，高度为 1200mm，百叶窗扇叶数为 16，单击"应用"，如果没有弹出"警告"对话框提示错误，表示族创建成功，如图 6-4-121 所示。

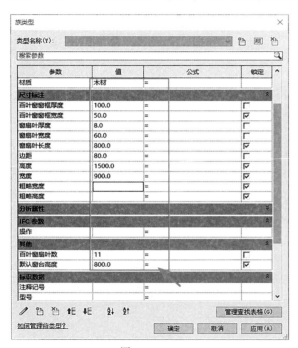

图　6-4-120

图　6-4-121

课后练习

1. 打开资料文件夹中"第 6 章"→"6.4 节"→"完成文件夹"→"百叶窗（阵列族）"项目文件，进行参考练习。

2. 请根据"6.4 百叶窗（阵列族）"操作步骤，创建百叶窗（阵列族）。

6.5 创建人物族

本节以人物族为例，讲解创建人物族的步骤，以及如何设置人物族。

（1）新建族：单击 Revit 初始界面的"应用程式菜单栏"按钮→"新建"→"族"。

（2）选择族样板：Revit 将会弹出"新族 - 选择样板文件"对话框，选择族样板为"公制 RPC 族"，单击打开按钮，如图 6-5-1 所示。

图　6-5-1

（3）调节渲染效果：在平面视图中选择"渲染外观：Alex"，可以发现"属性"栏中的"渲染外观属性"及"渲染外观"参数都已被关联，如图 6-5-2 所示。

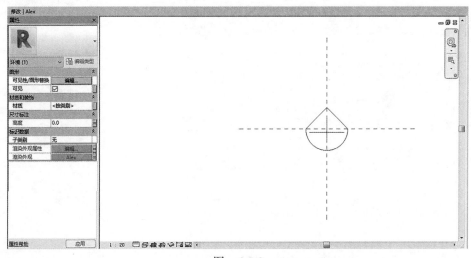

图　6-5-2

（4）修改 RPC 族外观：单击"族类型"，在族类型对话框中选择"渲染外观"选项的"Alex"按钮，如图 6-5-3 所示。

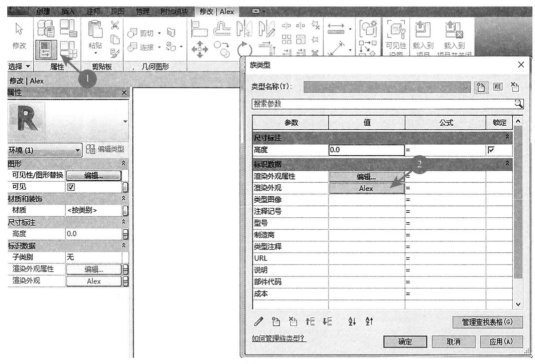

图　6-5-3

（5）完成以上操作，Revit 将会弹出的"渲染外观库"对话框中，选择任意 RPC 人物，如图 6-5-4 所示。

（6）完成后载入至项目中测试，采用渲染模式测试，如图 6-5-5 所示。

图　6-5-4　　　　　　　　　　　　　　　　　图　6-5-5

（7）单击快速访问栏中的"保存"按钮，将创建完成的模型保存名称为"RPC 人物族"。

1．打开资料文件夹中"第 6 章"→"6.5 节"→"完成文件夹"→"RPC 人物族"项目文件，进行参考练习。

2．请根据"6.5 人物族"操作步骤，创建人物族。

6.6　创建植物族

本节以植物族为例，讲解如何利用公制植物的样板文件进行创建，这是一种以实体模型创建出来的植物，创建植物族与创建人物族操作基本一致，只需要在设置渲染库时，选择"植物"为对象即可。

（1）新建族：单击 Revit 初始界面的"应用程式菜单栏"按钮→"新建"→"族"。

（2）选择族样板：Revit 将会弹出"新族 - 选择样板文件"对话框，选择族样板为"公制植物"，单击"打开"，如图 6-6-1 所示。

图　6-6-1

（3）设置参照平面：在创建植物族时，需要设置创建的工作平面，一般情况下需要在立面进行操作，在 Revit 默认启动的族编辑器中，打开的是"参照标高"的平面视图。

1）切换至"创建"选项卡→选择"工作平面"面板→"设置"工具，如图 6-6-2 所示。

图 6-6-2

2）完成以上操作，Revit 将会弹出"工作平面"对话框，如图 6-6-3 所示，在"指定新的工作平面"中，选择"拾取一个平面"，单击确定，如图 6-6-4 所示。

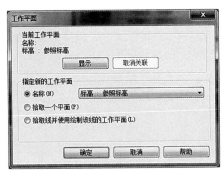

图 6-6-3

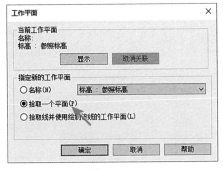

图 6-6-4

3）完成以上操作，鼠标的图标将会变成"十字形"，移动光标至平面视图中的"水平中心"的参照平面，如图 6-6-5 所示。

4）Revit 将会弹出"转到视图"对话框，如图 6-6-6 所示，单击选择"立面：前"，单击"打开视图"，如图 6-6-7 所示。

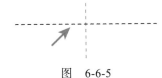

图 6-6-5

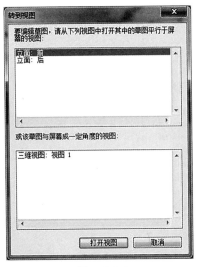

图 6-6-6

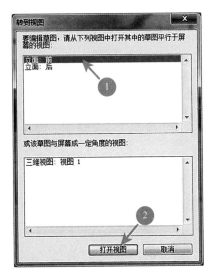

图 6-6-7

（4）创建植物树干模型：采用旋转工具。

1）选择工具：切换至"创建"选项卡→选择"形状"面板→"旋转"工具，如图 6-6-8 所示。

2）绘制边界工具：Revit 将会自动切换至"修改｜创建旋转"选项卡，选择"绘制"面板→"边界线"→"直线""起点 - 终点 - 半径弧"工具，如图 6-6-9 所示。

图　6-6-8

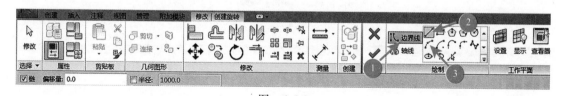

图　6-6-9

3）绘制轮廓：通过绘制工具，按照图 6-6-10 所示的轮廓绘制树干轮廓，绘制完成如图 6-6-11 所示。

4）绘制轴线：完成边界创建，选择"绘制"面板→"直线"工具，根据视图中的步骤绘制轴线，在属性面板中的"约束"选项栏中设置结束角度为 360° 起始角度为 0°，如图 6-6-12 所示。

5）完成模型：完成以上操作，移动鼠标至"修改 | 创建旋转"选项卡→选择"模式"面板→"完成编辑模式"工具，完成模型创建，如图 6-6-13 所示。

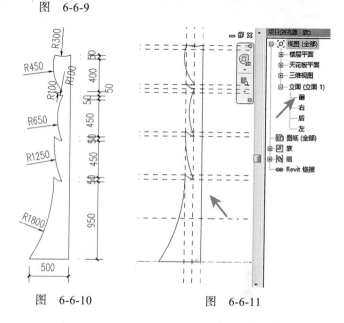

图　6-6-10　　　　　　图　6-6-11

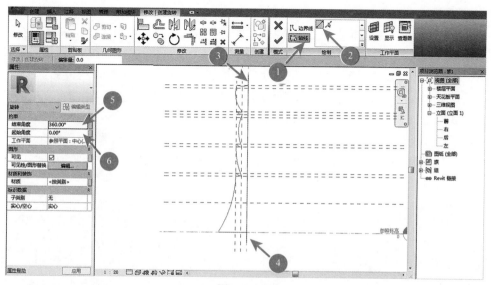

图　6-6-12

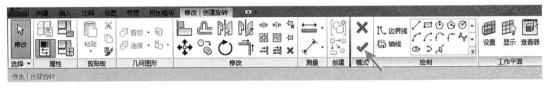

图 6-6-13

（5）创建树枝模型：采用拉伸工具，再通过复制旋转模型生成树枝群。

1）选择工具：切换至"创建"选项卡→选择"形状"面板→"拉伸"工具，如图6-6-14。

图 6-6-14

2）Revit将会自动切换至"修改 | 创建拉伸"选项卡，如图6-6-15所示。

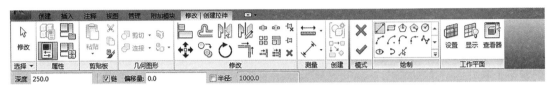

图 6-6-15

3）绘制轮廓：在绘制轮廓时，可以通过插入DWG图块，Revit将会根据DWG文件自动生成拉伸轮廓，切换至"插入"选项卡→选择"导入"面板→"导入CAD"工具，如图6-6-16所示。

图 6-6-16

完成之后，Revit将会自动弹出"导入CAD格式"对话框，将文件切换至"第6章"→"练习文件"→选择"树枝.dwg"文件，单击"打开"，如图6-6-17所示。

4）完成以上操作，在属性面板中的"约束"选栏中设置拉伸终点为"50"，拉伸起点为"–50"，移动鼠标至"修改 | 拉伸 > 编辑拉伸"选项卡→选择"模式"面板→"完成编辑模式"工具，完成模型创建，如图6-6-18所示。

（6）移动树枝模型：创建完成，将树枝模型移动至中心位置。

选择树枝模型，Revit将会自动切换至"修改 | 拉伸"选项卡，选择"修改"面板→"移动"工具，将模型移动至树干位置，如图6-6-19所示。

（7）复制旋转树枝模型：

1）选择旋转：在"项目浏览器"中，双击"天花板平面"中的"参照标高"，将视图切换至"参照平面"天花板平面视图，选择模型，Revit将会自动切换至"修改 | 拉伸"选项卡，选择"修改"面板→"旋转"工具，单击选择"修改 | 拉伸"选项栏中→"旋转中心：地点"工具，如图6-6-20所示。

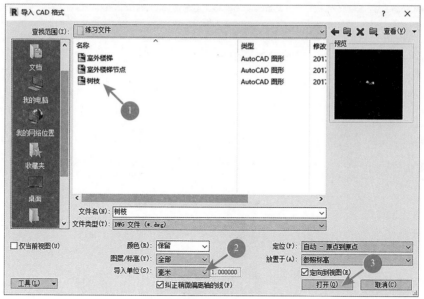

图　6-6-17

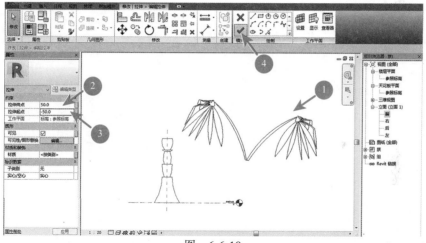

图　6-6-18

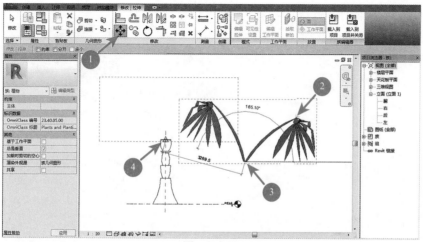

图　6-6-19

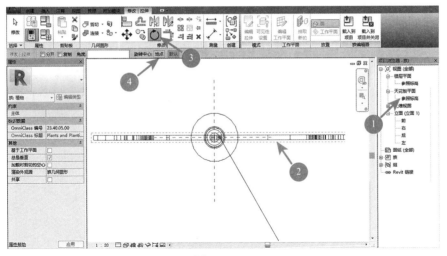

图　6-6-20

2）定位旋转中心：完成以上操作，勾选"修改 | 拉伸"选项栏中的复制，移动鼠标至模型中心点，旋转角度为 31°，完成后如图 6-6-21 所示。

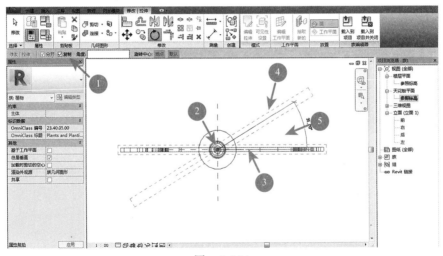

图　6-6-21

（8）参照"（7）复制旋转树枝模型"操作，将所有树枝复制完成，旋转角度任意。

（9）完成所有操作，如图 6-6-22 所示。

（10）保存模型：单击快速访问栏中的"保存"按钮，将创建完成的模型保存名称为棕榈树。

图　6-6-22

1. 打开资料文件夹中"第6章"→"6.6节"→"完成文件夹"→"RPC植物族"项目文件，进行参考练习。

2. 请根据"6.6 植物族"操作步骤，创建植物族。

7

第 7 章

创建结构族

课程概要：

　　本章将以结构专业中常用的族为例进行详细讲解，介绍矩形柱子族、梁族、基础族的创建过程与方法，进一步认识族编辑器的各个功能，柱、梁、基础族是结构设计中常用的三维构件族。

　　本章内容将以结构矩形柱子、矩形梁、异形梁、杯口独立基础族为实例详细介绍结构族的创建步骤，在 Revit 中如何创建族，如何选择正确的族样板、族类型，详细讲解族的操作步骤，参数化驱动，以及如何将族应用于实际项目中。

课程目标：

- 对族编辑器中的各个功能有进一步的认识
- 了解如何创建柱子
- 了解如何创建矩形梁
- 了解如何创建杯口独立基础
- 掌握族的具体操作步骤，创建方法

7.1 结构矩形柱子

柱是用来支承上部结构并将荷载传至基础的竖向构件，本节讲解的是矩形柱子族的创建步骤，创建实体时，对原有族样板进行修改，用"拉伸"工具进行柱子形体的创建，添加材质参数。

结构矩形柱子要求：矩形柱子宽度为 600mm，深度为 600mm，材质为钢筋混凝土。

（1）新建族：

1）启动 Revit 软件，在"最近使用的文件"界面的族栏目中，选择"新建"，如图 7-1-1 所示。

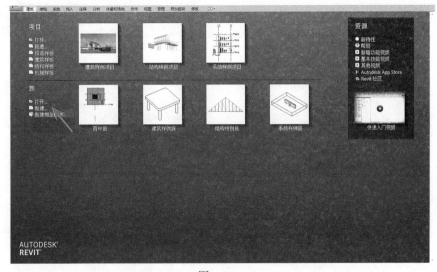

图 7-1-1

2）选择族样板：Revit 将会弹出"新族 - 选择样板文件"对话框，如图 7-1-2 所示。

图 7-1-2

3）选择族样板为"公制结构柱"，单击打开按钮，如图 7-1-3 所示。

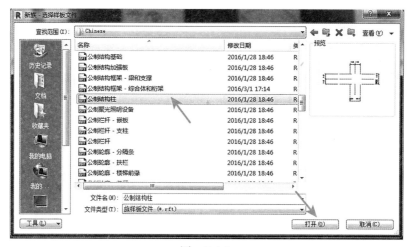

图 7-1-3

4）完成以上操作，Revit 将会启动族编辑器工作界面，如图 7-1-4 所示。

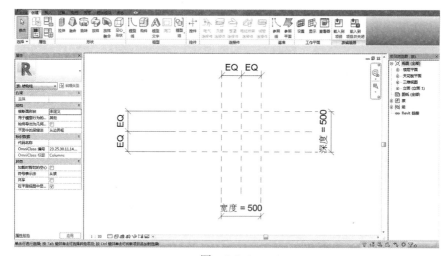

图 7-1-4

（2）创建柱子轮廓：采用编辑器中的"拉伸"工具进行创建。

1）切换至"创建"选项卡→选择"形状"面板→"拉伸"工具，如图 7-1-5 所示。

图 7-1-5

2）Revit 将会自动切换至"修改｜创建拉伸"选项卡，如图 7-1-6 所示。

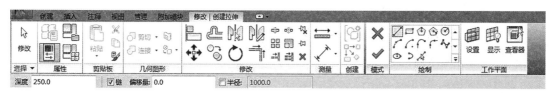

图 7-1-6

3）选择"绘制"面板→"矩形"工具，如图 7-1-7 所示。

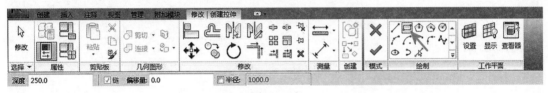

图　7-1-7

注：在选择"矩形"工具后，鼠标的图标变成"矩形"。

4）绘制轮廓：移动鼠标至"低于参考标高"视图，在视图中绘制矩形，如图 7-1-8 所示。

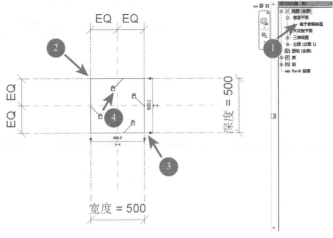

图　7-1-8

5）创建材质参数：单击"属性"编辑器→"材质和装饰"实例属性中的"材质"值，如图 7-1-9 所示，Revit 将会弹出"关联族参数"对话框，如图 7-1-10 所示。

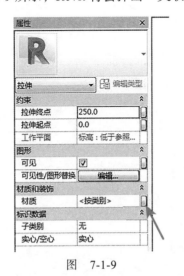

图　7-1-9　　　　　　　　　　　图　7-1-10

6）完成以上操作，右击选择"取消"或是按"Esc"键两次，移动至"修改 | 创建拉伸"选项卡→选择"模式"面板→"完成编辑模式"工具，完成模型创建，如图 7-1-11 所示。

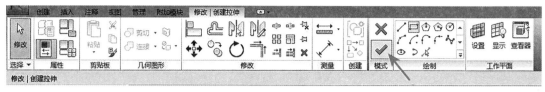

图 7-1-11

（3）添加混凝土材质：切换至"创建"选项卡→选择"属性"面板→"族类型"工具，在"族类型"中的"结构材质"值进行材质设置。

（4）参照标高约束：

1）在项目浏览器中，双击立面中的"前"，切换至"前"立面视图，如图 7-1-12 所示。

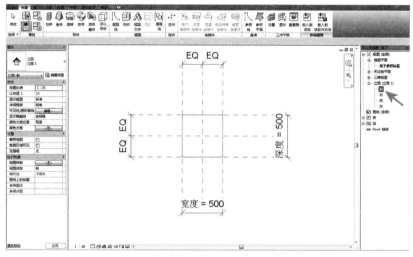

图 7-1-12

2）对齐锁定：Revit 将会切换至"前"立面视图，切换至"修改"选项卡，选择"修改"面板中的"对齐"工具，移动鼠标至视图中，单击"高于参照标高"，再单击模型顶部边线，如图 7-1-13 所示；此时，模型将会自动对齐到"高于参照标高"，如图 7-1-14 所示，并锁定于参照平面上，如图 7-1-15 所示。

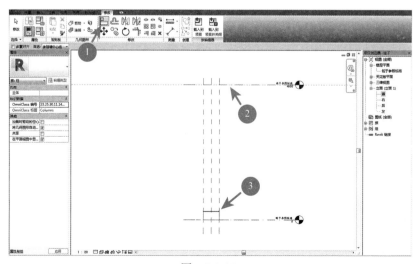

图 7-1-13

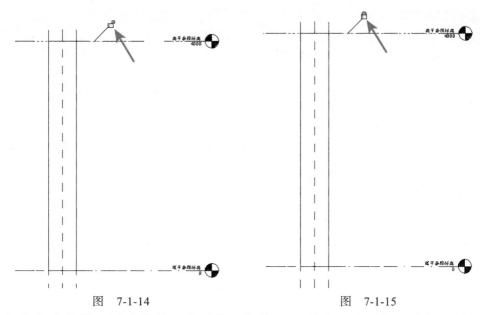

图 7-1-14 图 7-1-15

（5）修改参数：测试族是否参数化，切换至"创建"选项卡→选择"属性"面板→"族类型"工具，如图 7-1-16 所示。

图 7-1-16

完成以上操作，Revit 将会弹出"族类型"对话框，如图 7-1-17 所示，修改宽度为"600"，深度为"600"，单击"应用"，如果没有弹出"警告"对话框提示错误，表示族创建成功，如图 7-1-18 所示。

图 7-1-17

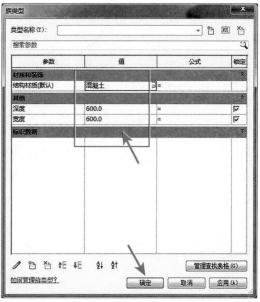

图 7-1-18

（6）设置横截面形状：单击"属性"编辑器→"结构"实例属性中的"横截面形状"值，如图 7-1-19 所示，Revit 将会弹出"结构剖面属性"对话框，选择"矩形"形状，单击"确定"，如图 7-1-20 所示。

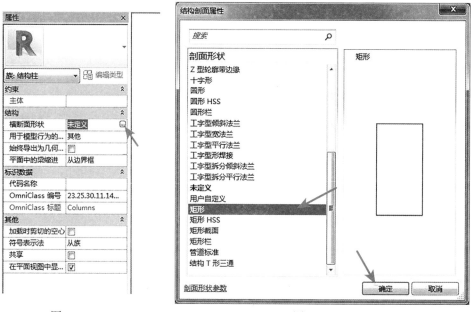

图 　7-1-19　　　　　　　　　　　　　　图 　7-1-20

（7）用于模型行为的材质：单击"属性"编辑器→"结构"实例属性中的"用于模型行为的材质"后面的下拉列表，如图 7-1-21 所示，选择"混凝土"，如图 7-1-22 所示。

图 　7-1-21　　　　　　　　　图 　7-1-22

1. 打开资料文件夹中"第 7 章"→"7.1 节"→"完成文件夹"→"结构矩形柱子"项目文件，进行参考练习。

2. 请根据"7.1 结构矩形柱子"操作步骤，创建结构矩形柱子。

7.2　矩形梁

本节将以创建混凝土矩形梁为例，讲述如何创建一个混凝土结构框架族，您需要掌握创建矩形梁族的步骤，创建实体时，对原有族样板进行修改，用"放样"工具进行柱子形体创建，添加材质参数。

矩形梁要求：宽度 b 为 500mm，高度 h 为 800mm，材质为钢筋混凝土。

（1）新建族：

1）单击 Revit 初始界面的"应用程式菜单栏"按钮→"新建"→"族"。

2）选择族样板：Revit 将会弹出"新族 - 选择样板文件"对话框，选择"公制结构框架 - 梁和支撑"，如图 7-2-1 所示。

图　7-2-1

3）单击"打开"按钮，Revit 将会启动族编辑器工作界面，如图 7-2-2 所示。

4）设置"属性"编辑器中，修改"横截面形状"为"矩形"，修改"用于模型行为的材质"为"混凝土"，修改"图形"中的"显示在隐藏视图中"为"被其他构件隐藏的边缘"，修改"其他"中的"符号表示法"为"从族"，如图 7-2-3 所示。

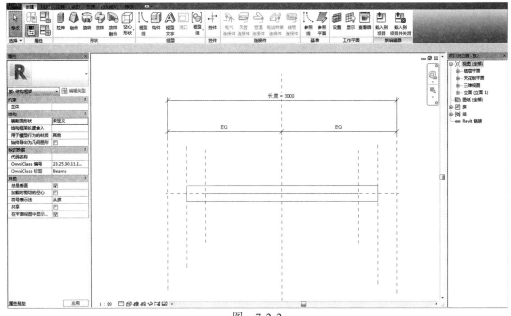

图　7-2-2

图　7-2-3

注：为方便用户使用，样板文件中已经预先绘制好一个矩形模型，用户在创建不同截面形状的梁时可将其自行删除。

（2）创建柱子轮廓：采用编辑器中的"放样"工具进行创建。

1）切换至"创建"选项卡→选择"形状"面板→"放样"工具，如图 7-2-4 所示。

2）Revit 将会自动切换至"修改│放样"选项卡，单击选择"放样"面板中的"绘制路径"，如图 7-2-5 所示。

图　7-2-4

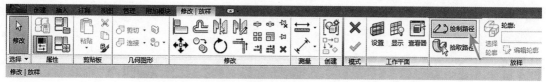

图　7-2-5

3）Revit 将会自动切换至"修改｜放样 > 绘制路径"选项卡，选择"直线"工具，如图 7-2-6 所示。

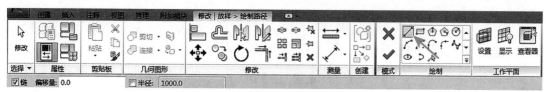

图　7-2-6

4）移动鼠标至视图中，拾取路径，并单击"锁定"工具，将路径及其端点与参照平面锁定，这点很重要，没有锁定的话，将来在项目文件中绘制梁时将会出现错误的行为，如图 7-2-7 所示。

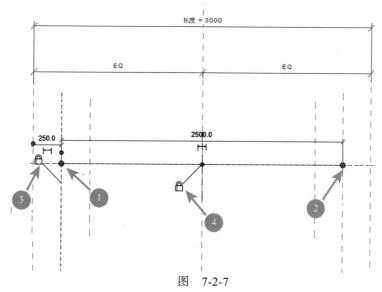

图　7-2-7

5）完成以上操作，绘制完成后，右击选择"取消"或是按"Esc"键两次，移动至"修改｜放样 > 绘制路径"选项卡→选择"模式"面板→"完成编辑模式"工具，完成路径创建，如图 7-2-8 所示。

（3）创建梁轮廓：

1）单击"完成编辑模式"之后，Revit 将会切换至"修改｜放样"选项卡，选择"编辑轮廓"工具，如图 7-2-9 所示。

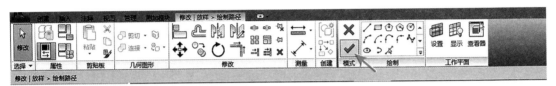

图 7-2-8

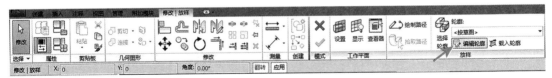

图 7-2-9

2）选择"转到视图"：完成以上操作，Revit 将会弹出"转到视图"对话框，如图 7-2-10 所示。选择"立面：右"，再单击"打开视图"，如图 7-2-11 所示。

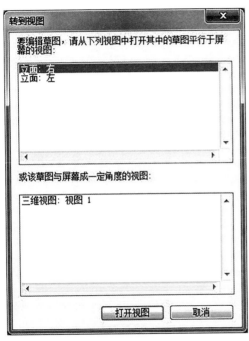

图 7-2-10

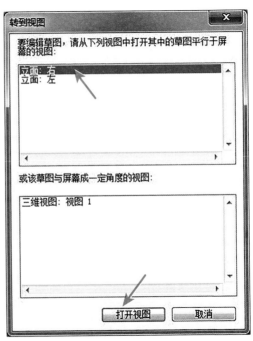

图 7-2-11

3）完成以上操作，Revit 将会切换至"修改│放样 > 编辑轮廓"，绘制如图 7-2-12 所示的参照平面，并添加参数"b""h"与之关联。

4）绘制轮廓：选择"绘制"面板→"矩形"工具，绘制如图 7-2-13 所示的轮廓，并将轮廓锁定参照平面上。

5）绘制完成后，右击选择"取消"或是按"Esc"键两次，移动至"修改│放样 > 编辑轮廓"选项卡→选择"模式"面板→"完成编辑模式"工具，完成模型创建，如图 7-2-14 所示。

6）完成以上操作，Revit 将会切换至"修改│放样"选项卡，选择"模式"面板→"完成编辑模式"工具，完成模型创建，如图 7-2-15 所示。

（4）创建材质参数：切换至"创建"选项卡→选择"属性"面板→"族类型"工具，在"族类型"中的"结构材质"值进行材质设置。

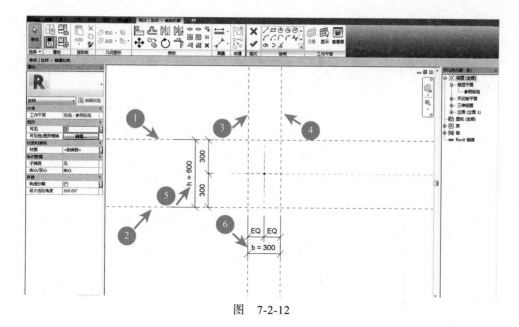

图　7-2-12

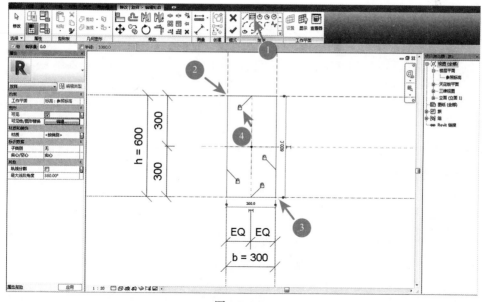

图　7-2-13

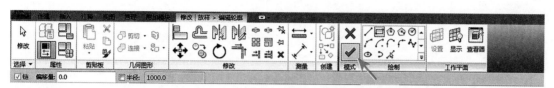

图　7-2-14

图　7-2-15

（5）修改参数：测试族是否参数化，切换至"创建"选项卡→选择"属性"面板→单击"族类型"工具，Revit 将会弹出"族类型"对话框，单击"应用"，如果没有弹出"警告"对话框提示错误，表示族创建成功。

课后练习

1. 打开资料文件夹中"第 7 章"→"7.2 节"→"完成文件夹"→"矩形梁"项目文件，进行参考练习。
2. 请根据"7.2 矩形梁"操作步骤，创建矩形梁。

7.3 杯口独立基础族

本节将以创建杯口独立基础族为例，讲解创建杯口独立基础族的步骤，创建实体时，在原有族样板进行修改，用"拉伸""融合"工具进行杯口独立基础族形体的创建。

杯口独立基础族需要采用"空心融合"工具进行模型修整，添加材质参数，使独立基础模型具有材质属性，添加尺寸参数，使模型可进行参数化驱动，在实际项目应用时可以进行调整。

杯口独立基础族要求：材质为混凝土，尺寸数据见表 7-3-1。

表 7-3-1

基础长度为 2400mm、宽度为 1800mm、杯口底座 h1 为 650mm、放坡高度 h2 为 350mm、杯口高度 h3 为 500mm。

（1）新建族：

1）单击 Revit 初始界面的"应用程式菜单栏"按钮→"新建"→"族"。

2）选择族样板：Revit 将会弹出"新族 - 选择样板文件"对话框，选择"公制结构基础，如图 7-3-1 所示。

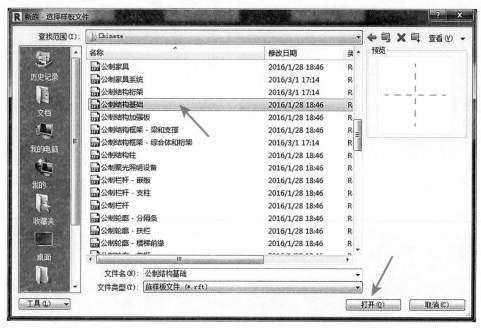

图　7-3-1

3）单击"打开"按钮，Revit 将会启动族编辑器工作界面，如图 7-3-2 所示。

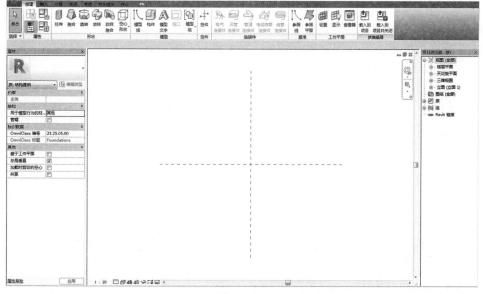

图　7-3-2

（2）创建基础"参照标高"所需的参照平面：

1）创建如图 7-3-3 所示的参照平面，并添加"长度""宽度"参数，与之关联。

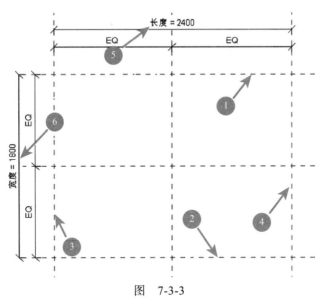

图　7-3-3

2）创建如图 7-3-4 所示的参照平面，并添加"底部长度""底部宽度""接缝间距""边距"参数，与之关联。

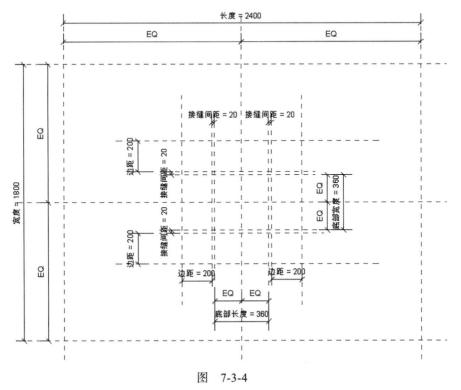

图　7-3-4

（3）创建基础"参照标高"所需的参照平面：

1）切换至立面视图：在"项目浏览器"中的"立面（立面1）"，双击立面视图中的

"前"立面视图，切换至"前"立面视图。

2）在"前"立面视图中，创建如图 7-3-5 所示的参照平面，并添加"h1""h2""h3""杯底距底高度"参数，与之关联。

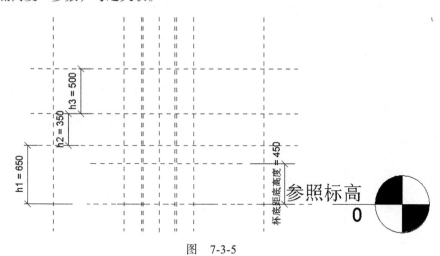

图　7-3-5

（4）创建杯口独立基础：由于杯口独立基础形状不一，模型可分为三段进行创建，杯口底座模型、放坡模型、杯口模型、杯口洞口。

1）创建杯口底座模型：采用拉伸工具创建杯口底座模型。

①切换视图至"参照标高"楼层平面：在"项目浏览器"中的"楼层平面"，双击楼层平面中的"参照标高"，切换至"参照平面"楼层平面。

②切换至"创建"选项卡，选择"形状"面板中的"拉伸"工具，如图 7-3-6 所示。

图　7-3-6

③Revit 将会自动切换至"修改 | 创建拉伸"选项卡，选择"绘制"面板→"矩形"工具，修改选项栏中的深度为"650"，如图 7-3-7 所示。

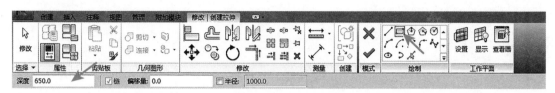

图　7-3-7

④移动鼠标至平面视图中绘制矩形，并锁定其四边，如图 7-3-8 所示。

⑤完成以上操作，移动鼠标至"修改 | 创建拉伸"选项卡→选择"模式"面板→"完成编辑模式"工具，完成模型创建，如图 7-3-9 所示。

⑥Revit 将会切换至"前"立面视图，切换至"修改"选项卡，选择"修改"面板中的"对齐"工具，移动鼠标至视图中，单击"h1"参照平面，再单击模型顶部边线，如图 7-3-10 所示。

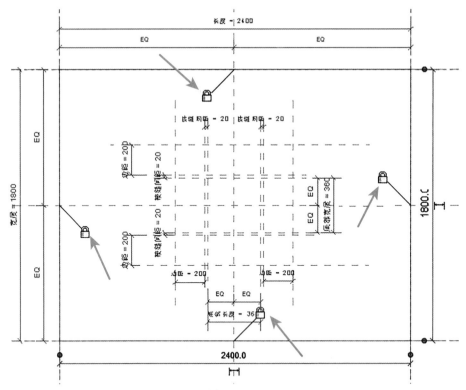

图   7-3-8

图   7-3-9

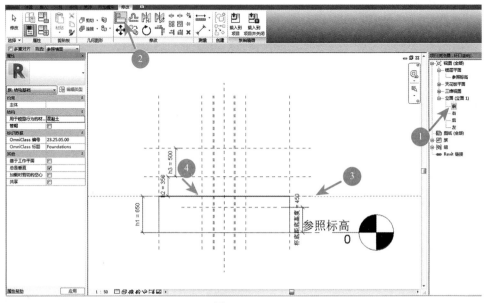

图   7-3-10

此时，模型将会显示锁定控件，单击锁定，将模型锁定于参照平面上，如图 7-3-11 所示。

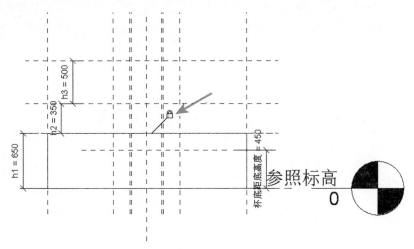

图 7-3-11

2）创建放坡模型：采用融合工具进行创建。

①设置参照平面：切换至"创建"选项卡，选择"形状"面板中的"融合"工具，此时，Revit 将会弹出"工作平面"对话框，单击"拾取一个平面"，如图 7-3-12 所示。

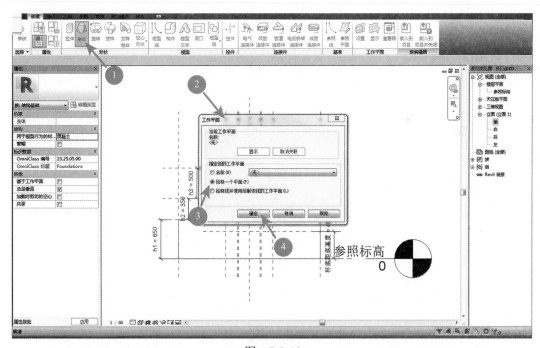

图 7-3-12

拾取视图中 h1 处的参照平面，Revit 将会弹出"转到视图"对话框，选择"楼层平面：参照标高"，再单击"打开视图"，如图 7-3-13 所示。

②绘制融合底部边界：Revit 将会切换至"参照标高"楼层平面，并且切换至"修改｜创建融合底部边界"选项卡，选择"绘制"面板→"矩形"工具，修改选项栏中的深度为"350"，如图 7-3-14 所示。

移动鼠标至平面视图中绘制矩形，并锁定其四边，如图 7-3-15 所示。

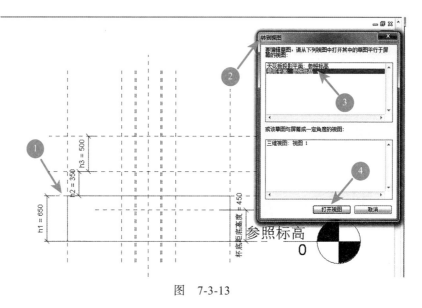

图　7-3-13

图　7-3-14

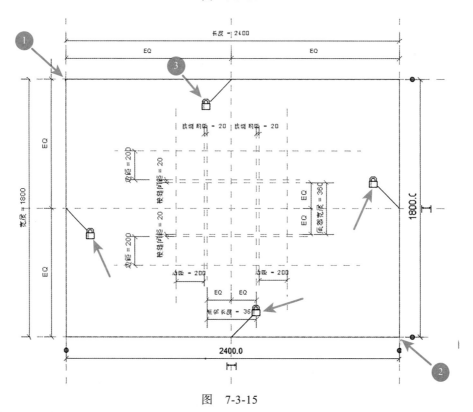

图　7-3-15

③绘制融合顶部边界：绘制完成融合底部边界，单击"模式"面板中的"编辑顶部"工具，如图 7-3-16 所示。

图 7-3-16

Revit 将会切换至"参照标高"楼层平面,并且切换至"修改 | 创建融合顶部边界"选项卡,选择"绘制"面板→"矩形"工具,修改选项栏中的深度为"350",如图 7-3-17所示。

图 7-3-17

移动鼠标至平面视图中绘制矩形,并锁定其四边,如图 7-3-18 所示。

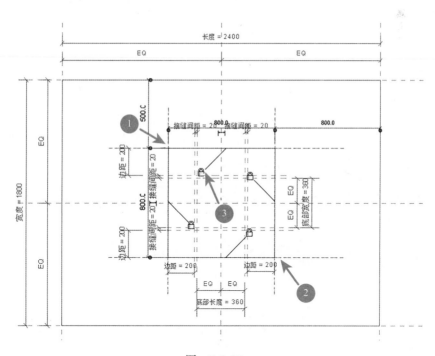

图 7-3-18

完成以上操作,移动鼠标至"修改 | 创建融合顶部边界"选项卡→选择"模式"面板→"完成编辑模式"工具,完成模型创建,如图 7-3-19 所示。

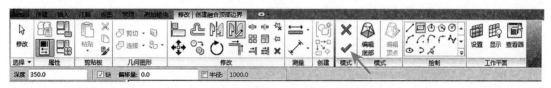

图 7-3-19

④ Revit 将会切换至"前"立面视图,切换至"修改"选项卡,选择"修改"面板中的"对

齐"工具，移动鼠标至视图中，单击"h2"参照平面，再单击模型顶部边线，单击锁定于参照平面上，如图 7-3-20 所示。

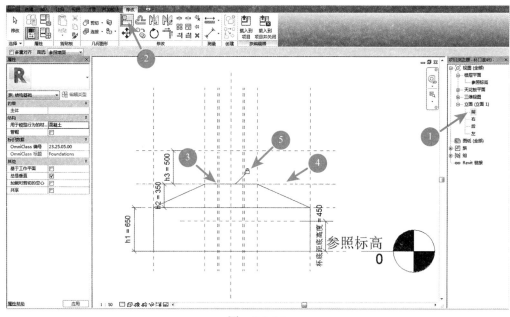

图　7-3-20

3）创建杯口模型：采用拉伸工具进行创建。

①设置参照平面：切换至"修改"选项卡，选择"形状"面板中的"拉伸"工具，此时，Revit 将会弹出"工作平面"对话框，单击"拾取一个平面"，如图 7-3-21 所示。

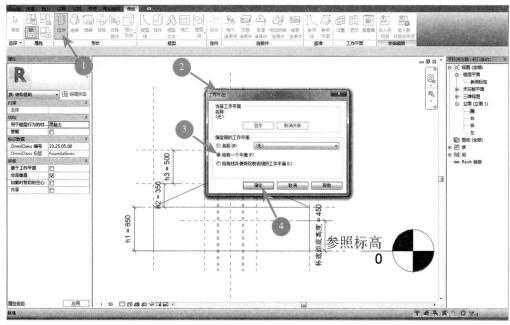

图　7-3-21

拾取视图中 h2 处的参照平面，Revit 将会弹出"转到视图"对话框，选择"楼层平面：参照标高"，再单击"打开视图"，如图 7-3-22 所示。

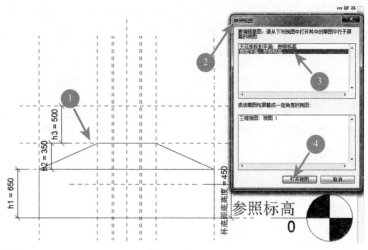

图　7-3-22

②创建拉伸：Revit 将会切换至"参照标高"楼层平面，并且切换至"修改｜创建拉伸"选项卡，选择"绘制"面板→"矩形"工具，修改选项栏中的深度为"500"，移动鼠标至平面视图中绘制矩形，并锁定其四边，如图 7-3-23 所示。

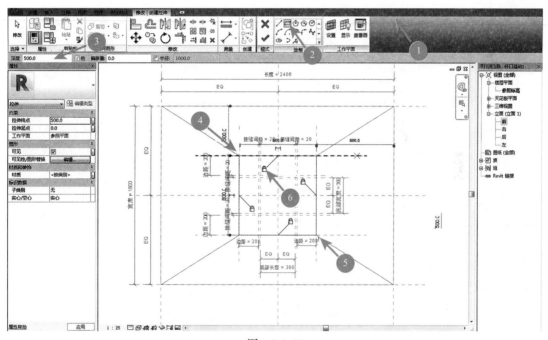

图　7-3-23

完成以上操作，移动鼠标至"修改｜创建拉伸"选项卡→选择"模式"面板→"完成编辑模式"工具，完成模型创建，如图 7-3-24 所示。

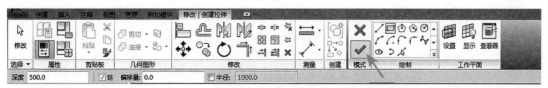

图　7-3-24

③Revit将会切换至"前"立面视图，切换至"修改"选项卡，选择"修改"面板中的"对齐"工具，移动鼠标至视图中，单击"h3"参照平面，再单击模型顶部边线，单击锁定于参照平面上，如图7-3-25所示。

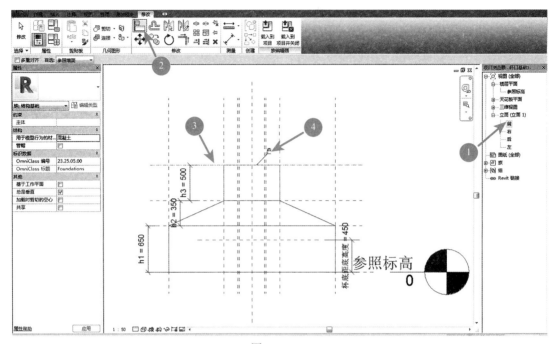

图 7-3-25

4）创建杯口洞口：采用空心融合工具进行创建。

①切换至"修改"选项卡，选择"形状"面板中的"空心形状"下拉列表→"空心融合"工具，如图7-3-26所示，此时，Revit将会弹出"工作平面"对话框，单击"拾取一个平面"，如图7-3-27所示。

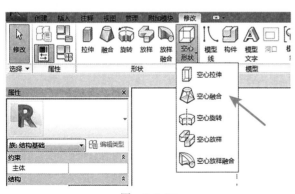

图 7-3-26

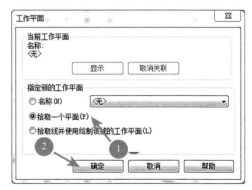

图 7-3-27

②设置参照平面：拾取视图中的参照平面，Revit将会弹出"转到视图"对话框，选择"楼层平面：参照标高"，再单击"打开视图"，如图7-3-28所示。

③创建空心融合底部边界：Revit将会切换至"参照标高"楼层平面，并且切换至"修改｜创建空心融合底部边界"选项卡，选择"绘制"面板→"矩形"工具，修改选项栏中的深度为"1050"，移动鼠标至平面视图中绘制矩形，并锁定其四边，如图7-3-29所示。

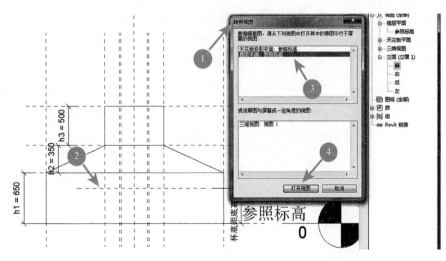

图 7-3-28

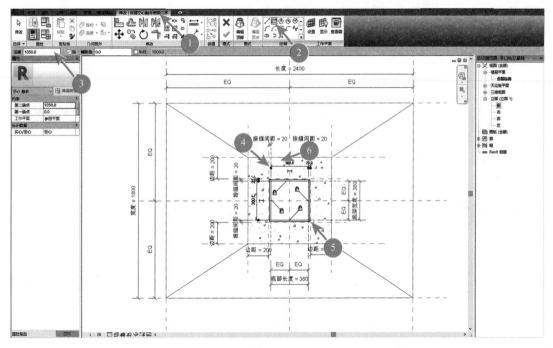

图 7-3-29

④绘制空心融合顶部边界：绘制完成融合底部边界，单击"模式"面板中的"编辑顶部"工具，如图 7-3-30 所示。

图 7-3-30

Revit 将会切换至"参照标高"楼层平面，并且切换至"修改│创建空心融合顶部边界"选项卡，选择"绘制"面板→"矩形"工具，修改选项栏中的深度为"1050"，如图7-3-31所示。

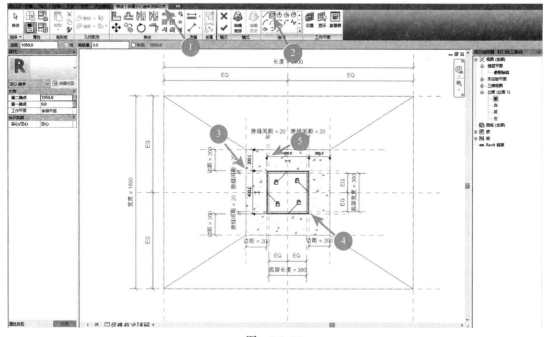

图 7-3-31

完成以上操作，移动鼠标至"修改│创建空心融合顶部边界"选项卡→选择"模式"面板→"完成编辑模式"工具，完成模型创建，如图7-3-32所示。

图 7-3-32

（5）创建材质参数：切换至"创建"选项卡→选择"属性"面板→"族类型"工具，在"族类型"中的"结构材质"值进行材质设置。

（6）修改参数：测试族是否参数化，切换至"创建"选项卡→选择"属性"面板→单击"族类型"工具，Revit 将会弹出"族类型"对话框，单击"应用"，如果没有弹出"警告"对话框提示错误，表示族创建成功。

（7）合成模型：将分别创建的几个模型合成为一个模型，连接边缘。

Revit 将会切换至"前"立面视图，切换至"修改"选项卡，选择"几何图形"面板中的"连接"下拉列表→"连接几何图形"工具，移动鼠标至视图中，单击杯口底座模型、放坡模型、杯口模型，如图7-3-33所示。

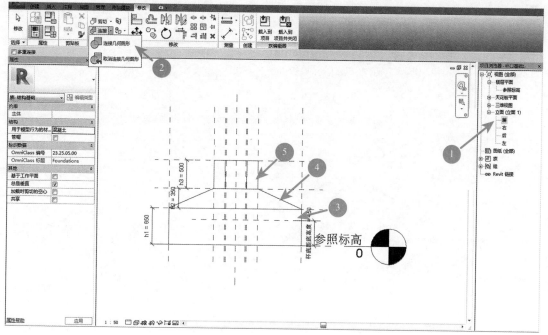

图　7-3-33

　　1. 打开资料文件夹中"第7章"→"7.4节"→"完成文件夹"→"杯口独立基础"项目文件，进行参考练习。
　　2. 请根据"7.3 杯口独立基础"操作步骤，创建杯口独立基础。

8

第 8 章

创建机电族

课程概要:

本章将以机电模块中的常用族为例,详细讲解机电族的创建过程与方法,进一步认识族编辑器的各个功能。

本章内容包括如何在 Revit 中创建机电族,如何选择正确的族样板、族类型,详细讲解族的操作步骤,参数化驱动,以及如何将族应用于实际项目中。

课程目标:

- 进一步认识族编辑器中的各个功能
- 了解如何创建消火栓
- 了解如何创建卡箍
- 了解如何创建风管弯头
- 了解如何创建单管荧光灯
- 掌握族的具体操作步骤和创建方法

8.1 消火栓

消火栓是消防系统中不可或缺的三维构件族，由于消火栓在实际项目应用时，与管道连接方式不一，本节将会详细地讲解此部分内容。

需要掌握创建消火栓族的步骤，创建实体时，对原有族样板进行修改，用"拉伸"等工具进行消火栓形体的创建，添加材质参数、管道连接件、设置管道连接可见参数。

消火栓尺寸要求：尺寸数据如图 8-1-1 所示。

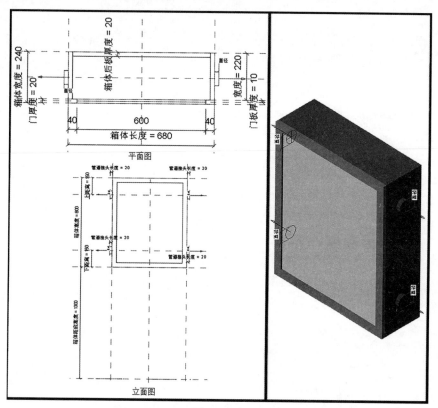

图 8-1-1

消火栓箱体长度为 680mm、箱体宽度为 240mm、箱体高度为 800mm，壁厚为 20mm、箱体门框宽度为 40mm，管道连接接头半径 32.5mm，箱体表面材质为红色涂料，门材质为铝合金。

（1）新建族：

1）单击 Revit 初始界面的"应用程式菜单栏"按钮→"新建"→"族"。

2）选择族样板：Revit 将会弹出"新族 - 选择样板文件"对话框，选择"公制机械设备"，如图 8-1-2 所示。

3）单击"打开"按钮，Revit 将会启动族编辑器工作界面，如图 8-1-3 所示。

（2）创建基础"参照标高"所需的参照平面：创建如图 8-1-4 所示的参照平面，并添加"箱体长度""箱体宽度""宽度""门厚度""门板厚度""箱体后板厚度"参数，与之关联。

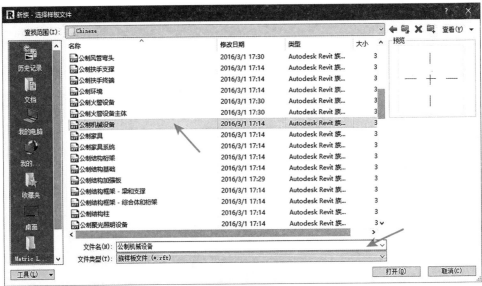

图 8-1-2

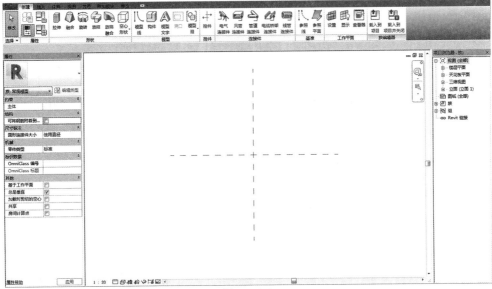

图 8-1-3

（3）创建参照平面：

1）切换至立面视图：在"项目浏览器"中的"立面"，双击立面中的"前"，切换至"前"立面视图。

2）创建如图 8-1-5 所示的参照平面，并添加"上距离""下距离""箱体高度""箱体距底高度"参数，与之关联。

（4）创建消火栓模型：消火栓可由消火栓箱体模型、箱体后板模型、门框模型、门板模型、管道接头模型组成。

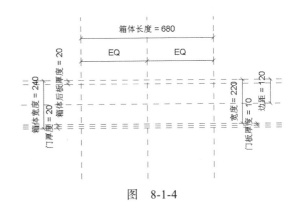

图 8-1-4

1）箱体模型：采用拉伸工具创建箱体模型。

①切换视图至"参照标高"楼层平面：在"项目浏览器"中的"楼层平面"，双击楼层平面中的"参照标高"，切换至"参照标高"楼层平面。

②切换至"创建"选项卡，选择"工作平面"面板中的"设置"工具，如图8-1-6所示。

③Revit将会弹出"工作平面"对话框，单击"拾取一个平面"，在"楼层平面"视图中选择如图8-1-7所示的"参照平面"。

④选择"转到视图"：完成以上操作，Revit将会弹出"转到视图"对话框，如图8-1-8所示。选择"立面：前"，再单击"打开视图"，如图8-1-9所示。

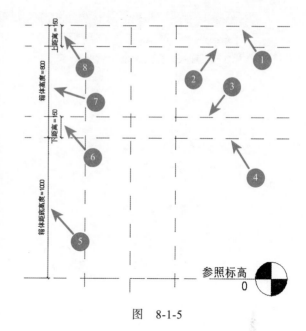

图　8-1-5

⑤切换至"创建"选项卡，选择"形状"面板中的"拉伸"工具，如图8-1-10所示。

⑥Revit将会自动切换至"修改｜创建拉伸"选项卡，选择"绘制"面板→"矩形"工具，修改选项栏中的深度为"-220"，如图8-1-11所示。

图　8-1-6

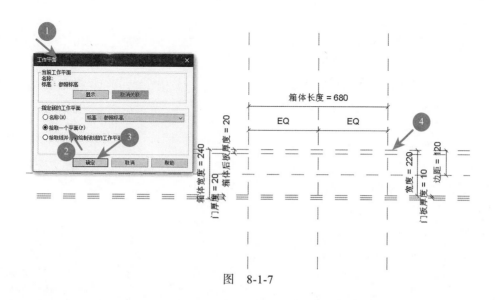

图　8-1-7

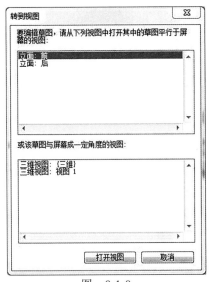

图 8-1-8　　　　　　　　　图 8-1-9

图　8-1-10

图　8-1-11

⑦移动鼠标至平面视图中绘制矩形，并锁定其四边，如图 8-1-12 所示。重复"矩形"工具，修改偏移量为"-20"，移动鼠标至平面视图中绘制矩形，并锁定其四边，如图 8-1-13 所示。

⑧对草图进行尺寸标注：切换至"注释"选项卡→选择"尺寸标注"面板→"对齐"工具，如图 8-1-14 所示。添加 4 个尺寸标注，在两个草图边界之间进行标注，如图 8-1-15 所示。

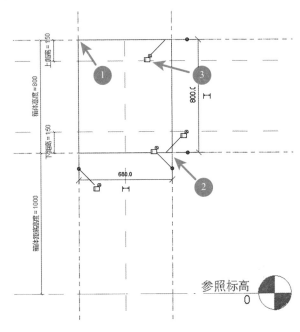

图　8-1-12

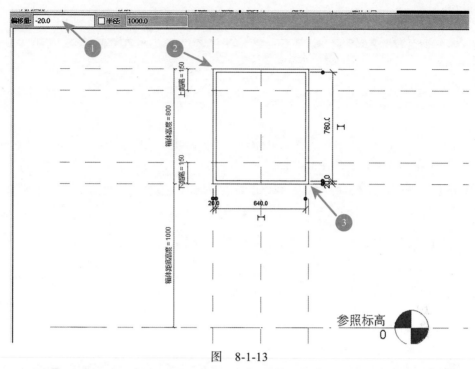

图　8-1-13

图　8-1-14

⑨添加箱体壁厚参数:

a. 选择 4 个尺寸标注, 可通过 "Ctrl+ 单击鼠标" 进行加选, 标注将会蓝显, 如图 8-1-16 所示。

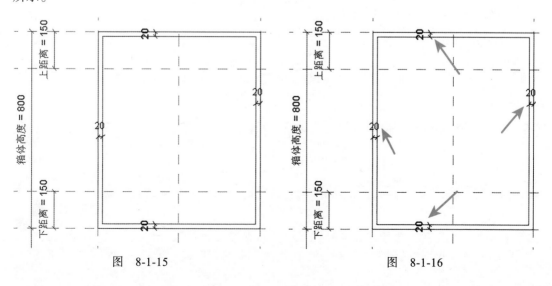

图　8-1-15　　　　　　　　　　　　图　8-1-16

b. 在选择 4 个尺寸标注后，Revit 将会切换至"尺寸标注"选项卡，如图 8-1-17 所示。

图 8-1-17

c. 创建参数：完成以上操作，移动鼠标至"尺寸标注"选项卡→选择"标签尺寸标注"面板→"创建参数"工具，如图 8-1-18 所示。

图 8-1-18

d. 参数属性：完成以上操作，Revit 将会弹出"参数属性"对话框，如图 8-1-19 所示。

e. 设置参数名称：在"参数属性"面板中，输入名称为"箱体壁厚"，选择"类型"，单击"确定"按钮，完成所有操作，如图 8-1-20 所示。

图 8-1-19

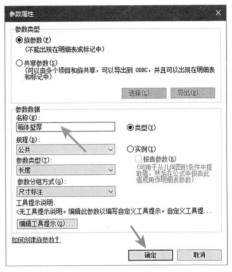

图 8-1-20

⑩完成以上操作，移动鼠标至"修改｜创建拉伸"选项卡→选择"模式"面板→"完成编辑模式"工具，完成模型创建，如图 8-1-21 所示。

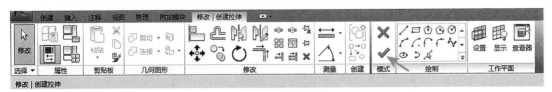

图 8-1-21

2）箱体后板模型：采用拉伸工具创建箱体后板模型。

①切换至"创建"选项卡，选择"形状"面板中的"拉伸"工具，如图 8-1-22 所示。

图　8-1-22

②Revit 将会自动切换至"修改｜创建拉伸"选项卡，选择"绘制"面板→"矩形"工具，修改选项栏中的深度为"-20"，如图 8-1-23 所示。

图　8-1-23

③修改属性面板中的拉伸终点为"0"，拉伸起点为"20"，如图 8-1-24 所示。移动鼠标至平面视图中绘制矩形，并锁定其四边，如图 8-1-25 所示。

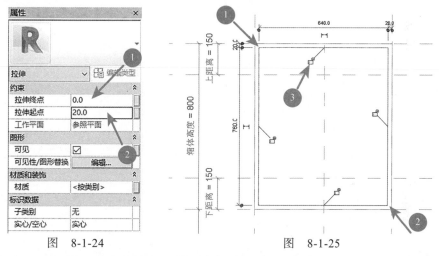

图　8-1-24　　　　　　　　　　图　8-1-25

④完成以上操作，移动鼠标至"修改｜创建拉伸"选项卡→选择"模式"面板→"完成编辑模式"工具，完成模型创建，如图 8-1-26 所示。

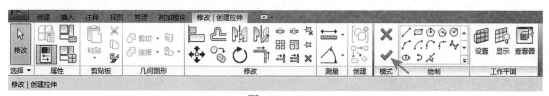

图　8-1-26

⑤对齐锁定：在"项目浏览器"中的"楼层平面"，双击楼层平面中的"参照标高"，切换至"参照标高"楼层平面。

切换至"修改"选项卡，选择"修改"面板中的"对齐"工具，移动鼠标至视图中按如图 8-1-27 所示进行操作。

3）门框模型：采用拉伸工具创建门框模型。

①设置工作平面：切换至"创建"选项卡，选择"工作平面"面板中的"设置"工具，如图 8-1-28 所示。

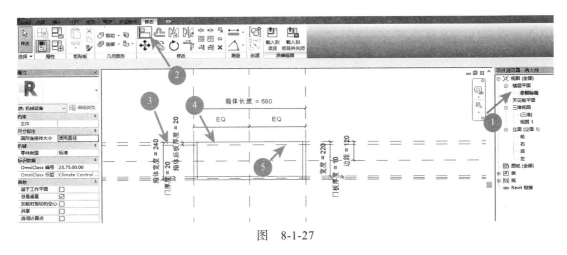

图 8-1-27

图 8-1-28

②Revit 将会弹出 "工作平面" 对话框,单击 "拾取一个平面",在 "楼层平面" 视图中,选择如图 8-1-29 所示的 "参照平面"。

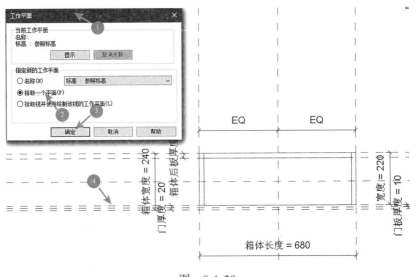

图 8-1-29

③选择 "转到视图":完成以上操作,Revit 将会弹出 "转到视图" 对话框,如图 8-1-30 所示,选择 "立面:前",再单击 "打开视图" 按钮,如图 8-1-31 所示。

④切换至 "创建" 选项卡,选择 "形状" 面板中的 "拉伸" 工具,如图 8-1-32 所示。

⑤Revit 将会自动切换至 "修改│创建拉伸" 选项卡,选择 "绘制" 面板→ "矩形" 工具,修改选项栏中的深度为 "20",如图 8-1-33 所示。

⑥修改属性面板中的拉伸终点为 "20",拉伸起点为 "0",移动鼠标至平面视图中绘制矩形,并锁定其四边,如图 8-1-34 所示,重复 "矩形" 工具,修改偏移量为 "–40",移动鼠标至平面视图中绘制矩形,并锁定其四边,如图 8-1-35 所示。

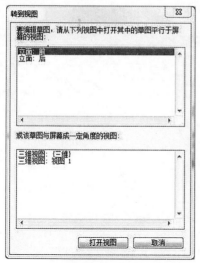

图　8-1-30

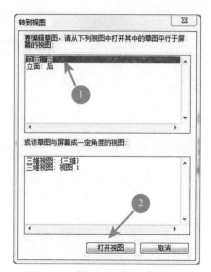

图　8-1-31

图　8-1-32

图　8-1-33

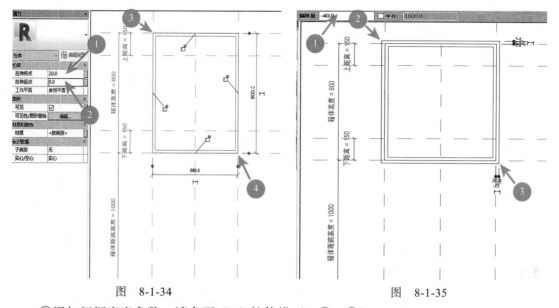

图　8-1-34　　　　　　　　　　　　　　图　8-1-35

⑦添加门框宽度参数：请参照"1）箱体模型→⑧、⑨"。

⑧完成以上操作，移动鼠标至"修改｜创建拉伸"选项卡→选择"模式"面板→"完

成编辑模式"工具，完成模型创建，如图 8-1-36 所示。

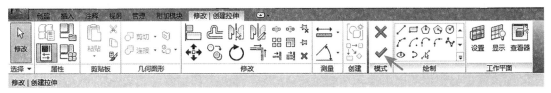

图　8-1-36

⑨对齐锁定：请参照"2）箱体后板模型→⑤"。

4）创建门板模型：采用拉伸工具创建门板模型。

①切换至"创建"选项卡，选择"形状"面板中的"拉伸"工具，如图 8-1-37 所示。

图　8-1-37

②Revit 将会自动切换至"修改 | 创建拉伸"选项卡，选择"绘制"面板→"矩形"工具，修改选项栏中的深度为"10"，如图 8-1-38 所示。

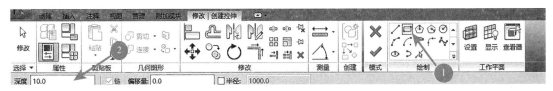

图　8-1-38

③修改属性面板中的拉伸终点为"0"，拉伸起点为"10"，如图 8-1-39 所示，移动鼠标至平面视图中绘制矩形，并锁定其四边，如图 8-1-40 所示。

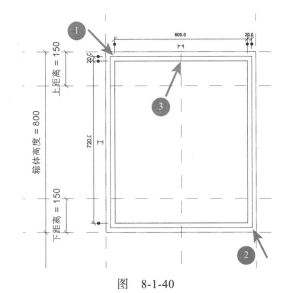

图　8-1-39　　　　　　　　　　　图　8-1-40

④完成以上操作，移动鼠标至"修改 | 创建拉伸"选项卡→选择"模式"面板→"完成编辑模式"工具，完成模型创建，如图 8-1-41 所示。

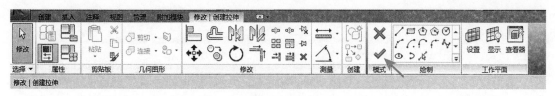

图　8-1-41

⑤对齐锁定：请参照"2）箱体后板模型→⑤"。

5）创建管道接头模型：采用拉伸工具创建管道接头模型。

①设置工作平面：由于接管模型在左右两侧，因此创建模型的工作平面在"左""右"立面视图进行，以左下接管模型为例进行创建。

切换至"创建"选项卡，选择"工作平面"面板中的"设置"工具，如图 8-1-42 所示。

图　8-1-42

② Revit 将会弹出"工作平面"对话框，单击"拾取一个平面"，在"楼层平面"视图中选择如图 8-1-43 所示的"参照平面"。

③选择"转到视图"：完成以上操作，Revit 将会弹出"转到视图"对话框，如图 8-1-44 所示，选择"立面：左"，再单击"打开视图"按钮，如图 8-1-45 所示。

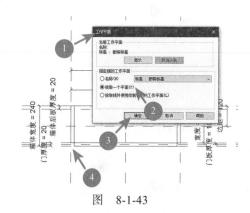

图　8-1-43

图　8-1-44

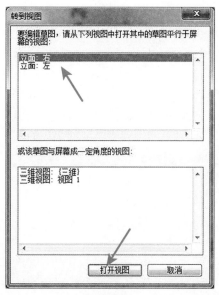

图　8-1-45

④切换至"创建"选项卡，选择"形状"面板中的"拉伸"工具，如图 8-1-46 所示。

图　8-1-46

⑤ Revit 将会自动切换至"修改│拉伸＞编辑拉伸"选项卡，选择"绘制"面板→"圆形"工具，修改选项栏中的深度为"–20"，如图 8-1-47 所示。

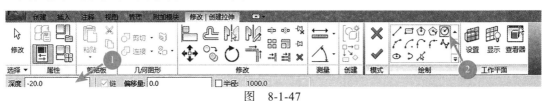

图　8-1-47

⑥修改属性面板中的拉伸终点为"–20"，拉伸起点为"0"，移动鼠标至平面视图中绘制圆形，半径为 40mm，如图 8-1-48 所示，单击临时尺寸标注"40"下的控件，将其转为永久尺寸标注，如图 8-1-49 所示。

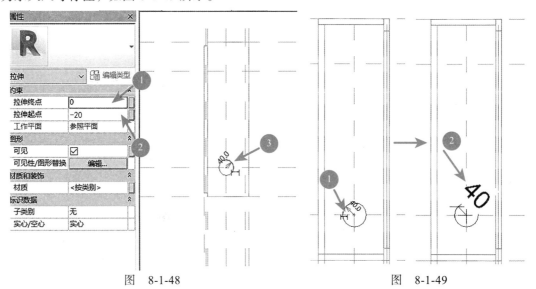

图　8-1-48　　　　　　　　　　　　　　　　图　8-1-49

⑦添加左下管道半径参数：请参照"1）箱体模型→⑧、⑨"，此处管件为"实例"属性。

⑧完成以上操作，移动鼠标至"修改│创建拉伸"选项卡→选择"模式"面板→"完成编辑模式"工具，完成模型创建，如图 8-1-50 所示。

图　8-1-50

⑨添加管道接头长度参数：切换至立面视图：在"项目浏览器"中的"立面"，双击立面中的"前"，切换至"前"立面视图。

⑩添加门框宽度参数：请参照"1）箱体模型→⑧、⑨"。

6）参照"5）创建管道接头模型"创建"左上管道接头""右上管道接头""右下管道接头"模型。

（5）新建管道直径参数、添加公式：

1）切换至"创建"选项卡→选择"属性"面板→"族类型"工具，如图 8-1-51 所示。

图　8-1-51

2）新建参数：完成以上操作，Revit 将会弹出"族类型"对话框，如图 8-1-52 所示。单击"族类型"下方的"新建参数"，如图 8-1-53 所示。

图　8-1-52　　　　　　　　　　　　　　　图　8-1-53

3）Revit 将会弹出"参数属性"对话框，如图 8-1-54 所示。输入名称为"左下管道直径"，选择"实例"，单击"确定"按钮，完成参数创建，如图 8-1-55 所示。

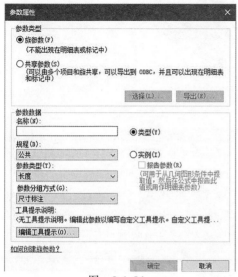

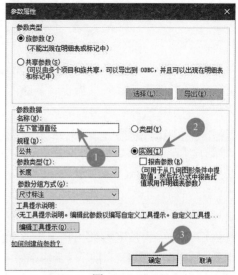

图　8-1-54　　　　　　　　　　　　　　　图　8-1-55

4）添加左下管道直径公式：单击"族类型"中的"左下管道直径"参数后面的公式栏，输入"左下管道半径 *2"，单击"确定"按钮，完成所有操作，并修改其值为"65"，如图 8-1-56 所示。

图　8-1-56

5）参照"2）、3）、4）"创建"左上管道直径""右上管道直径""右下管道直径"参数。

（6）设置管道接头可见性：

1）切换视图至三维视图：在项目浏览器中，双击"三维视图"中的"视图 1"，切换至"三维视图"，如图 8-1-57 所示。

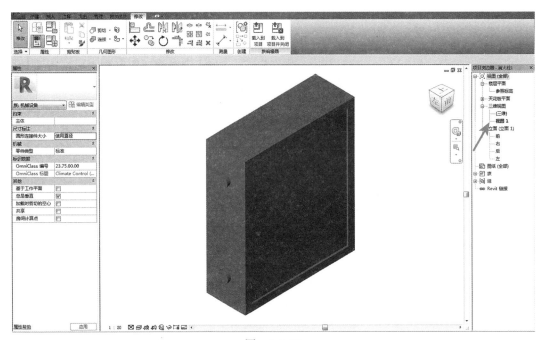

图　8-1-57

2）选择"左下管道接头"模型，单击选择"属性"编辑器中的"图形"实例属性中的"可见"值，如图 8-1-58 所示，Revit 将会弹出"关联族参数"对话框，如图 8-1-59 所示。

3）单击"新建参数"按钮，新建模型可见参数，如图 8-1-60 所示，当单击"确定"按钮时，Revit 将会弹出"参数属性"对话框，如图 8-1-61 所示。

4）输入参数名称为"左下可见性"，单击"确定"按钮，完成参数新建，如图 8-1-62 所示，Revit 将会切换至"关联族参数"对话框，再次单击"确定"按钮，完成所有操作，如图 8-1-63 所示。

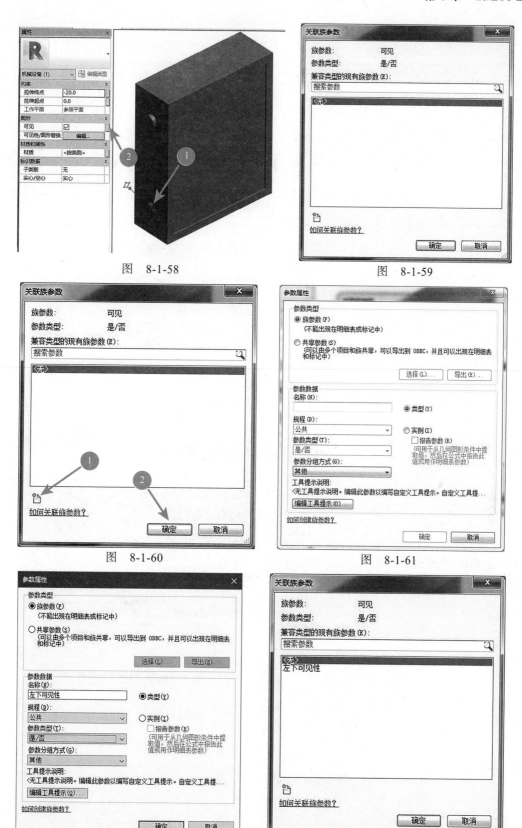

图 8-1-58

图 8-1-59

图 8-1-60

图 8-1-61

图 8-1-62

图 8-1-63

Revit 族参数化设计宝典

5）参照以上步骤，创建"左上管道接头""右上管道接头""右下管道接头"可见性参数。

（7）创建管道连接件：此工具在三维视图下进行操作。

1）切换至"创建"选项卡→选择"连接件"面板→"管道连接件"工具，如图 8-1-64 所示。

图　8-1-64

2）放置管道连接件：Revit 将会切换至"修改 | 放置管道连接件"选项卡，选择"放置"面板中的"面"工具，修改"修改 | 放置管道连接件"选项栏为"湿式消防系统"，如图 8-1-65 所示。

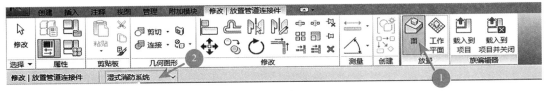

图　8-1-65

3）移动鼠标至"左下管道接头"模型处，如图 8-1-66 所示，单击鼠标，完成管道连接件放置，如图 8-1-67 所示。

4）添加直径参数：单击选择创建完成的管道连接件，选择"属性"编辑器中的"图形"实例属性中的"可见"值，如图 8-1-68 所示，Revit 将会弹出"关联族参数"对话框，如图 8-1-69 所示。

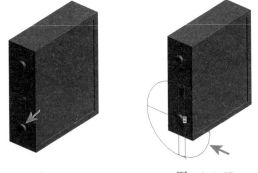

图　8-1-66　　　　　图　8-1-67

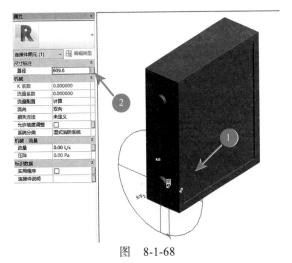

图　8-1-68

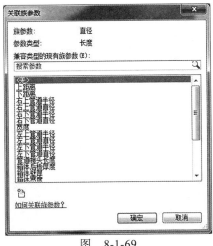

图　8-1-69

264

5）选择"左下管道直径"参数，单击"确定"按钮，如图 8-1-70 所示。完成直径参数添加，如图 8-1-71 所示。

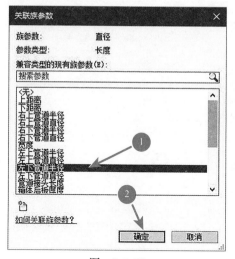

图 8-1-70

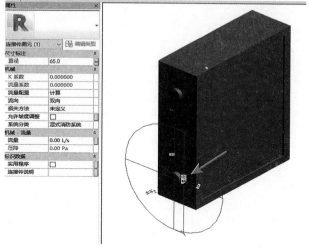

图 8-1-71

6）参照以上步骤，添加"左上管道接头""右上管道接头""右下管道接头"直径参数。

（8）添加材质：切换至"创建"选项卡→选择"属性"面板→"族类型"工具，对"族类型"中的"结构材质"值进行材质设置，添加"消火栓箱体模型""箱体后板模型"材质参数为红色，"门框模型"材质为"铝合金""门板模型""管道接头模型"材质为红色。

（9）创建族类型

1）切换至"修改"选项卡→选择"属性"面板→"族类型"工具，如图 8-1-72 所示。

图 8-1-72

2）新建类型：完成以上操作，Revit 将会弹出"族类型"对话框，如图 8-1-73 所示。单击"族类型"中"类型名称"后面的"新建类型"按钮，Revit 将会弹出"名称"对话框，修改名称为"消火栓-左下接"，如图 8-1-74 所示。

3）修改可见性：单击"确定"按钮，完成以上所有操作，如图 8-1-75 所示。移动鼠标至"其他"选项中，取消勾选"右上可见性""右下可见性""左上可见性"，如图 8-1-76 所示。

4）参照以上步骤，创建"消火栓-左上接""消火栓-右下接""消火栓-右上接"类型。

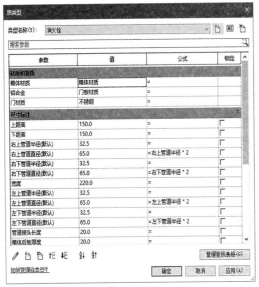

图 8-1-73

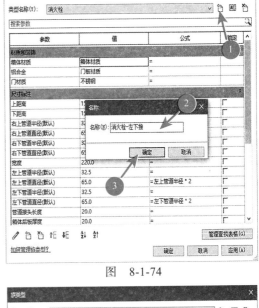

图 8-1-74

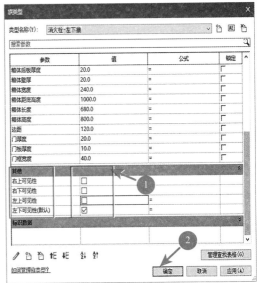

图 8-1-75

图 8-1-76

课后练习

　　1. 打开资料文件夹中"第8章"→"8.1节"→"完成文件夹"→"消火栓"项目文件，进行参考练习。

　　2. 请根据"8.1消火栓"操作步骤，创建消火栓。

8.2 卡箍

卡箍是管道系统中不可或缺的三维构件族，由于在实际项目应用时，会随着管道直径大小的变化而发生参数变化，因此本节将会详细讲解此部分内容。需要掌握创建卡箍族的步骤，创建实体时，利用原有族样板进行修改，用"拉伸"等工具进行创建，添加材质参数、管道连接件。

卡箍尺寸要求（图 8-2-1）：卡箍宽度为 50mm，卡箍内径（r）为 40mm，卡箍外径（R）为卡箍内径与卡箍的厚度之和。卡箍的外径小于 100mm 时，厚度为 10mm；外径在 100 ~ 200mm 之间时，厚度为 20mm；外径大于 200mm 时，厚度为 30mm。

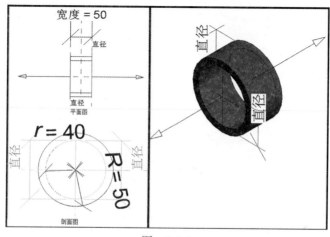

图　8-2-1

（1）新建族：

1）单击 Revit 初始界面的"应用程式菜单栏"按钮→"新建"→"族"。

2）选择族样板：Revit 将会弹出"新族-选择样板文件"对话框，选择"公制常规模型"，如图 8-2-2 所示。

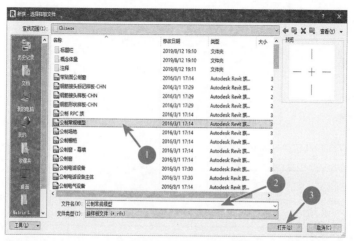

图　8-2-2

3）单击"打开"按钮，Revit 将会启动族编辑器工作界面，如图 8-2-3 所示。

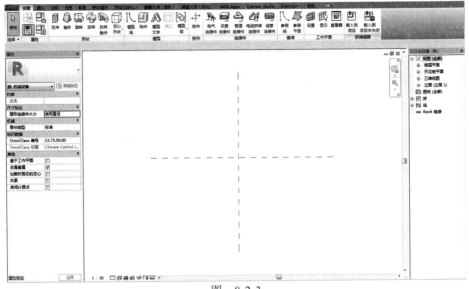

图　8-2-3

（2）修改族类别和族参数：

1）切换至"创建"选项卡，选择"属性"面板中的"族类别和族参数"工具，如图 8-2-4 所示。

图　8-2-4

2）Revit 将会弹出"族类别和族参数"对话框，如图 8-2-5 所示，修改族类别为"管道附件"，族参数中零件类型为"插入"，如图 8-2-6 所示。

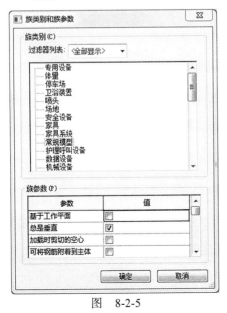

图　8-2-5

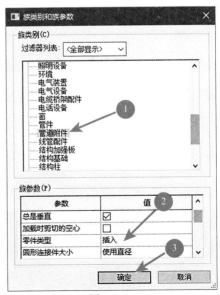

图　8-2-6

（3）创建参照平面：

创建如图8-2-7所示的参照平面，并添加"宽度"参数，实例属性，与之关联。

（4）创建卡箍模型：

1）设置工作平面：

①切换至"创建"选项卡，选择"工作平面"面板中的"设置"工具，如图8-2-8所示。

②Revit将会弹出"工作平面"对话框，单击"拾取一个平面"，在"楼层平面"视图中选择如图8-2-9所示的"参照平面"。

图　8-2-7

图　8-2-8

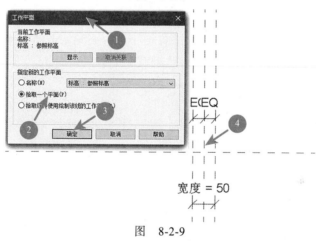

图　8-2-9

③选择"转到视图"：完成以上操作，Revit将会弹出"转到视图"对话框，如图8-2-10所示，选择"立面：左"，再单击"打开视图"按钮，如图8-2-11所示。

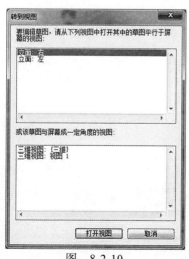

图　8-2-10

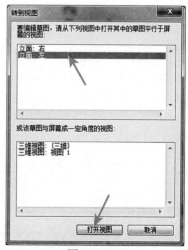

图　8-2-11

2）创建模型：采用拉伸工具进行创建。

①切换至"创建"选项卡→选择"形状"面板→"拉伸"工具，如图 8-2-12 所示。

图　8-2-12

②Revit 将会自动切换至"修改｜创建拉伸"选项卡，选择"绘制"面板→"圆形"工具，修改选项栏中的深度为"50"，如图 8-2-13 所示。

图　8-2-13

③修改属性面板中的拉伸终点为"25"，拉伸起点为"-25"，移动鼠标至立面视图中，以两个相交的参照平面的交点为圆心绘制半径为 40mm 的圆形，如图 8-2-14 所示。重复圆形工具，以同样的圆心绘制半径为 50mm 的圆形，如图 8-2-15 所示。

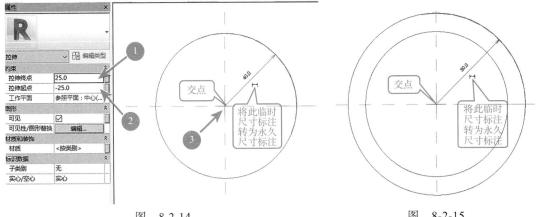

图　8-2-14　　　　　　　　　　　　　　　图　8-2-15

④将"40""50"临时尺寸标注转为永久尺寸标注：单击图 8-2-14、图 8-2-15 中的临时尺寸标注"40""50"下的控件，将其转为永久尺寸标注。

⑤添加卡箍内径（r）参数和卡箍外径（R）参数：请参照"8.1 消火栓→（4）创建消火栓模型→1）箱体模型→⑧、⑨"，选择"实例"属性。

⑥完成以上操作，移动鼠标至"修改｜创建拉伸"选项卡→选择"模式"面板→"完成编辑模式"工具，完成模型创建，如图 8-2-16 所示。

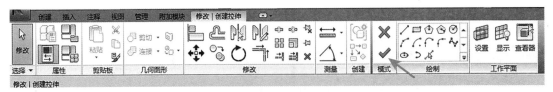

图　8-2-16

3）参照标高约束：

①在项目浏览器中，双击楼层平面中的"参照标高"，切换至"参照标高"楼层平面视图，如图 8-2-17 所示。

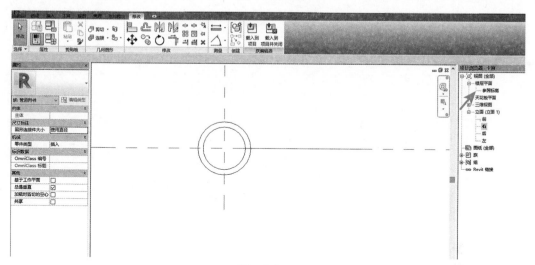

图 8-2-17

②对齐锁定：Revit 将会切换至"参照标高"楼层平面视图，切换至"修改"选项卡，选择"修改"面板中的"对齐"工具，移动鼠标至视图中，根据如图 8-2-18 所示进行操作。

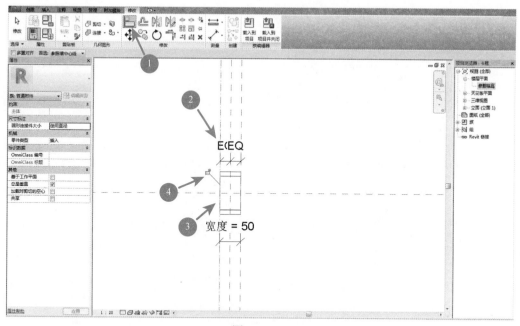

图 8-2-18

③参照"②对齐锁定"，对齐锁定模型右边到右边参照平面上。

（5）添加材质：切换至"创建"选项卡→选择"属性"面板→"族类型"工具，在"族类型"中的"材质"值进行材质设置，材质为"阳极电镀 - 红色"的金属材质。

（6）添加驱动参数：

1）切换至"创建"选项卡→选择"属性"面板→"族类型"工具，如图 8-2-19 所示。

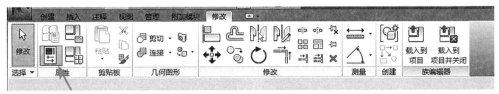

图 8-2-19

2）添加管道直径参数：

①新建参数：完成以上操作，Revit 将会弹出"族类型"对话框，如图8-2-20所示，单击"族类型"中的 "新建参数"工具，如图8-2-21所示。

图 8-2-20　　　　　图 8-2-21

②完成以上操作，Revit 将会弹出"参数属性"对话框，如图8-2-22所示，修改参数数据中的名称为"管道直径"，选择"实例"，单击"确定"按钮，完成参数创建，如图8-2-23所示。

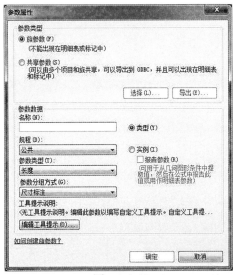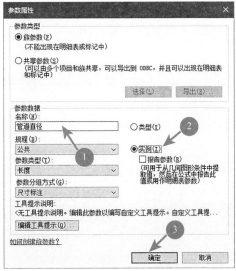

图 8-2-22　　　　　图 8-2-23

③添加参数公式：完成以上操作，Revit 将会切换回"族类型"对话框，如图 8-2-24 所示，在管道直径后面的公式，添加驱动公式为"2*r"，参数的"值"将会根据公式进行修改，如图 8-2-25 所示。

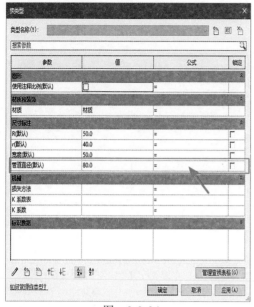

图　8-2-24

图　8-2-25

3）添加卡箍厚度参数：

①新建参数：请参照"（6）添加驱动参数→2）添加管道直径参数→①"进行操作，新建参数，参数数据中的名称为"卡箍厚度"，选择"实例"。

②添加参数公式：完成以上操作，Revit 将会切换回"族类型"对话框，如图 8-2-26 所示，在卡箍厚度后面的公式，添加驱动公式为 if（管道直径 <100mm，10mm，if（管道直径 <200mm，20mm，30mm））"；并添加卡箍外径参数公式，在 R 后面的公式，添加驱动公式为"r+ 卡箍厚度"，单击"确定"按钮，完成所有操作，如图 8-2-27 所示。

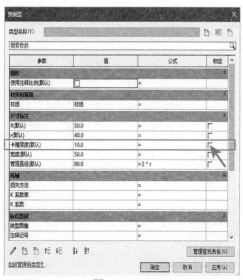

图　8-2-26

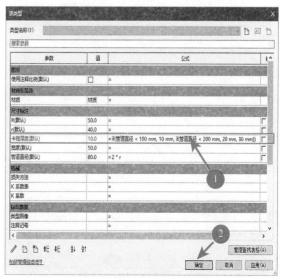

图　8-2-27

注：单击管道连接件，在属性面板中，机械选项中的系统分类为"全局"，所有参数为实例。

（7）创建管道连接件：此工具在三维视图下进行操作。

1）切换至"创建"选项卡→选择"连接件"面板→"管道连接件"工具，如图 8-2-28 所示。

图　8-2-28

2）放置管道连接件：Revit 将会切换至"修改｜放置管道连接件"选项卡，选择"放置"面板中的"面"工具，修改"修改｜放置管道连接件"选项栏为"湿式消防系统"，如图 8-2-29 所示。

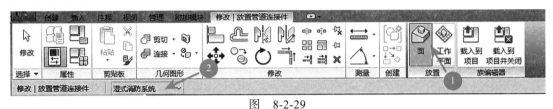

图　8-2-29

3）移动鼠标至"左下管道接头"模型处，如图 8-2-30 所示，单击鼠标，完成管道连接件放置，如图 8-2-31 所示。

4）添加直径参数：单击选择创建完成的管道连接件，选择"属性"编辑器中的"图形"实例属性中的"可见"值，如图 8-2-32 所示，Revit 将会弹出"关联族参数"对话框，如图 8-2-33 所示。

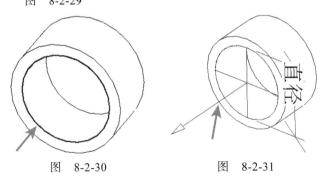

图　8-2-30　　　　图　8-2-31

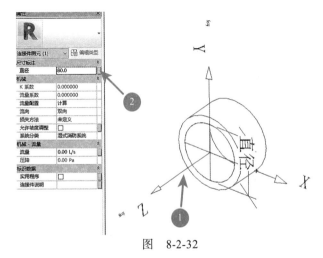

图　8-2-32

图　8-2-33

5）选择左下"管道直径"参数，单击"确定"按钮，如图 8-2-34 所示。完成直径参数添加，如图 8-2-35 所示。

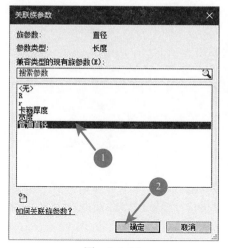

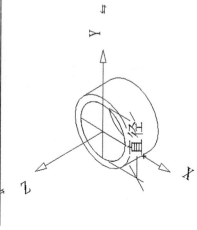

图　8-2-34　　　　　　　　　　　　　图　8-2-35

6）根据以上步骤，添加另外一边的直径参数。

1. 打开资料文件夹中"第 8 章"→"8.2 节"→"完成文件夹"→"卡箍"项目文件，进行参考练习。

2. 请根据"8.2 卡箍"操作步骤，创建卡箍。

8.3　风管弯头

风管弯头是风管系统中不可或缺的三维构件族，在实际项目应用时，需要掌握创建风管弯头族的步骤，创建实体时，利用原有族样板进行修改，用"放样"等工具进行创建，添加材质参数、风管连接件。

风管弯头尺寸要求：风管宽度为 200mm，风管高度为 100mm，半径乘数为 1，转弯半径为"风管宽度 × 半径乘数 ×2"，风管长度为"转弯半径 ×tan（角度 /2）"，角度为 60°，如图 8-3-1 所示。

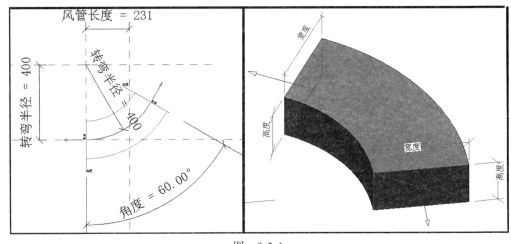

图　8-3-1

（1）新建族：

1）单击 Revit 初始界面的"应用程式菜单栏"按钮→"新建"→"族"。

2）选择族样板：Revit 将会弹出"新族 - 选择样板文件"对话框，选择"公制风管弯头"，单击"打开"按钮，如图 8-3-2 所示。

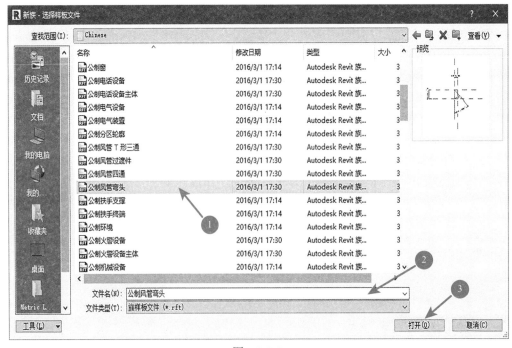

图　8-3-2

3）完成以上操作，Revit 将会启动族编辑器工作界面，如图 8-3-3 所示。

（2）修改族参数与添加参数：

1）切换至"创建"选项卡，选择"属性"面板中的"族类型"工具，如图 8-3-4 所示。

2）修改中心半径参数为转弯半径参数：

①完成以上操作，Revit 将会弹出"族类型"对话框，如图 8-3-5 所示，选择"中心半径"参数，再单击"编辑参数"工具，如图 8-3-6 所示。

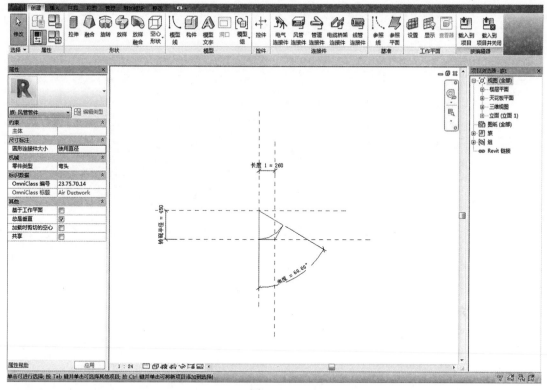

图　8-3-3

图　8-3-4

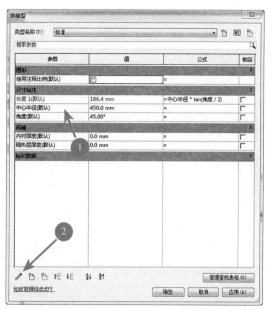

图　8-3-5　　　　　　　　　　　　　　　　图　8-3-6

②Revit 将会弹出"参数属性"对话框，如图 8-3-7 所示，修改名称"中心半径"为"转弯半径"，单击"确定"按钮，如图 8-3-8 所示。

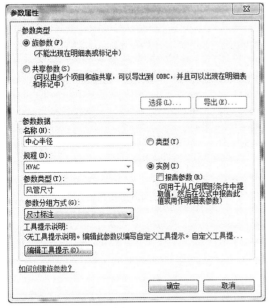

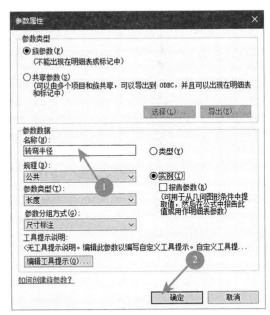

图 8-3-7　　　　　　　　　　　　　　　图 8-3-8

③完成以上操作，Revit 将会切换回"族类型"对话框，如图 8-3-9 所示，修改角度参数为 60°，如图 8-3-10 所示。

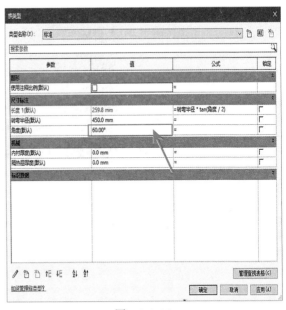

图 8-3-9　　　　　　　　　　　　　　　图 8-3-10

3）参照"2）修改中心半径参数为转弯半径参数"操作，修改"长度 1"为"风管长度"。

4）创建半径乘数参数：

①单击"族类型"中的"新建参数"工具，如图 8-3-11 所示，Revit 将会弹出"参数属性"对话框，如图 8-3-12 所示。

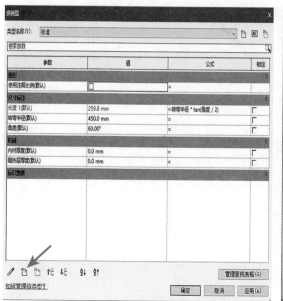
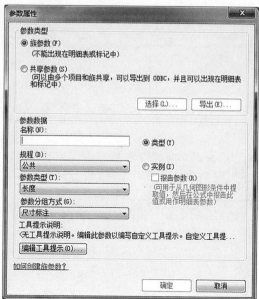

图　8-3-11　　　　　　　　　　　　　图　8-3-12

②修改"参数数据"中的名称为"半径乘数"，修改"规程"为"公共"，修改"参
数类型"为"数值"，修改"参数分组方式"为"其他"，单击选择"实例"，单击"确定"
按钮，完成参数创建，如图8-3-13所示，完成以上操作，Revit将会切换回"族类型"对话框，
修改"半径乘数"的"值"为1，单击"确定"按钮，完成所有操作，如图8-3-14所示。

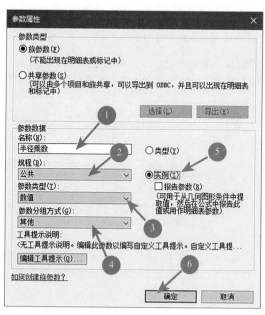
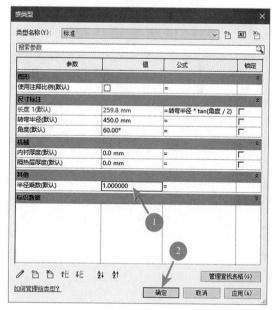

图　8-3-13　　　　　　　　　　　　　图　8-3-14

（3）创建风管弯头模型：采用编辑器中的"放样"工具进行创建。

1）切换视图至"参照标高"楼层平面：在"项目浏览器"中的"楼层平面"，双击
楼层平面中的"参照标高"，切换至"参照标高"楼层平面。

2）切换至"创建"选项卡，选择"形状"面板中的"放样"工具，如图8-3-15所示。

图 8-3-15

3）Revit 将会自动切换至"修改 | 放样"选项卡，选择"绘制路径"工具，如图 8-3-16
所示。

图 8-3-16

4）完成以上操作，Revit 将会自动切换至"修改 | 放样＞绘制路径"选项卡，选择"拾
取线"工具，如图 8-3-17 所示。

图 8-3-17

5）移动鼠标至平面视图，拾取样板中已创建完成的参照线，并将其锁定；完成以上操作，
绘制完成后，右击选择"取消"或是按"Esc"键两次；移动鼠标至"修改 | 放样＞绘制路径"
选项卡→选择"模式"面板→"完成编辑模式"工具，完成路径绘制，如图 8-1-18 所示。

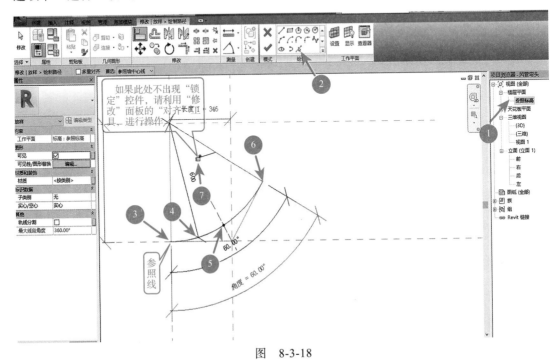

图 8-3-18

6）完成以上操作，Revit 将会自动切换至"修改 | 放样"选项卡，选择"放样"面板

中的"编辑轮廓"工具,如图 8-3-19 所示。

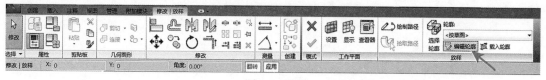

图　8-3-19

7)完成以上操作,Revit 将会自动弹出"转到视图"对话框,如图 8-3-20 所示。单击选择"立面:左",单击"打开视图"按钮,如图 8-3-21 所示。

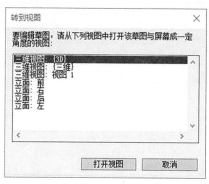 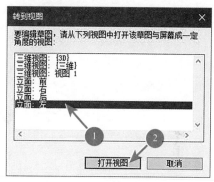

图　8-3-20　　　　　　　　　　图　8-3-21

8)完成以上操作,Revit 将会自动切换至"修改 | 放样 > 编辑轮廓"选项卡,并且切换至左立面视图,选择"绘制"面板中的"矩形"工具,移动鼠标至平面视图中绘制矩形,并且添加其尺寸标注,进行"EQ"平分,创建其"风管高度"参数,如图 8-3-22 所示。

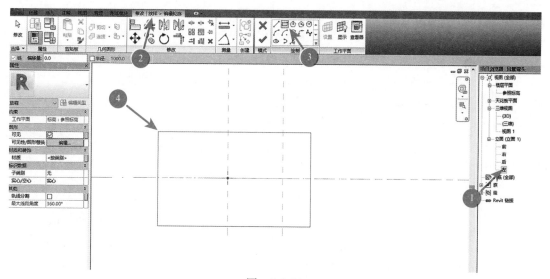

图　8-3-22

注:创建风管高度参数,可参照"8.1 消火栓→(4)创建消火栓模型→1)箱体模型→⑧、⑨"的操作步骤进行创建,实例属性。

9)创建风管宽度:由于风管的路径为曲线,风管宽度标注将会失效,此步骤需要转视图至三维视图。

①在项目浏览器中，双击"三维视图"中的"视图1"，切换至"三维视图"，切换至"注释"选项卡→选择"尺寸标注"面板→"对齐"工具，在三维视图中，单击左右两边轮廓线与参照中心线，进行"EQ"平分，并创建"风管宽度"参数，如图8-3-23所示。

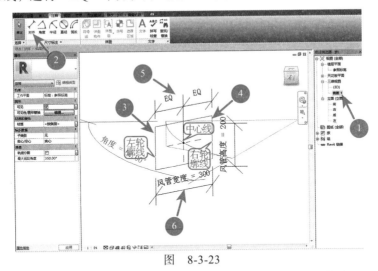

图　8-3-23

②绘制完成轮廓，单击"修改 | 放样 > 编辑轮廓"选项卡中"模式"面板中的"完成编辑模式"，如图8-3-24所示。

图　8-3-24

③完成轮廓编辑，Revit将会自动切换至"修改 | 放样"选项卡，再一次单击"修改 | 放样"选项卡中"模式"面板中的"完成编辑模式"，完成风管放样，如图8-3-25所示。

图　8-3-25

（4）添加材质：切换至"创建"选项卡→选择"属性"面板→"族类型"工具，对"族类型"中的"结构材质"值进行材质设置，材质为"镀锌钢管"的金属材质。

（5）添加风管连接件：此工具在三维视图下进行操作。

1）切换至"创建"选项卡→选择"连接件"面板→"风管连接件"工具，如图8-3-26所示。

图　8-3-26

2）放置风管连接件：Revit 将会切换至"修改｜放置风管连接件"选项卡，选择"放置"面板中的"面"工具，修改"修改｜放置风管连接件"选项栏为"全局"，如图 8-3-27 所示。

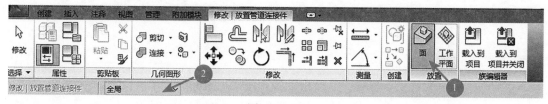

图　8-3-27

3）移动鼠标至"左边"模型面处，如图 8-3-28 所示。单击鼠标，完成风管连接件放置，如图 8-3-29 所示。

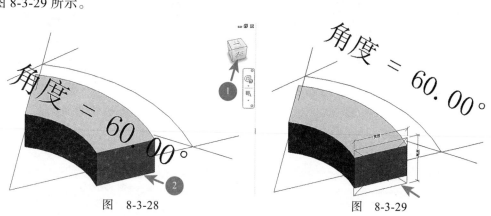

图　8-3-28   图　8-3-29

4）关联风管高度参数：单击选择创建完成的风管连接件，选择"属性"编辑器中的"尺寸标注"实例属性中的"高度"后面的"关联参数"按钮，如图 8-3-30 所示。

Revit 将会弹出"关联族参数"对话框，选择"风管高度"参数，单击"确定"按钮，完成所有操作，如图 8-3-31 所示。

5）关联风管高度参数：单击选择创建完成的风管连接件，选择"属性"编辑器中的"尺寸标注"实例属性中的"宽度"后面的"关联参数"按钮，如图 8-3-32 所示。

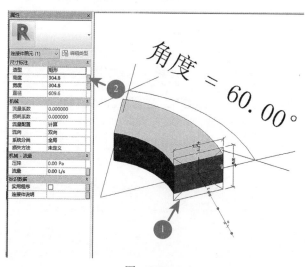

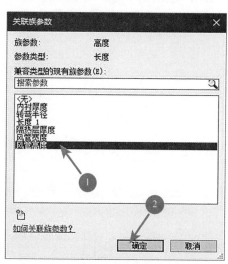

图　8-3-30   图　8-3-31

Revit 将会弹出"关联族参数"对话框，选择"风管宽度"参数，单击"确定"按钮，完成所有操作，如图 8-3-33 所示。

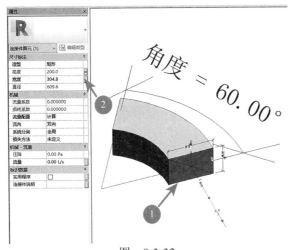

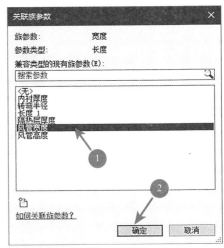

图 8-3-32 图 8-3-33

（6）参照"（5）添加风管连接件"操作，完成右边风管连接件添加。

（7）添加转弯半径参数公式：

1）切换至"创建"选项卡，选择"属性"面板中的"族类型"工具，如图 8-3-34 所示。

图 8-3-34

2）完成以上操作，Revit 将会弹出"族类型"对话框，如图 8-3-35 所示，在"转弯半径"参数后面的公式，输入"风管宽度 * 半径乘数 *2"，单击"确定"按钮，完成所有操作，如图 8-3-36 所示。

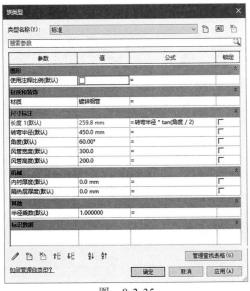

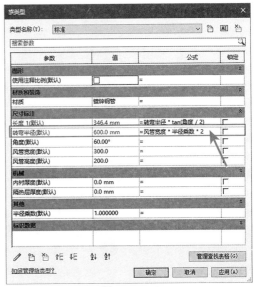

图 8-3-35 图 8-3-36

（8）修改参数：切换至"创建"选项卡→选择"属性"面板→单击"族类型"工具，Revit 将会弹出"族类型"对话框，单击"应用"，如果没有弹出"警告"对话框提示错误，表示族创建成功。

1. 打开资料文件夹中"第 8 章"→"8.3 节"→"完成文件夹"→"风管弯头"项目文件，进行参考练习。

2. 请根据"8.3 风管弯头"操作步骤，创建风管弯头。

8.4　单管荧光灯

单管荧光灯是电气专业中不可或缺的三维构件族，在实际项目应用时，需要掌握创建单管荧光灯族的步骤，创建实体时，利用原有族样板进行修改，用"拉伸"等工具进行创建。

单管荧光灯尺寸要求：单管荧光灯模型尺寸如图 8-4-1 所示，灯管半径为 15mm，灯销厚度为 20mm。

图 8-4-1

（1）新建族：单击 Revit 初始界面的"应用程式菜单栏"按钮→"新建"→"族"。

（2）选择族样板：Revit 将会弹出"新族 - 选择样板文件"对话框，选择族样板为"公制照明设备"，单击"打开"按钮，如图 8-4-2 所示。

注：在打开"公制照明设备样板"后有一个样板自带的球形点光源，暂不用修改。

（3）创建灯座模型：采用"拉伸"工具进行创建。

1）绘制参照平面：

①单击"创建"选项卡→"基准"面板→"参照平面"工具，放置参照平面，如图 8-4-3 所示。

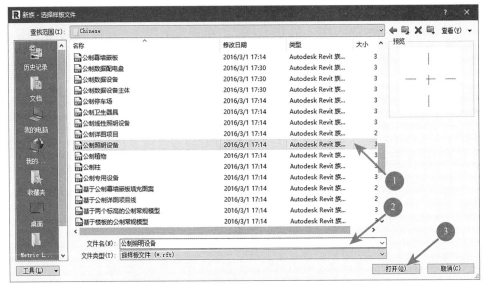

图　8-4-2

图　8-4-3

②完成以上操作，Revit 将会自动切换至"修改 | 放置参照平面"选项卡，绘制参照平面之前，在项目浏览器中，选择"参照标高"楼层平面视图，将视图切换至"参照标高"平面视图。

③单击"绘制"面板中的"绘制"工具，左右两边的参照平面距中心的偏移量为600mm，前后两边的参照平面距中心的偏移量为 22.5mm，请在"修改 | 放置参照平面"的选项栏中进行设置，如图 8-4-4 所示。

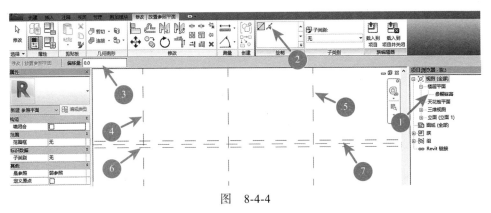

图　8-4-4

2）添加尺寸标注：

①切换至"注释"选项卡→选择"尺寸标注"面板→"对齐"工具，如图 8-4-5 所示。

②放置尺寸标注：完成以上操作，Revit 将会自动切换至"修改 | 放置尺寸标注"选项卡，选择"尺寸标注"面板中的"对齐"工具，根据图 8-4-6 所示进行标注。

图　8-4-5

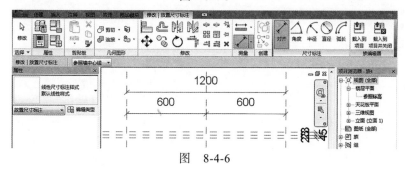

图　8-4-6

③ "EQ" 平分：单击连续标注的尺寸标注，Revit 将会自动切换至 "修改 | 尺寸标注" 选项卡，视图中的尺寸标注将会出现 "EQ" 控件，单击控件，即可平分，如图 8-4-7 所示。

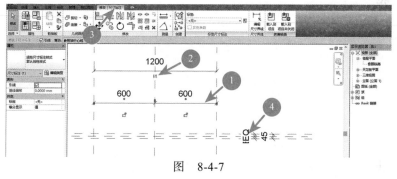

图　8-4-7

3）添加灯座长度参数：单击视图中的 "1200" 尺寸标注，Revit 将会自动切换至 "修改 | 尺寸标注" 选项卡，选择 "标签尺寸标注" 面板中的 "创建参数" 工具，Revit 将会弹出 "参数属性" 对话框，修改 "名称" 为 "灯座长度"，单击 "确定" 按钮，如图 8-4-8 所示。

4）添加灯座宽度参数：请参照 "3）添加灯座长度参数" 步骤对 "45" 的尺寸标注进行参数添加。

5）创建模型：

①设置工作平面：在项目浏览器中，将视图切换至 "参照标高" 楼层平面，切换至 "创建" 选项卡，选择 "工作平面" 面板中的 "设置" 工具，Revit 将会弹出 "工作平面" 对话框，单击 "拾取一个平面"，在 "参照标高" 楼层平面中选择如图 8-4-9 所示的 "参照平面"。

②选择 "转到视图"：完成以上操作，Revit 将会弹出 "转到视图" 对话框，如图 8-4-10 所示，选择 "立面：左"，再单击 "打开视图" 按钮，如图 8-4-11 所示。

③绘制参照平面：完成以上操作，Revit 会将视图切换至 "左" 立面视图，在 "左" 立面视图中绘制如图 8-4-12 所示的参照平面，详细步骤请参照 "1）绘制参照平面" 的操作步骤，并且添加尺寸标注，详细步骤请参照 "2）添加尺寸标注"。

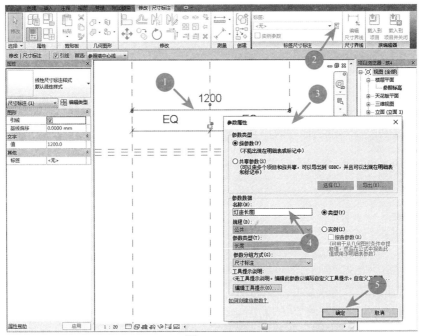

图 8-4-8

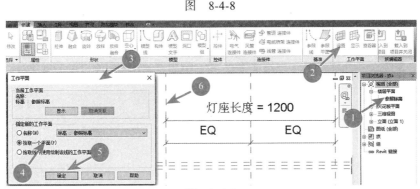

图 8-4-9

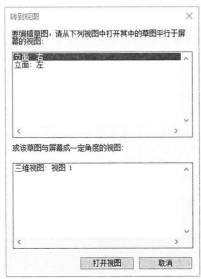

图 8-4-10

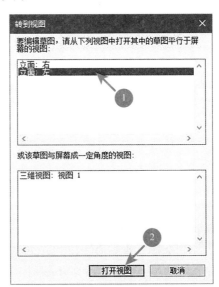

图 8-4-11

④选择工具：完成以上操作，Revit 会将视图切换至"参照标高"楼层平面视图，切换至"创建"选项卡，选择"形状"面板中的"拉伸"工具，如图 8-4-13 所示。

⑤绘制轮廓：完成以上操作，Revit 将

图 8-4-12

会自动切换至"修改 | 创建拉伸"选项卡，选择"绘制"面板中的"矩形"工具，根据图 8-4-14 所示进行绘制，并且锁定至参照平面上，完成所有操作，右击取消两次。

图 8-4-13

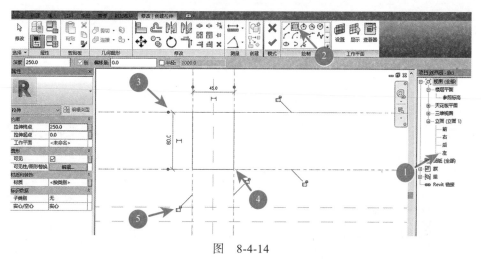

图 8-4-14

⑥完成创建：完成以上操作，在"修改 | 创建拉伸"选项卡，选择"模式"面板中的"完成编辑模式"工具，完成模型创建，如图 8-4-15 所示。

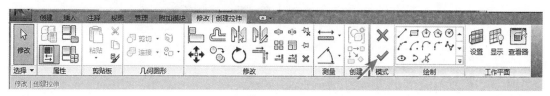

图 8-4-15

⑦锁定约束：完成以上操作，在项目浏览器中，将视图切换至"参照标高"楼层平面，切换至"修改"选项卡，选择"修改"面板中的"对齐"工具，移动鼠标至视图中按图 8-4-16 所示进行操作，相同操作，将另外一边约束于相对应的参照平面，见图中 6、7 步。

（4）创建左灯销模型：采用"拉伸"工具进行创建。

1）绘制参照平面：绘制如图 8-4-17 所示的参照平面，详细步骤请参照"（3）创建灯座模型→1）绘制参照平面"，并且添加尺寸标注，详细步骤请参照"（3）创建灯座模型→2）添加尺寸标注"。

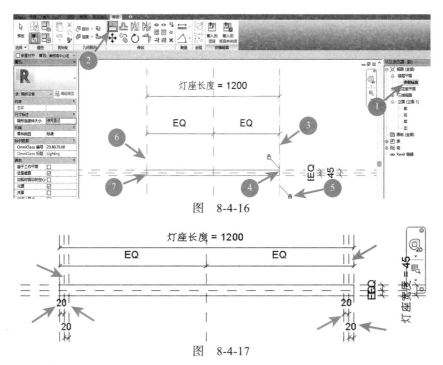

图　8-4-16

图　8-4-17

2）创建模型：

①设置工作平面：在项目浏览器中，将视图切换至"参照标高"楼层平面，切换至"创建"选项卡，选择"工作平面"面板中的"设置"工具，Revit 将会弹出"工作平面"对话框，单击"拾取一个平面"，在"参照标高"楼层平面中，选择如图 8-4-18 所示的"参照平面"。

②选择"转到视图"：详细步骤请参照"（3）创建灯座模型→5）创建模型→②选择'转到视图'"。

图　8-4-18

③绘制参照平面：完成以上操作，将视图切换至"左"立面视图，在"左"立面视图中绘制如图 8-4-19 所示的参照平面，详细步骤请参照"（3）创建灯座模型→1）绘制参照平面"，并且添加尺寸标注，详细步骤请参照"（3）创建灯座模型→2）添加尺寸标注"。

④选择工具：详细步骤请参照"（3）创建灯座模型→5）创建模型→④选择工具"。

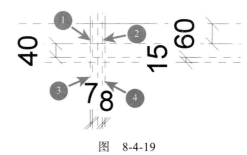

图　8-4-19

⑤绘制轮廓：完成以上操作，Revit将会自动切换至"修改｜创建拉伸"选项卡，选择"绘制"面板中的"矩形"工具，根据图8-4-20所示进行绘制，设置"深度"为"20"，并且锁定至参照平面上，完成所有操作，右击取消两次。

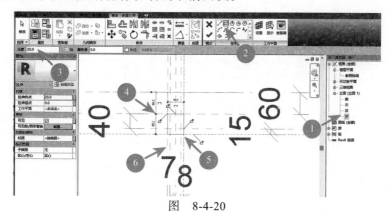

图　8-4-20

⑥完成创建：详细步骤请参照"（3）创建灯座模型→5）创建模型→⑥完成创建"。

（5）创建右灯销模型：镜像"左灯销模型"即可。

1）选择模型：在项目浏览器中，将视图切换至"参照标高"楼层平面，单击创建完成的"左灯销模型"，Revit将会自动切换至"修改｜拉伸"选项卡，选择"修改"面板中的"镜像"工具，鼠标拾取视图的中心参照平面，进行镜像，如图8-4-21所示。

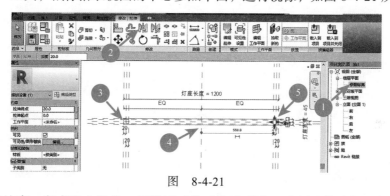

图　8-4-21

2）设置约束：完成以上操作，切换至"修改"选项卡，选择"修改"面板中的"对齐"工具，移动鼠标至视图中，按图8-4-22所示进行操作，相同操作，将另外一边约束于相对应的参照平面。

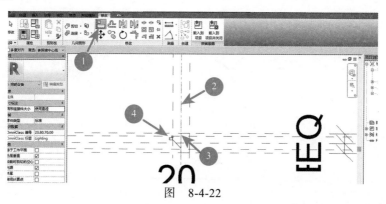

图　8-4-22

（6）创建灯管模型：详细步骤请参照"（3）创建灯座模型"，灯管位置如图 8-4-1 所示，灯管的长度为 1460mm、灯管半径为 15mm。

（7）修改光源：

1）在项目浏览器中，将视图切换至"前"立面视图，切换至"修改"选项卡，选择"修改"面板中的"对齐"工具，移动鼠标至视图中按图 8-4-23 所示进行操作。

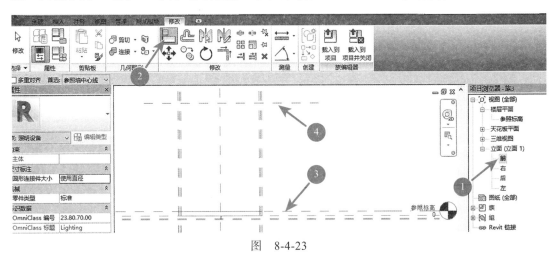

图　8-4-23

2）完成以上操作，将会出现"锁定"控件，单击即可将其锁定，如图 8-4-24 所示。

3）选择"光源"：在弹出的"上下文"选项卡，选择"照明"面板中的"光源定义"命令，将"根据形状发光"改为"线"，将"光线分布"改为"半球形"，如图 8-4-25 所示，完成后可以发现光源形状发生变化。

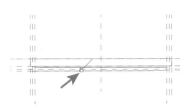

图　8-4-24

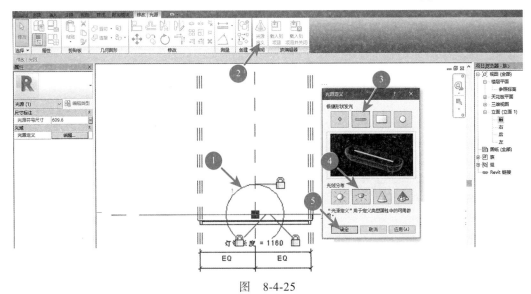

图　8-4-25

4）光源可在"族类型"对话框中修改"初始亮度"及"初始颜色"等参数，灯光的效果通过渲染才能体现出来，如图 8-4-26 所示。

图 8-4-26

1.打开资料文件夹中"第8章"→"8.4节"→"完成文件夹"→"单管荧光灯"项目文件，进行参考练习。

2.请根据"8.4单管荧光灯"操作步骤，创建单管荧光灯。

9

第 9 章

综合应用

课程概要：

　　本章将以建筑、结构、机电三大模块的族为例，深度讲解高级族的应用，如何在 Revit 中创建族，如何选择正确的族样板、族类型，详细讲解族的操作步骤，参数化驱动，如何将族应用于实际项目中。

课程目标：

- 进一步认识族编辑器中的各个功能
- 了解如何创建内建模型
- 了解如何创建建筑专业的栏杆、沙发
- 了解如何创建结构专业中的榫卯结构、U 形墩柱
- 了解如何创建机电专业中的弯头立管支撑、支吊架、综合管廊支吊架、分集水器、冷却塔、低压配电柜、变压器
- 掌握族的具体操作步骤，创建方法

9.1 建筑篇

本节内容将以内建柱顶饰条、栏杆构件集、中式沙发族为例，详细介绍建筑族的创建，这些族是建筑专业中常用的三维构件族，类型独特，涉及的参数驱动类型多样，创建方式各不相同，读者可以通过本节内容，学习创建这些族。

读者在实际项目中，可通过举一反三的方法独自创建实际项目的构件。

🔔 9.1.1 创建内建柱顶饰条

内建柱顶饰条一般应用于柱顶，由于内建柱顶饰条在实际项目应用时，形状不一，创建工具不同，接下来以放样工具创建柱顶饰条为例，详细讲解此部分的创建步骤。

内建柱顶饰条尺寸要求：根据图 9-1-1 给定的轮廓与路径，创建内建柱顶饰条模型。

（1）创建思路。

1）根据要求，说明此模型要以内建的形式进行创建，在 Revit 平台中，内建是指在项目板块中进行创建，项目样板没有明确说明，此处可以用建筑样板进行创建。

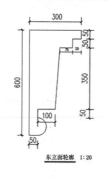

图　9-1-1

2）图 9-1-1 给出的轮廓与路径，符合族创建的放样工具。

（2）创建步骤。

1）新建项目：启动 Revit 软件，单击选择"项目"模块中"建筑样板"以新建项目，如图 9-1-2 所示。

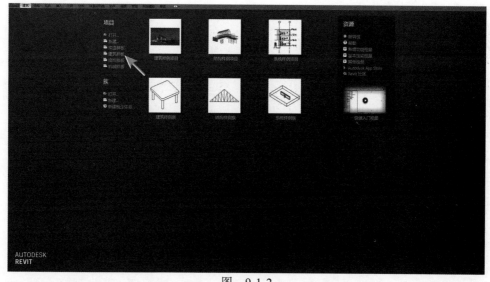

图　9-1-2

2）完成以上操作，Revit 将会启动项目工作界面，如图 9-1-3 所示。

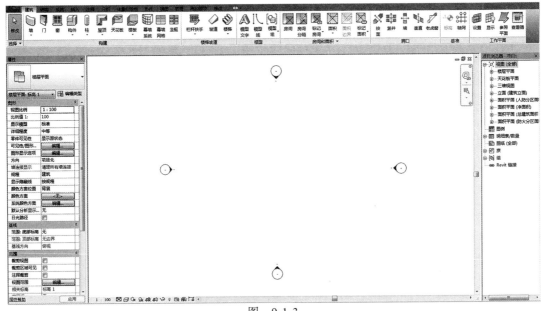

图 9-1-3

3）创建内建模型：

①切换至"建筑"选项卡→选择"构建"面板→"构件"下拉列表中的"内建模型"，如图 9-1-4 所示。

图 9-1-4

②完成以上操作，Revit 将会弹出"族类别和族参数"对话框，选择"族类别"中"常规模型"，如图 9-1-5 所示。

③完成以上操作，单击确定按钮，Revit 将会弹出"名称"对话框，如图 9-1-6 所示，修改名称为"柱顶饰条"，如图 9-1-7 所示。

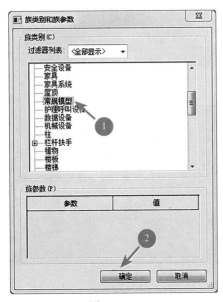

图 9-1-5

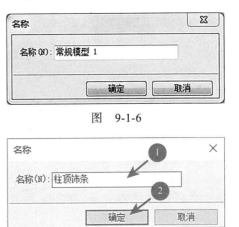

图 9-1-6

图 9-1-7

　　4）在位编辑器：完成以上操作，Revit 将会自动切换至"内建族编辑器"（通常情况称为"在位编辑器"）工作界面，如图 9-1-8 所示。

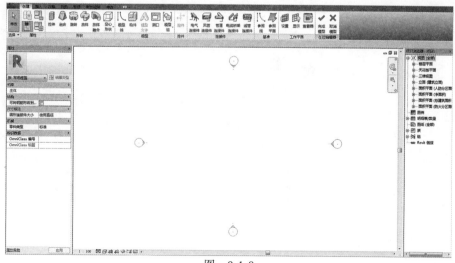

图　9-1-8

　　5）选择"放样"工具：切换至"创建"选项卡→选择"形状"面板→"放样"工具，如图 9-1-9 所示。

图　9-1-9

　　① Revit 将会自动切换至"修改 | 放样"选项卡，如图 9-1-10 所示。

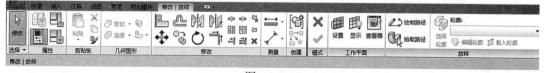

图　9-1-10

　　②选择"绘制路径"工具：选择"放样"面板→"绘制路径"工具，如图 9-1-11 所示。

图　9-1-11

　　③完成以上操作，Revit 将会自动切换至"修改 | 放样 > 绘制路径"选项卡，选择"绘制"面板中的"矩形"工具，如图 9-1-12 所示。

图　9-1-12

④绘制路径：完成以上操作，移动鼠标至"标高1"视图中，绘制"600mm×600mm 矩形"，绘制完成，单击"模式"面板中的"完成"工具，如图9-1-13所示。

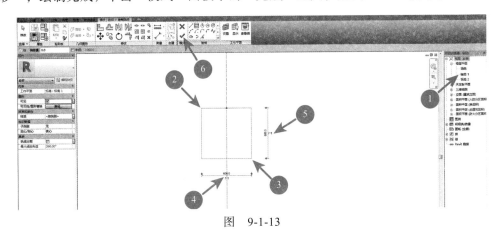

图　9-1-13

6）绘制轮廓：

①完成以上操作，单击"修改|放样"选项卡→选择"放样"面板→激活"选择轮廓"工具，如图9-1-14所示。

图　9-1-14

②完成以上操作，Revit将会自动切换至"转到视图"对话框，如图9-1-15所示。选择"立面：东"，单击"打开视图"选项，如图9-1-16所示。

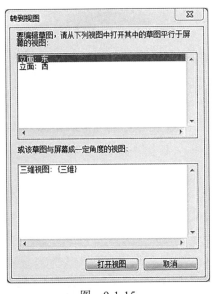

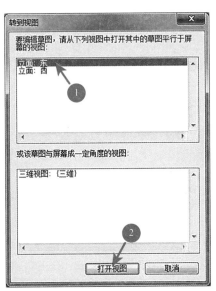

图　9-1-15　　　　　　　　　　图　9-1-16

③完成以上操作，Revit将会自动切换至"修改｜放样＞绘制路径"选项卡，选择"绘制"面板中绘制工具在视图中绘制要求的轮廓，如图9-1-17所示。

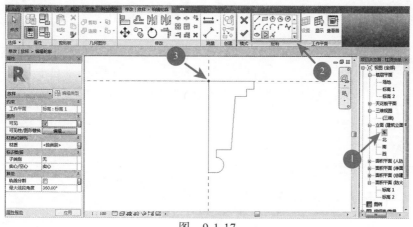

图　9-1-17

④绘制完成轮廓，单击"修改 | 放样 > 编辑轮廓"选项卡中"模式"面板中的"完成编辑模式"，如图 9-1-18 所示。

图　9-1-18

⑤完成以上操作，Revit 将会自动切换至"修改 | 放样"选项卡，再一次单击"修改 | 放样"选项卡中"模式"面板中的"完成编辑模式"，完成模型放样，如图 9-1-19 所示。

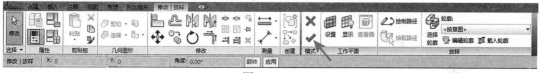

图　9-1-19

7）完成放样模型：完成以上操作，单击"修改"选项卡→选择"在位编辑器"面板→"完成模型"工具，如图 9-1-20 所示。

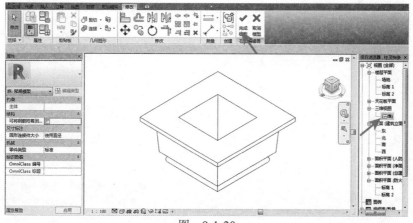

图　9-1-20

8）保存模型：单击快速访问栏中的"保存"按钮，将创建完成的模型保存名称为柱顶饰条。

🔺 9.1.2 创建栏杆构件集

栏杆构件集一般应用于特殊的栏杆,接下来将会详细讲解栏杆构件集的创建步骤。

栏杆构件集尺寸要求:某栏杆如图 9-1-21 所示,请按照图示尺寸要求新建并制作栏杆的构件集,截面尺寸除扶手外其余杆件材质设为"木材",挡板材质设为"玻璃",如图 9-1-21 所示。

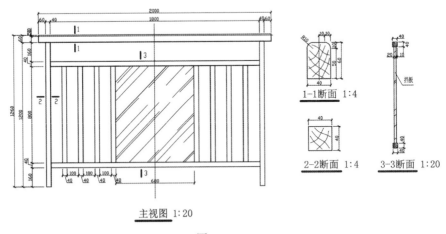

图　9-1-21

(1)创建思路。

1)根据要求制作栏杆的构件集,不是内建模型,在"常规模型族"族样板下进行创建。

2)根据给出的条件,模型的扶手栏杆、玻璃嵌板基本以拉伸工具进行创建。

3)根据图 9-1-21 主视图给出的条件,左边的竖向栏杆与右边的竖向栏杆一致,绘制完成左边的竖向栏杆可以通过"镜像"工具,将其复制至右边。

(2)创建步骤。

1)新建族:启动 Revit 软件,单击应用程序菜单下拉列表,选择"新建"→"族"命令,如图 9-1-22 所示。

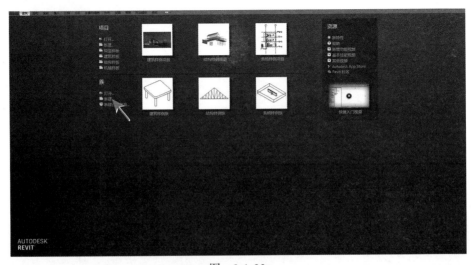

图　9-1-22

2）选择样板：Revit 将会弹出"新族 - 选择样板文件"对话框，选择族样板为"绘制常规模型"，单击打开按钮，如图 9-1-23 所示。

图　9-1-23

3）族编辑器：完成以上操作，Revit 将会启动族编辑器工作界面，如图 9-1-24 所示。

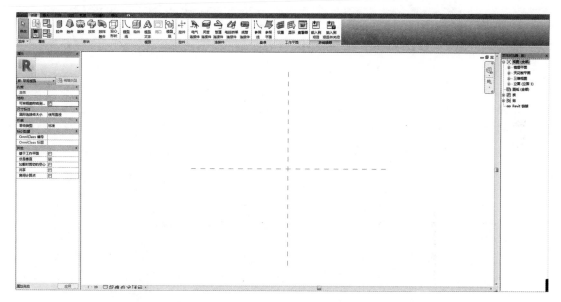

图　9-1-24

4）绘制参照平面：

根据图 9-1-21，在"参照标高"楼层平面绘制参照平面。

①切换至"创建"选项卡→选择"基准"面板→"参照平面"工具，如图 9-1-25 所示。

图　9-1-25

②完成以上操作，Revit 将会自动切换至"修改｜放置参照平面"选项卡，选择"绘制"面板中的"拾取"工具，创建如图 9-1-26 所示的参照平面，并添加尺寸标注，将其约束。

5）根据图 9-1-21，在"前"立面视图绘制参照平面。

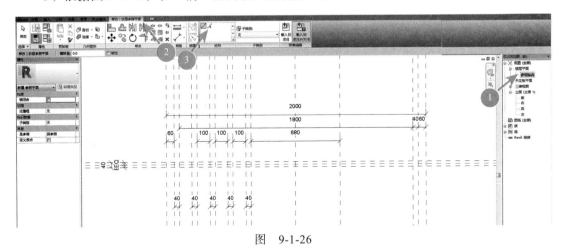

图　9-1-26

①切换至"创建"选项卡→选择"基准"面板→"参照平面"工具，如图 9-1-27 所示。

图　9-1-27

②完成以上操作，Revit 将会自动切换至"修改｜放置参照平面"选项卡，选择"绘制"面板中的"拾取"工具，创建如图 9-1-28 所示的参照平面，并添加尺寸标注，将其约束。

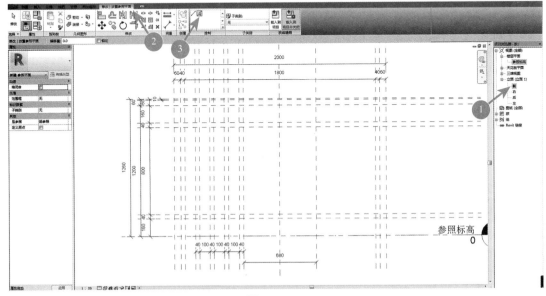

图　9-1-28

6）绘制顶栏杆扶手：根据图 9-1-21"主视图"，顶栏杆扶手可以通过拉伸进行创建，拉伸的轮廓为图 9-1-21 中 "1-1 断面"。

①切换至 "创建" 选项卡→选择 "形状" 面板→ "拉伸" 工具，如图 9-1-29 所示。

图 9-1-29

②设置工作平面：Revit 将会自动切换至 "修改｜创建拉伸" 选项卡，选择 "工作平面" 面板中的 "设置"，如图 9-1-30 所示。

图 9-1-30

③完成以上操作，Revit 将会弹出 "工作平面" 对话框，如图 9-1-31 所示，在 "指定新的工作平面" 中，选择 "拾取一个平面"，单击确定，如图 9-1-32 所示。

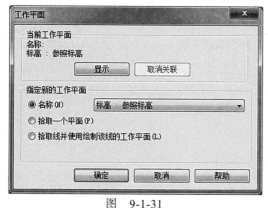

图 9-1-31

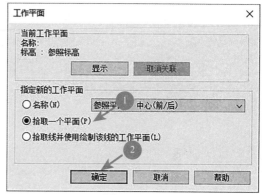

图 9-1-32

④完成以上操作，鼠标的图标将会变成 "十字形"，移动光标至如图 9-1-33 所示位置进行拾取参照平面。

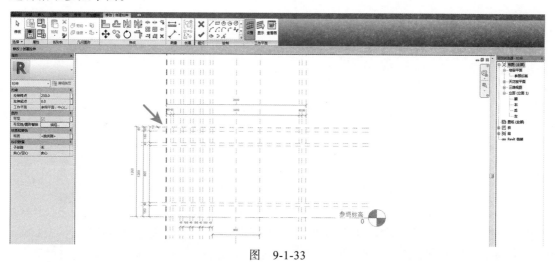

图 9-1-33

⑤Revit 将会弹出"转到视图"对话框，如图 9-1-34 所示，单击选择"立面：右"，单击"打开视图"，如图 9-1-35 所示。

⑥完成以上操作，Revit 将会切换至"右"立面视图，在"修改｜创建拉伸"选项卡，选择"绘制"面板中的绘制工具，进行绘制，根据如图 9-1-36 所示的位置绘制图 9-1-21 中"1-1 断面"，绘制完成后，修改"属性"面板中的"拉伸终点"为"2000"。

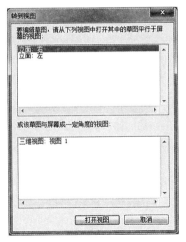

图　9-1-34

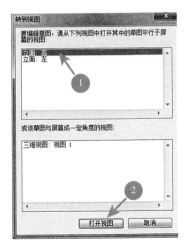

图　9-1-35

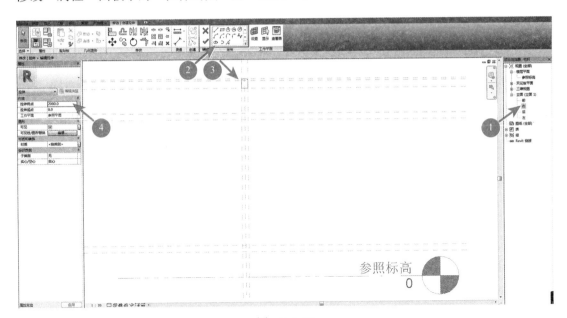

图　9-1-36

⑦完成以上操作，移动鼠标至"修改｜创建拉伸"选项卡→选择"模式"面板→"完成编辑模式"工具，完成模型创建，如图 9-1-37 所示。

图　9-1-37

7）绘制中间与最底边的栏杆：根据图 9-1-21 中"主视图"，中间与最底边栏杆可以通过拉伸进行创建，拉伸的轮廓为图 9-1-21 中"3-3 断面"，在项目浏览器中，双击立面视图中的"前"，将视图切换至"前"立面视图。

①切换至"创建"选项卡→选择"形状"面板→"拉伸"工具，如图 9-1-38 所示。

图 9-1-38

②设置工作平面：Revit 将会自动切换至"修改│创建拉伸"选项卡，选择"工作平面"面板中的"设置"，如图 9-1-39 所示。

图 9-1-39

③完成以上操作，Revit 将会弹出"工作平面"对话框，如图 9-1-40 所示，在"指定新的工作平面"中，选择"拾取一个平面"，单击确定，如图 9-1-41 所示。

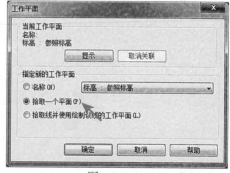

图 9-1-40　　　　　　　　图 9-1-41

④完成以上操作，鼠标的图标将会变成"十字形"，移动光标至如图 9-1-42 所示位置进行拾取参照平面。

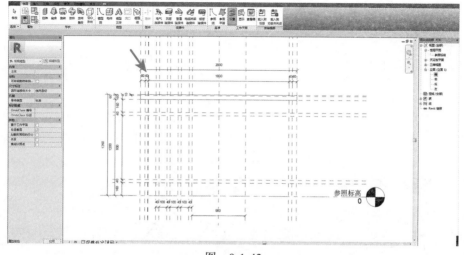

图 9-1-42

⑤ Revit 将会弹出"转到视图"对话框，如图 9-1-43 所示，单击选择"立面：右"，单击"打开视图"，如图 9-1-44 所示。

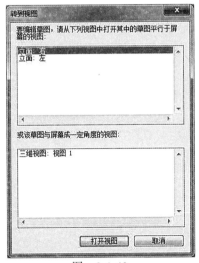
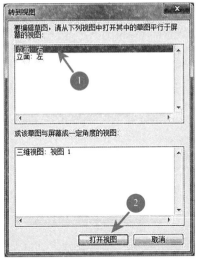

图 9-1-43　　　　　　　　　　　　图 9-1-44

⑥完成以上操作，Revit 将会切换至"右"立面视图，在"修改｜创建拉伸"选项卡，选择"绘制"面板中的绘制工具，进行绘制，根据如图 9-1-45 所示的位置，绘制图 9-1-21 中"3-3 断面"，绘制完成后，修改"属性"面板中的"拉伸终点"为"1800"。

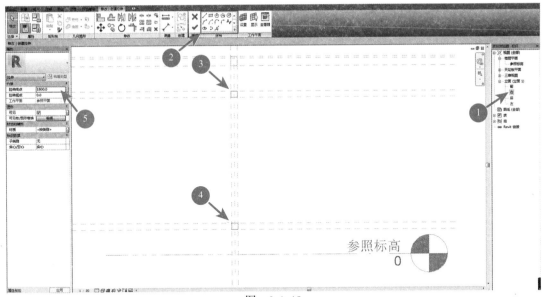

图 9-1-45

⑦完成以上操作，移动鼠标至"修改｜拉伸 > 编辑拉伸"选项卡→选择"模式"面板→"完成编辑模式"工具，完成模型创建，如图 9-1-46 所示。

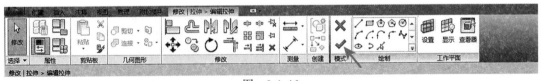

图 9-1-46

8）绘制左边的竖向栏杆：根据图 9-1-21 中"主视图"，左边的竖向栏杆可以通过拉伸进行创建，拉伸的轮廓为图 9-1-21 中"2-2 断面"。

①在项目浏览器中，双击楼层平面中的"参照标高"，将视图切换至"参照标高"平面视图，切换至"创建"选项卡→选择"形状"面板→"拉伸"工具，如图 9-1-47 所示。

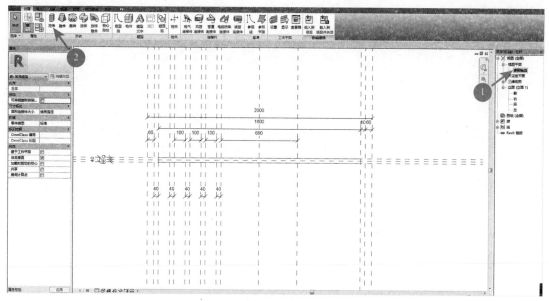

图　9-1-47

②设置工作平面：Revit 将会自动切换至"修改｜创建拉伸"选项卡，如图 9-1-48 所示。

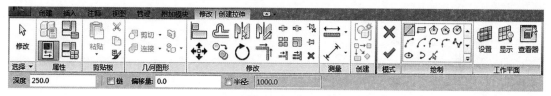

图　9-1-48

③根据如图 9-1-49 所示的位置绘制图 9-1-21 中"2-2 断面"，选择"绘制"面板中的绘制工具，进行绘制，绘制完成后，修改"属性"面板中的"拉伸终点"为"1200"。

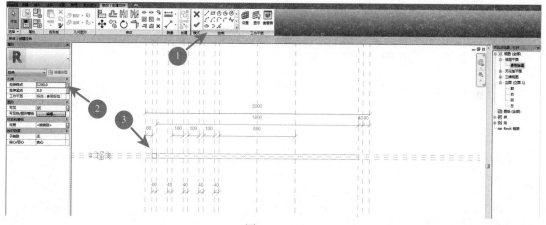

图　9-1-49

307

④完成以上操作，移动鼠标至"修改｜创建拉伸"选项卡→选择"模式"面板→"完成编辑模式"工具，完成模型创建，如图 9-1-50 所示。

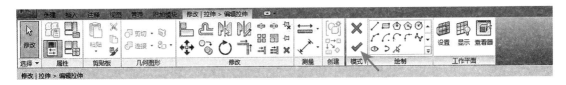

图　9-1-50

⑤完成以上操作，继续在"参照标高"楼层平面绘制剩下的竖向栏杆，切换至"创建"选项卡→选择"形状"面板→"拉伸"工具，如图 9-1-51 所示。

图　9-1-51

⑥ Revit 将会自动切换至"修改｜创建拉伸"选项卡，选择"绘制"面板中的绘制工具，进行绘制，绘制完成后，修改"属性"面板中的"拉伸终点"为"800"，如图 9-1-52所示。

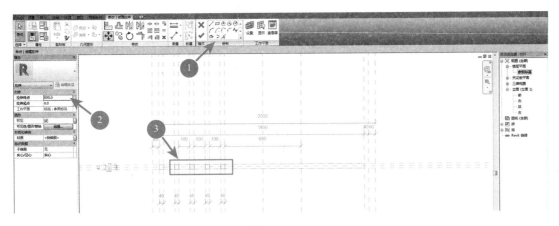

图　9-1-52

⑦完成以上操作，移动鼠标至"修改｜拉伸＞编辑拉伸"选项卡→选择"模式"面板→"完成编辑模式"工具，完成模型创建，如图 9-1-53 所示。

图　9-1-53

9）切换至前视图：在项目浏览器中，双击立面视图中的"前"，将视图切换至"前"立面视图，如图 9-1-54 所示。

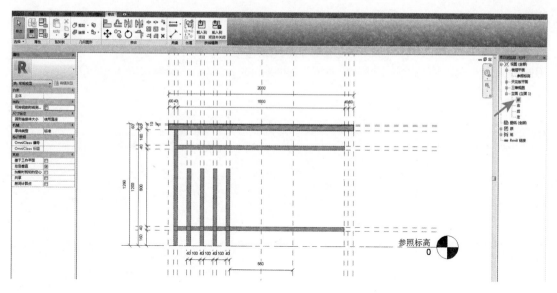

图 9-1-54

10）设置栏杆工作平面：选择如图 9-1-55 所示的栏杆，Revit 将会自动切换至"修改｜拉伸"选项卡，单击选择"工作平面"面板中的"编辑工作平面"。

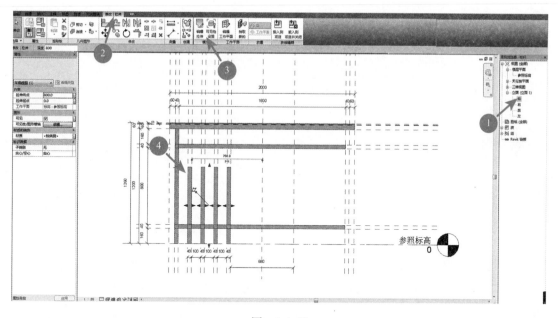

图 9-1-55

①完成以上操作，Revit 将会弹出"工作平面"对话框，如图 9-1-56 所示，在"指定新的工作平面"中，选择"拾取一个平面"，单击确定，如图 9-1-57 所示。

②完成以上操作，移动鼠标至如图 9-1-58 所示位置。

③完成以上操作，栏杆模型将会自动移动上去，如图 9-1-59 所示。

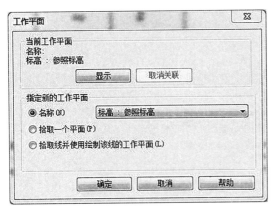
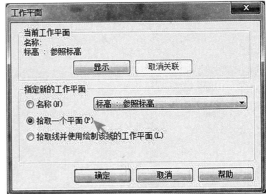

图　9-1-56　　　　　　　　　　图　9-1-57

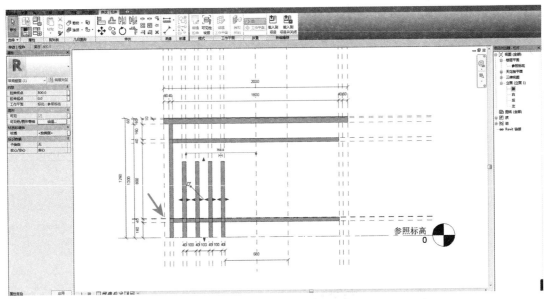

图　9-1-58

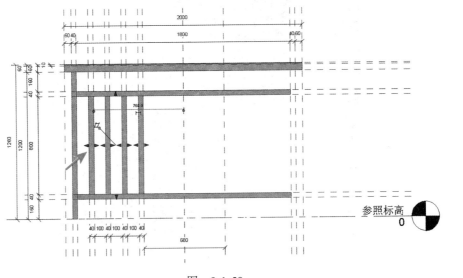

图　9-1-59

11）镜像栏杆：选择如图 9-1-60 所示的栏杆，Revit 将会自动切换至"修改｜拉伸"选项卡，选择"修改"面板中的"镜像"工具。

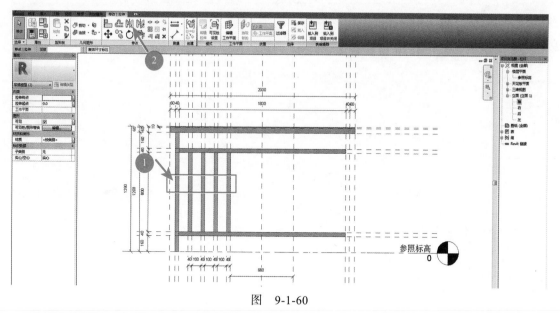

图　9-1-60

①移动鼠标至如图 9-1-61 所示的参照平面。

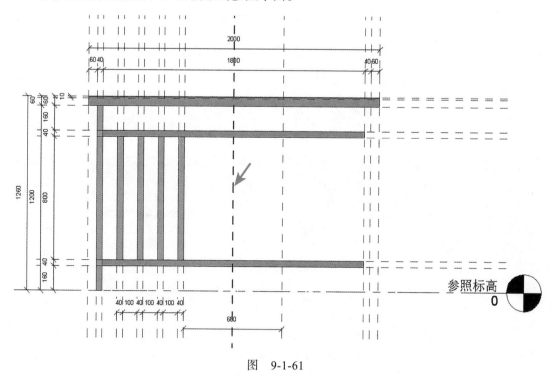

图　9-1-61

②完成以上操作，将完成模型镜像，如图 9-1-62 所示。

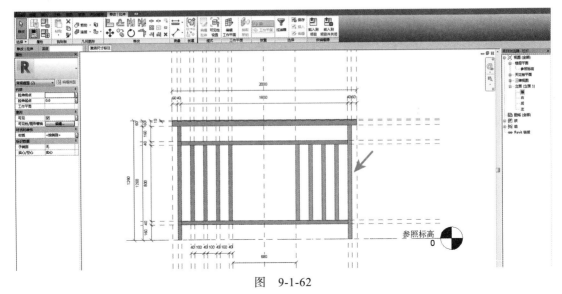

图　9-1-62

12）创建挡板模型：根据图 9-1-21 中 "主视图"，挡板模型可以通过拉伸进行创建，拉伸的轮廓为 "3-3 断面"，挡板的厚度为 20mm。

①轮廓绘制完成以后，切换至 "创建" 选项卡→选择 "形状" 面板→ "拉伸" 工具，如图 9-1-63 所示。

图　9-1-63

②Revit 将会自动切换至 "修改 | 创建拉伸" 选项卡，选择 "绘制" 面板中的绘制工具，如图 9-1-64 所示。

图　9-1-64

③选择 "绘制" 面板中的 "矩形" 工具，进行绘制，绘制完成后，修改 "属性" 面板中的 "拉伸终点" 为 "10"，"拉伸起点" 为 "-10"，如图 9-1-65 所示。

④完成以上操作，移动鼠标至 "修改 | 拉伸 > 编辑拉伸" 选项卡→选择 "模式" 面板→ "完成编辑模式" 工具，完成模型创建，如图 9-1-66 所示。

13）添加材质：选择栏杆与挡板模型，在属性面板中对其进行材质参数添加，切换至 "创建" 选项卡→选择 "属性" 面板→ "族类型" 工具，在 "族类型" 中的 "结构材质" 值进行材质设置，杆件材质设为 "木材"，挡板材质设为 "玻璃"。

14）保存模型：单击快速访问栏中的 "保存" 按钮，将创建完成的模型保存名称为栏杆。

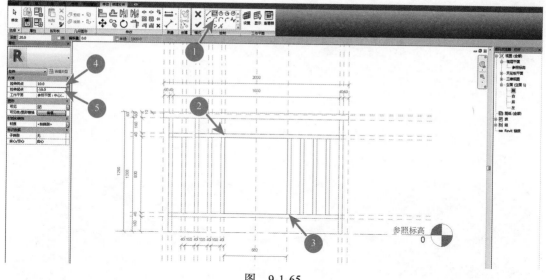

图 9-1-65

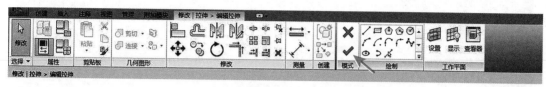

图 9-1-66

注：本案例选自"全国 BIM 等级考证试题"。

9.1.3 创建中式沙发

中式沙发为家具构件，可以通过拉伸工具来创建，接下来将会详细讲解中式沙发的创建步骤。

中式沙发尺寸要求：某中式沙发如图9-1-67 所示，请按照图示尺寸要求新建并制作中式沙发，扶手与垫板材质设为"木材"，坐垫材质设为"亚麻布"。

（1）创建思路。

1）根据尺寸要求，制作家具构件集，在"公制家具"族样板下进行创建。

2）根据给出的条件，模型的扶手和垫板

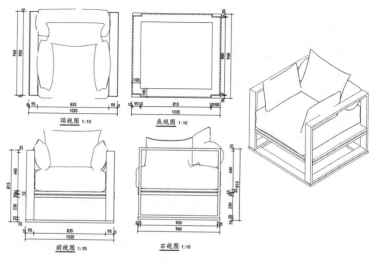

图 9-1-67

基本以拉伸工具进行创建。

3）根据各视图给出的尺寸，在垫板中间，有凹陷部分，此部分内容采用"空心拉伸"进行创建，其中坐垫根据提供的族模型进行载入放置。

4）添加材质：本小节将不再详细讲解添加材质参数与材质属性，详细操作步骤请参照"6.1 内建族→（7）（8）"的操作步骤。

（2）创建步骤。

1）新建族：启动 Revit 软件，单击应用程序菜单下拉列表，选择"新建"→"族"命令，如图 9-1-68 所示。

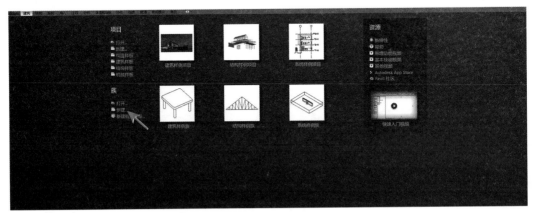

图 9-1-68

2）选择样板：Revit 将会弹出"新族 - 选择样板文件"对话框，选择族样板为"常规模型族"，单击打开按钮，如图 9-1-69 所示。

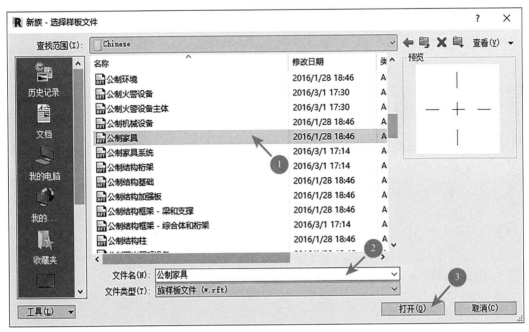

图 9-1-69

3）族编辑器：完成以上操作，Revit 将会启动族编辑器工作界面，如图 9-1-70 所示。

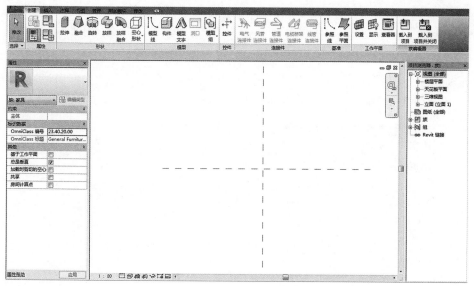

图　9-1-70

4）在"参照标高"楼层平面绘制参照平面：根据图 9-1-67 中"顶视图""底视图"，在"参照标高"楼层平面绘制参照平面，在项目浏览器中，双击楼层平面中的"参照标高"，将视图切换至"参照标高"平面视图。

①切换至"创建"选项卡→选择"基准"面板→"参照平面"工具，如图 9-1-71 所示。

图　9-1-71

②完成以上操作，Revit 将会自动切换至"修改｜放置参照平面"选项卡，选择"绘制"面板中的"拾取"工具，创建如图 9-1-72 所示的参照平面，并添加尺寸标注，将其约束。

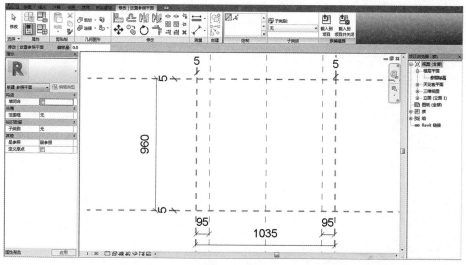

图　9-1-72

注：此处添加尺寸标注，切换至"注释"选项卡→选择"尺寸标注"面板→"对齐"
　　工具，根据如图 9-1-72 所示进行标注。

③添加参数：选择尺寸标注，移动鼠标至"尺寸标注"选项卡→选择"标签尺寸标注"
面板→"创建参数"工具，弹出"参数属性"对话框，添加如图 9-1-73 所示对应的参数。

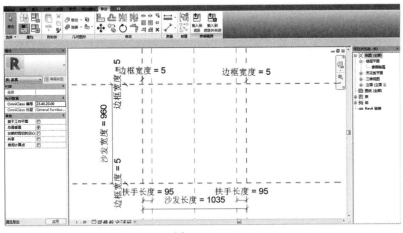

图　9-1-73

5）在立面视图创建参照平面：根据图 9-1-67 中"前视图"和"右视图"，在"前"
立面视图绘制参照平面。在项目浏览器中，双击立面视图中的"前"，将视图切换至"前"
立面视图。

①切换至"创建"选项卡→选择"基准"面板→"参照平面"工具，如图 9-1-74 所示。

图　9-1-74

②完成以上操作，Revit 将会自动切换至"修改｜放置参照平面"选项卡，选择"绘制"
面板中的"拾取"工具，创建如图 9-1-75 所示的参照平面，并添加尺寸标注，将其约束。

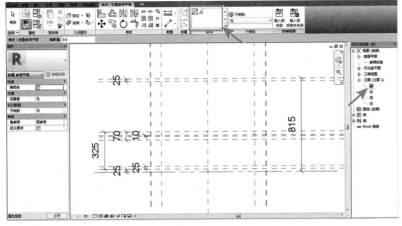

图　9-1-75

③添加参数：选择尺寸标注，移动鼠标至"尺寸标注"选项卡→选择"标签尺寸标注"面板→"创建参数"工具，弹出"参数属性"对话框，添加如图9-1-76所示对应的参数。

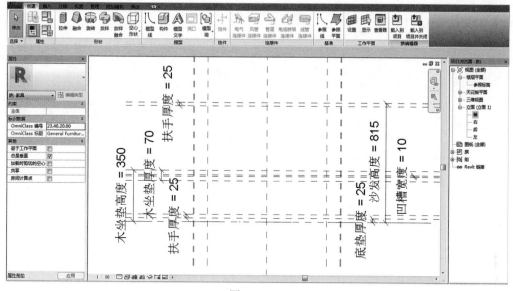

图 9-1-76

6）创建底垫模型：根据图9-1-67中"底视图"的尺寸要求创建底垫模型，需要在"参照标高"楼层平面视图创建模型。

①设置工作平面：切换至"创建"选项卡→选择"工作平面"面板→"设置"工具，如图9-1-77所示。

图 9-1-77

完成以上操作，Revit将会弹出"工作平面"对话框，如图9-1-78所示，在"指定新的工作平面"中，选择"拾取一个平面"，单击确定，如图9-1-79所示。

图 9-1-78

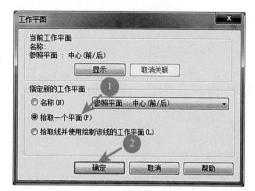

图 9-1-79

②完成以上操作，鼠标的图标将会变成"十字形"，移动光标至平面视图中的"水平中心"参照平面，如图9-1-80所示。

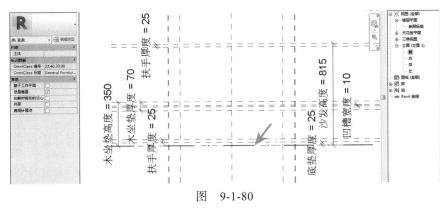

图　9-1-80

Revit 将会弹出"转到视图"对话框，如图 9-1-81 所示，单击选择"楼层平面：参照标高"，单击"打开视图"，如图 9-1-82 所示。

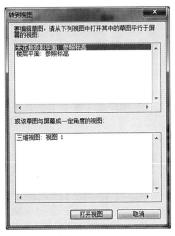

图　9-1-81

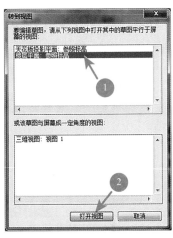

图　9-1-82

③完成以上操作，Revit 将会切换至"参照标高"楼层平面，切换至"创建"选项卡→选择"形状"面板→"拉伸"工具，如图 9-1-83 所示。

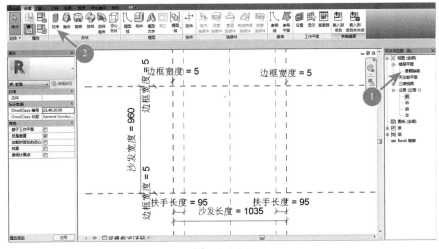

图　9-1-83

④绘制外轮廓：Revit 将会自动切换至"修改 | 创建拉伸"选项卡，选择"绘制"面

板→"矩形"工具，在属性面板中，设置创建模型的拉伸终点为"25"、拉伸起点为"0"，按照如图 9-1-84 所示的步骤进行底垫模型外轮廓的绘制。

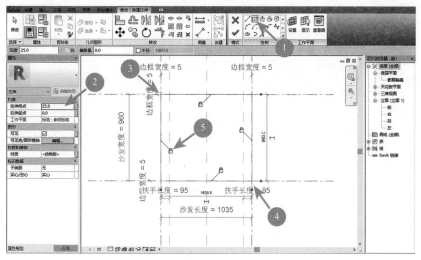

图　9-1-84

⑤绘制内边轮廓：根据图 9-1-67 中"底视图"的尺寸要求创建底垫模型，创建内边轮廓，选择"绘制"面板→"矩形"工具，修改"选项栏"中的"偏移量"为"–100"，按照如图 9-1-85 所示的步骤进行内边轮廓的绘制。

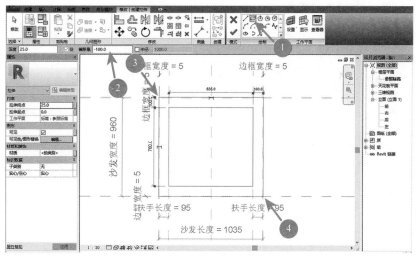

图　9-1-85

⑥对草图进行尺寸标注：切换至"注释"选项卡→选择"尺寸标注"面板→"对齐"工具，进行标注。

⑦添加底板边距宽度参数：选择尺寸标注，移动鼠标至"尺寸标注"选项卡→选择"标签尺寸标注"面板→"创建参数"工具，弹出"参数属性"对话框，添加"底板边距宽度"参数。

⑧完成以上操作，右击选择"取消"或是按"Esc"键两次。移动鼠标至"修改｜创建拉伸"选项卡→选择"模式"面板→"完成编辑模式"工具，完成模型创建，如图 9-1-86 所示。

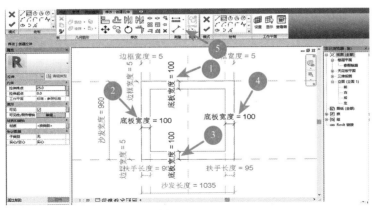

图 9-1-86

⑨将模型高度进行对齐锁定：在项目浏览器中，双击立面视图中的"前"，将视图切换至"前"立面视图，切换至"修改"选项卡，选择"修改"面板中的"对齐"工具，按照如图 9-1-87 所示的步骤进行操作。

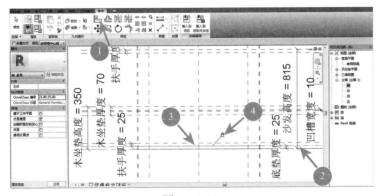

图 9-1-87

7）创建右扶手模型：根据图 9-1-67 中"右视图"的尺寸要求创建右扶手模型，需要在"左 / 右"立面视图创建模型。

①设置工作平面：请参照"6）创建底垫模型→①设置工作平面"操作过程。

②完成以上操作，鼠标光标将会变成"十字形"，移动光标至立面视图中的"水平中心"的参照平面，如图 9-1-88 所示。

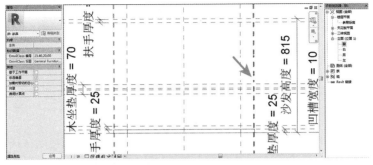

图 9-1-88

③Revit 将会弹出"转到视图"对话框，如图 9-1-89 所示。单击选择"立面: 右"，单击"打开视图"，如图 9-1-90 所示。

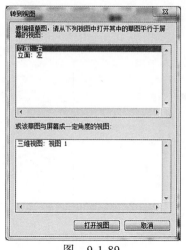 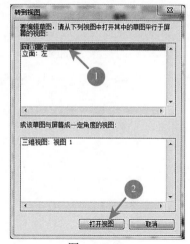

图 9-1-89　　　　　　　　　　图 9-1-90

④完成以上操作，Revit 将会切换至"右"立面视图，切换至"创建"选项卡→选择"形状"面板→"拉伸"工具，如图 9-1-91 所示。

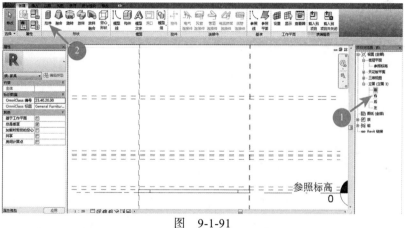

图 9-1-91

⑤绘制外轮廓：Revit 将会自动切换至"修改│创建拉伸"选项卡，选择"绘制"面板→"矩形"工具，在属性面板中，设置创建模型的拉伸终点为"95"、拉伸起点为"0"，按照如图 9-1-92 所示的步骤，进行扶手模型外轮廓的绘制。

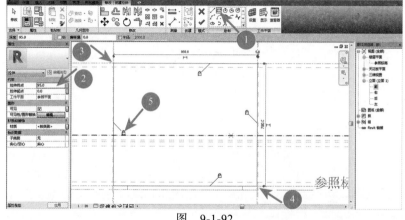

图 9-1-92

⑥绘制内边轮廓：根据图9-1-67中"右视图"的尺寸要求创建右扶手模型，创建内边轮廓，选择"绘制"面板→"矩形"工具，修改"选项栏"中的"偏移量"为"–25"，按照如图9-1-93所示的步骤进行内边轮廓绘制。

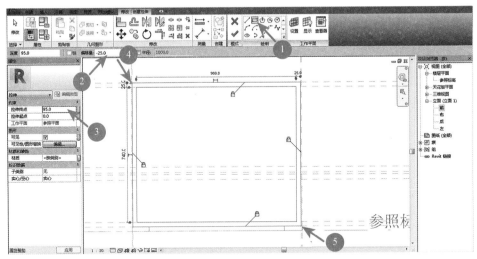

图　9-1-93

⑦对草图进行尺寸标注：切换至"注释"选项卡→选择"尺寸标注"面板→"对齐"工具，进行标注。

⑧添加扶手厚度参数：选择尺寸标注，移动鼠标至"尺寸标注"选项卡→选择"标签尺寸标注"面板→"创建参数"工具，弹出"参数属性"对话框，添加"扶手厚度"参数。

⑨完成以上操作，右击选择"取消"或是按"Esc"键两次，移动鼠标至"修改｜创建拉伸"选项卡→选择"模式"面板→"完成编辑模式"工具，完成模型创建，如图9-1-94所示。

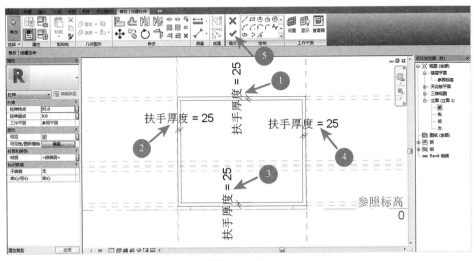

图　9-1-94

⑩将模型高度进行对齐锁定：在项目浏览器中，双击立面视图中的"前"，将视图切换至"前"立面视图，切换至"修改"选项卡，选择"修改"面板中的"对齐"工具，按照如图9-1-95所示的步骤进行操作。

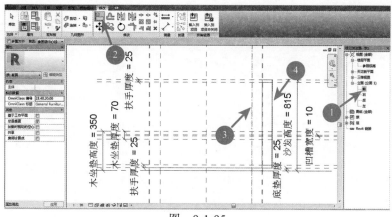

图　9-1-95

8）创建左扶手模型：请参照"7）创建右扶手模型"操作过程。

9）创建木坐垫模型：根据图 9-1-67 中"底视图"的尺寸要求创建木坐垫模型，需要在"参照标高"楼层平面视图创建模型。

①设置工作平面：请参照"6）创建底垫模型→①设置工作平面"操作过程。

②完成以上操作，鼠标的图标将会变成"十字形"，移动光标至平面视图中的"水平中心"参照平面，如图 9-1-96 所示。

图　9-1-96

③ Revit 将会弹出"转到视图"对话框，如图 9-1-97 所示，单击选择"楼层平面：参照标高"，单击"打开视图"，如图 9-1-98 所示。

④完成以上操作，Revit 将会切换至"参照标高"楼层平面，切换至"创建"选项卡→选择"形状"面板→"拉伸"工具，如图 9-1-99 所示。

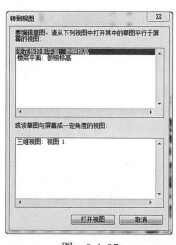

图　9-1-97

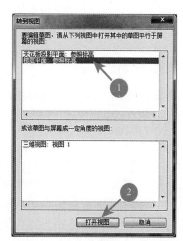

图　9-1-98

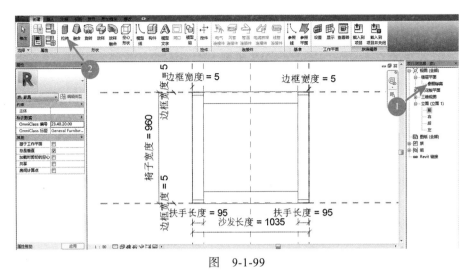

图 9-1-99

⑤绘制轮廓：Revit 将会自动切换至"修改|创建拉伸"选项卡，选择"绘制"面板→"矩形"工具，在属性面板中设置创建模型的拉伸终点为"70"、拉伸起点为"0"，按照如图 9-1-100 所示的步骤进行轮廓绘制。

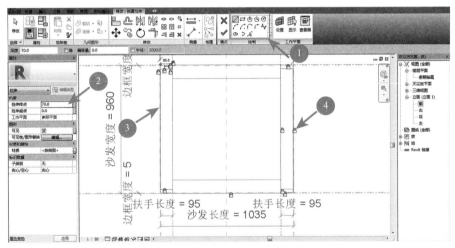

图 9-1-100

⑥完成以上操作，绘制完成后，右击选择"取消"或是按"Esc"键两次，移动鼠标至"修改|创建拉伸"选项卡→选择"模式"面板→"完成编辑模式"工具，完成模型创建，如图 9-1-101 所示。

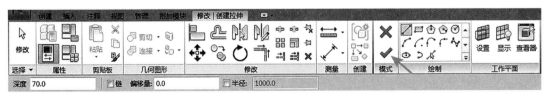

图 9-1-101

⑦将模型高度进行对齐锁定：在项目浏览器中，双击立面视图中的"前"，将视图切换至"前"立面视图，切换至"修改"选项卡，选择"修改"面板中的"对齐"工具，按照如图 9-1-102 所示的步骤进行操作。

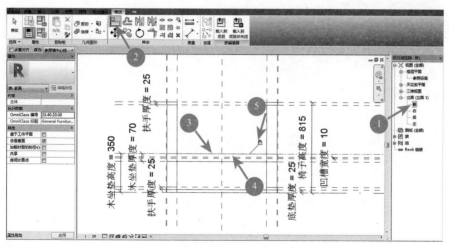

图 9-1-102

10）创建凹槽模型：根据图 9-1-67 中"底视图""前视图""右视图"的尺寸要求创建凹槽模型，需要在"参照标高"楼层平面视图创建模型，采用空心拉伸。

①设置工作平面：请参照"6）创建底垫模型→①设置工作平面"操作过程。

②完成以上操作，鼠标的图标将会变成"十字形"，移动光标至平面视图中的"水平中心"参照平面，如图 9-1-103 所示。

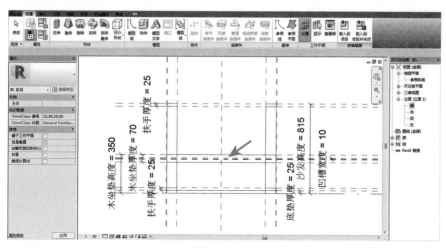

图 9-1-103

③"转到视图"对话框：请参照"9）创建木坐垫模型→③"操作过程。

④完成以上操作，Revit 将会切换至"参照标高"楼层平面，切换至"创建"选项卡→选择"形状"面板→"空心形状"下拉列表中的"空心拉伸"工具，如图 9-1-104 所示。

⑤绘制空心拉伸外轮廓：Revit 将会自动切换至"修改｜创建空心拉伸"选项卡，选择"绘制"面板→绘制工具，在属性面板中，设置创建模型的拉伸终点为"10"、拉伸起点为"0"，按照如图 9-1-105 所示的步骤进行轮廓绘制。

⑥绘制空心拉伸内轮廓：根据图 9-1-67 中"底视图"的尺寸要求，创建空心拉伸内轮廓，选择"绘制"面板→"矩形"工具，修改"选项栏"中的"偏移量"为"10"，按照如图 9-1-106 所示的步骤进行轮廓绘制。

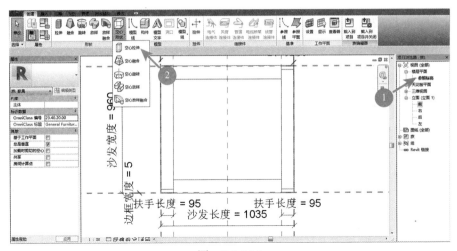

图　9-1-104

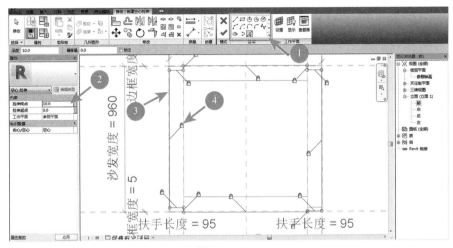

图　9-1-105

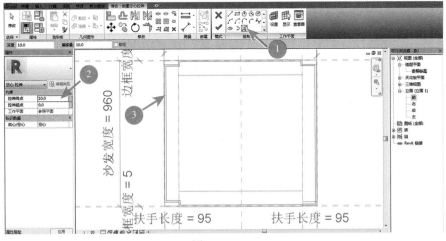

图　9-1-106

　　⑦对草图进行尺寸标注：切换至"注释"选项卡→选择"尺寸标注"面板→"对齐"工具，进行标注。

⑧添加凹槽宽度参数：选择尺寸标注，移动鼠标至"尺寸标注"选项卡→选择"标签尺寸标注"面板→"创建参数"工具，弹出"参数属性"对话框，添加"凹槽宽度"参数。完成以上操作，右击选择"取消"或是按"Esc"键两次，移动鼠标至"修改｜创建空心拉伸"选项卡→选择"模式"面板→"完成编辑模式"工具，完成模型创建，如图9-1-107所示。

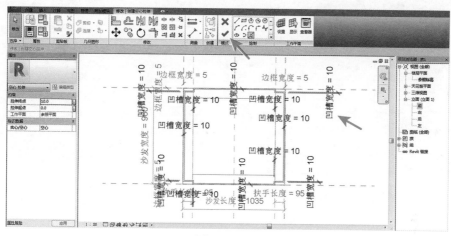

图 9-1-107

11）放置坐垫模型：将文件载入并且放置，按照提供的视图进行放置。

①载入族：切换至"插入"选项卡→选择"从库中载入"面板→"载入族"工具，如图9-1-108所示。

图 9-1-108

②完成以上操作，Revit将会弹出"载入族"对话框，切换至资料文件夹中"第9章"→"9.2节"→"练习文件夹"，选择"坐垫3""靠垫4""靠垫5""抱枕4"项目文件，单击"打开"按钮将文件载入项目中，如图9-1-109所示。

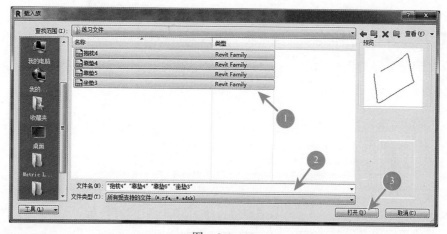

图 9-1-109

③放置"坐垫 3":完成以上操作,双击"参照标高"楼层平面视图,将视图切换至"参照标高"楼层平面视图,切换至"创建"选项卡→选择"模型"面板→"构件"工具,如图 9-1-110 所示。

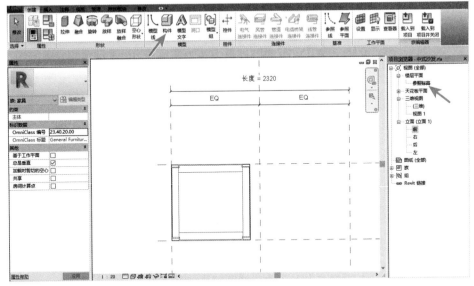

图　9-1-110

④完成以上操作,Revit 将会切换至"修改 | 放置构件"选项卡,在属性选择器中选择"坐垫 3",移动鼠标至工作界面的位置进行放置,如图 9-1-111 所示。放置完成之后,在空白处右击鼠标后单击取消,完成所有操作。

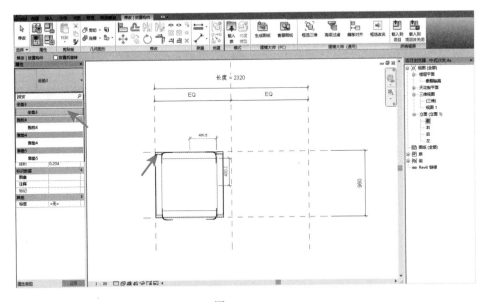

图　9-1-111

⑤调整坐垫高度:双击"前"立面视图,将视图切换至"前"立面视图,单击"坐垫 3"模型,Revit 将会启动"坐垫 3"的属性面板,修改属性中的偏移量为"345"。如图 9-1-112 所示。放置完成之后,在空白处右击鼠标后单击取消,完成所有操作。

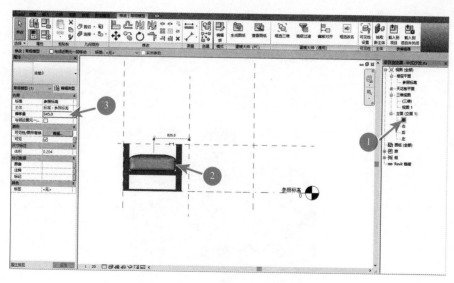

图 9-1-112

注：模型的高度可从前文的中式沙发尺寸要求中得出，"坐垫 3"为 345mm，"靠垫 4"为 740mm，"靠垫 5"为 600mm，"抱枕 4"为 575mm。

12）放置"抱枕 4"模型：双击"参照标高"楼层平面视图，将视图切换至"参照标高"楼层平面视图，切换至"创建"选项卡→选择"模型"面板→"构件"工具，Revit 将会切换至"修改 | 放置构件"选项卡，在属性选择器中选择"坐垫 4"，移动鼠标至工作界面的位置进行放置，在沙发框架边各放置一个，如图 9-1-113 所示。放置完成之后，在空白处右击鼠标后单击取消，完成所有操作。

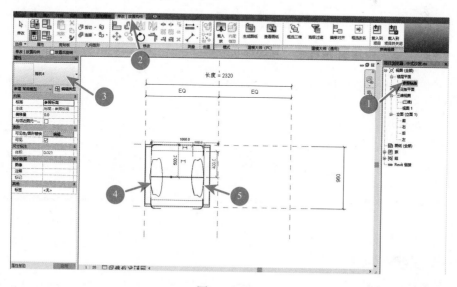

图 9-1-113

调整"抱枕 4"高度：请参考"13）放置坐垫模型→⑤"的操作步骤，此处不再描述。

13）放置"靠垫 4"与"靠垫 5"模型：请参考"13）放置坐垫模型"的操作步骤。详细定位的位置可参考前文的"中式沙发尺寸要求"进行放置，此处不再描述。

14）最终完成的放置位置如图 9-1-114 所示。

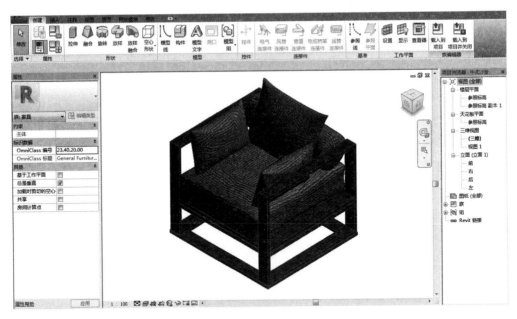

图　9-1-114

15）保存模型：单击快速访问栏中的"保存"按钮，将创建完成的模型保存名称为"中式沙发"。

1. 打开资料文件夹中"第 9 章"→"9.1 节"→"完成文件夹"的项目文件，进行参考练习。

2. 请根据"9.1.1 创建内建柱顶饰条"操作步骤，创建内建柱顶饰条。

3. 请根据"9.1.2 创建栏杆构件集"操作步骤，创建栏杆构件集。

4. 请根据"9.1.3 创建中式沙发"操作步骤，创建中式沙发。

9.2　结构篇

本节将以结构专业常见的族为例，详细讲解结构族的创建过程与方法，进一步认识族编辑器的各个功能。

本节内容将以榫卯结构、U 形墩柱、钢筋族为例，详细介绍结构族的创建，这些族都是结构专业中常用的三维构件族，类型独特，涉及的参数驱动类型多样，创建方式各不相同，读者可以根据以下内容的创建步骤，学习创建这些族，通过举一反三的方法，可以在实际项目中独自创建项目的构件。

9.2.1　创建榫卯结构

榫卯结构是木结构专业中不可或缺的三维构件族，接下来将会详细讲解榫卯结构的创建步骤，创建实体时，利用原有族样板进行修改，用"拉伸"等工具进行榫卯结构形体的创建。

榫卯结构创建要求：榫卯结构的尺寸如图 9-2-1 所示，并要求建在一个模型中，将该模型以构件集保存，命名为"榫卯结构"。

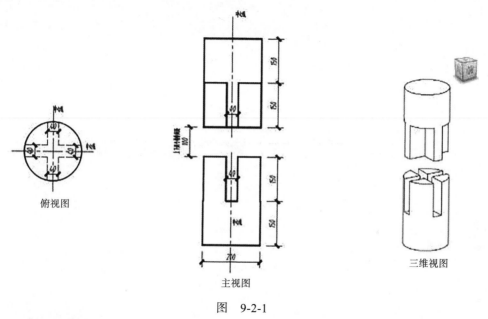

俯视图　　主视图　　三维视图

图　9-2-1

（1）创建思路。

1）根据创建要求，以构件集形式创建族，在"公制常规模型族"族样板文件下进行创建。

2）根据给出的条件，采用拉伸工具、空心拉伸工具进行模型创建。

3）根据三维视图可以判断出，可以通过拉伸工具创建两个圆柱，在挖空的位置采用空心拉伸工具进行挖空。

（2）创建步骤。

1）新建族：单击 Revit 初始界面的"应用程式菜单栏"按钮→"新建"→"族"。

2）选择样板：请参照"9.1.2 创建栏杆构件集→（2）创建步骤→2）选择样板"的操作，Revit 将会弹出"新族 - 选择样板文件"对话框，选择"公制常规模型族"。

3）族编辑器：完成以上操作，Revit 将会启动族编辑器工作界面。

4）创建下部"榫卯结构"：

①在项目浏览器中，双击楼层平面中的"参照标高"，将视图切换至"参照标高"平面视图，切换至"创建"选项卡→选择"形状"面板→"拉伸"工具，如图 9-2-2 所示。

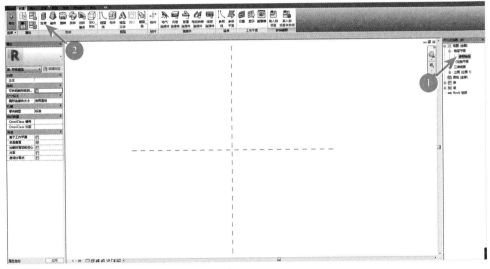

图　9-2-2

②完成以上操作，Revit 将会自动切换至"修改｜创建拉伸"选项卡→选择"绘制"面板→"圆形"工具，在如图 9-2-3 所示的位置，绘制半径为 100mm 的圆形，并修改"拉伸终点"为"300"。

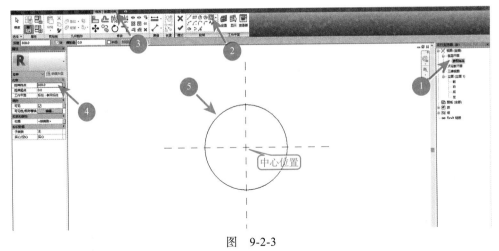

图　9-2-3

③完成以上操作，移动鼠标至"修改｜创建拉伸"选项卡→选择"模式"面板→"完成编辑模式"工具，完成模型创建，如图 9-2-4 所示。

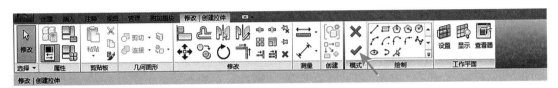

图　9-2-4

5）创建"空心拉伸"：参考图 9-2-1 中"三维视图"与"俯视图"绘制空心拉伸轮廓，空心拉伸的高度位置参考图 9-2-1 中"主视图"。

①在"参照标高"楼层平面视图创建空心拉伸：切换至"创建"选项卡→选择"形状"面板→"空心形状"下拉列表→"空心拉伸"工具，如图 9-2-5 所示。

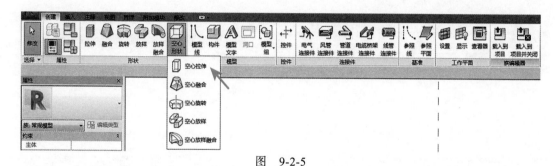

图　9-2-5

②完成以上操作，Revit 将会自动切换至"修改｜创建空心拉伸"选项卡→选择"绘制"面板→"绘制"工具，在中心的位置，绘制如图 9-2-6 所示的轮廓，并修改"拉伸终点"为"300"，"拉伸起点"为"150"。

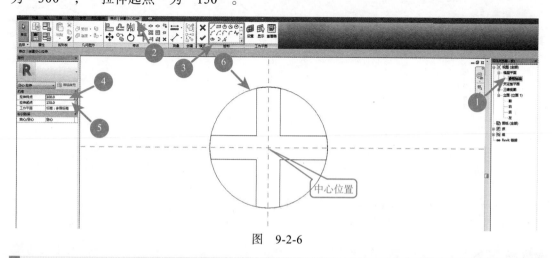

图　9-2-6

注：可以采用"拾取"工具绘制轮廓，并且利用"修改"面板中的"修剪"工具进行修改。

③完成以上操作，移动鼠标至"修改｜拉伸 > 编辑拉伸"选项卡→选择"模式"面板→"完成编辑模式"工具，完成模型创建，如图 9-2-7 所示。

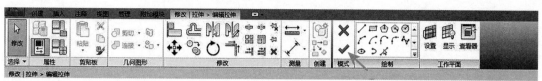

图　9-2-7

6）创建上部"榫卯结构"：参考图 9-2-1 中"三维视图"与"俯视图"创建拉伸，拉伸的高度位置参考图 9-2-1 中"主视图"。

①在"参照标高"楼层平面视图进行创建：切换至"创建"选项卡→选择"形状"面板→"拉伸"工具，如图 9-2-8 所示。

②完成以上操作，Revit 将会自动切换至"修改｜创建拉伸"选项卡→选择"绘制"面板→"圆形"工具，在如图 9-2-9 所示的位置，绘制半径为 100mm 的圆形，并修改"拉伸终点"为"700"，"拉伸起点"为"400"。

图　9-2-8

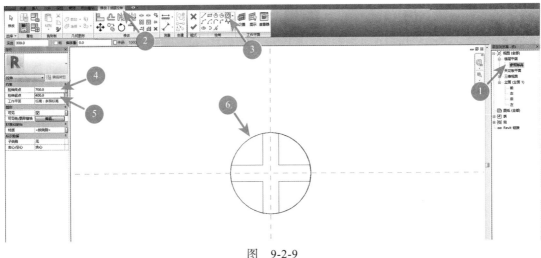

图　9-2-9

③完成以上操作，移动鼠标至"修改｜拉伸 > 编辑拉伸"选项卡→选择"模式"面板→
"完成编辑模式"工具，完成模型创建，如图 9-2-10 所示。

图　9-2-10

7）创建"空心拉伸"：参考图 9-2-1 中"三维视图"与"俯视图"绘制空心拉伸轮廓，
空心拉伸的高度位置参考图 9-2-1 中"主视图"。

①在"参照标高"楼层平面视图创建空心拉伸：切换至"创建"选项卡→选择"形状"
面板→"空心形状"下拉列表→"空心拉伸"工具，如图 9-2-11 所示。

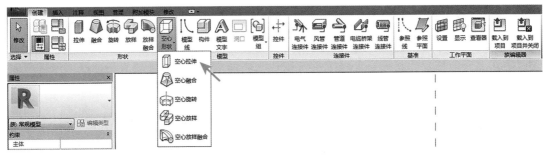

图　9-2-11

②完成以上操作，Revit 将会自动切换至"修改｜创建空心拉伸"选项卡→选择"绘制"面板→"绘制"工具，在中心的位置，绘制如图 9-2-12 所示的轮廓，并修改"拉伸终点"为"550"，"拉伸起点"为"400"。

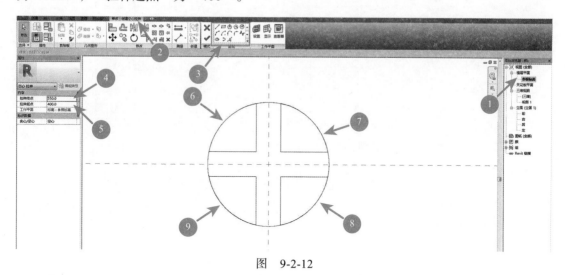

图　9-2-12

③完成以上操作，移动鼠标至"修改｜拉伸 > 编辑拉伸"选项卡→选择"模式"面板→"完成编辑模式"工具，完成模型创建，如图 9-2-13 所示。

图　9-2-13

8）保存模型：单击快速访问栏中的"保存"按钮，将创建完成的模型保存名称为榫卯结构。

注：本案例选自"全国 BIM 等级考证试题"。

9.2.2　创建 U 形墩柱

U 形墩柱是桥梁专业中不可或缺的三维构件族，接下来将会详细讲解 U 形墩柱的创建步骤，创建实体时，利用原有族样板进行修改，用"拉伸"等工具进行创建。

U 形墩柱创建要求：根据图 9-2-14 给定的尺寸数据，以构件集形式创建 U 形墩柱，整体材质为混凝土。

（1）创建思路。

1）根据创建要求，以构件集形式创建族，在"公制常规模型族"族样板文件下进行创建。

2）根据给出的条件，采用拉伸工具，以图 9-2-14 中"正立面图"的轮廓，在样板正视图中创建主体拉伸。

3）根据图 9-2-14 中"1-1 剖面图""2-2 剖面图""细部详图"，通过空心拉伸进行创建，空心拉伸的轮廓以图 9-2-14 中"细部详图"具体尺寸进行创建。

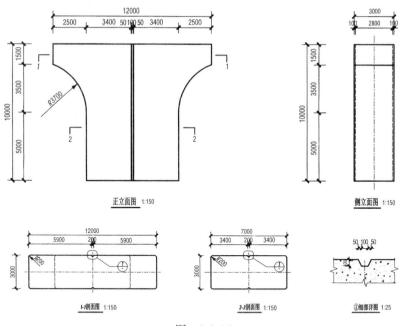

图　9-2-14

4）根据图 9-2-14 中"侧立面图""1-1 剖面图""2-2 剖面图"，通过空心放样进行创建。

（2）创建步骤。

1）新建族：单击 Revit 初始界面的"应用程式菜单栏"按钮→"新建"→"族"。

2）选择样板：请参照"9.1.2 创建栏杆构件集"→"（2）创建步骤"→"2）选择样板"的操作步骤，Revit 将会弹出"新族 - 选择样板文件"对话框，选择"公制常规模型族"。

3）族编辑器：完成以上操作，Revit 将会启动族编辑器工作界面。

4）创建主体模型：

①在项目浏览器中，双击楼层平面中的"参照标高"，将视图切换至"参照标高"平面视图，切换至"创建"选项卡→选择"形状"面板→"拉伸"工具，如图 9-2-15 所示。

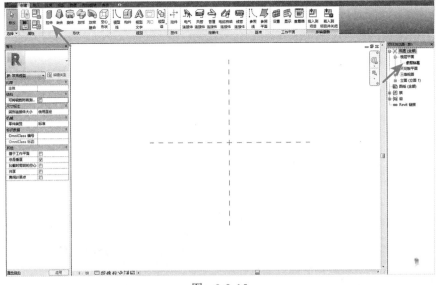

图　9-2-15

②设置工作平面：完成以上操作，Revit 将会自动切换至"修改｜创建拉伸"选项卡→选择"工作平面"面板→"设置"工具，如图 9-2-16 所示。

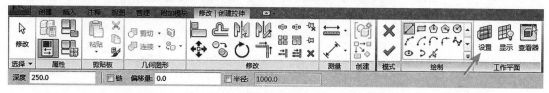

图　9-2-16

③完成以上操作，Revit 将会弹出"工作平面"对话框，如图 9-2-17 所示，在"指定新的工作平面"中，选择"拾取一个平面"，单击确定，如图 9-2-18 所示。

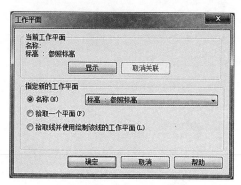

图　9-2-17　　　　　　　　　　　　　　图　9-2-18

④完成以上操作，移动鼠标至如图 9-2-19 所示位置。

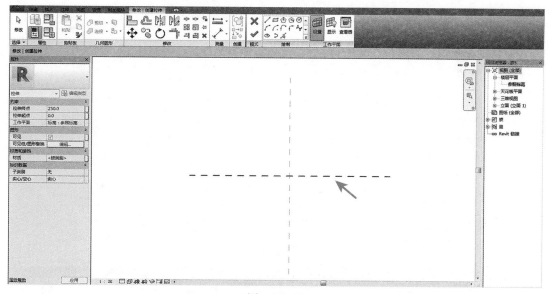

图　9-2-19

⑤ Revit 将会弹出"转到视图"对话框，如图 9-2-20 所示，单击选择"立面：前"，单击"打开视图"，如图 9-2-21 所示。

⑥完成以上操作，Revit 将会切换至"前"立面视图，在"修改｜创建拉伸"选项卡，选择"绘制"面板中的绘制工具，进行绘制，根据图 9-2-14 中"正立面图"创建轮廓，绘制完成后，修改"属性"面板中的"拉伸终点"为"1500"、"拉伸起点"为"–1500"，

如图 9-2-22 所示。

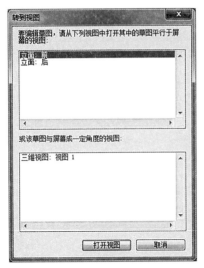 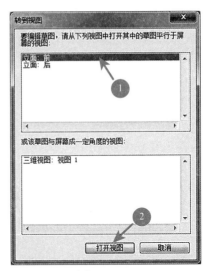

图　9-2-20　　　　　　　　　　　图　9-2-21

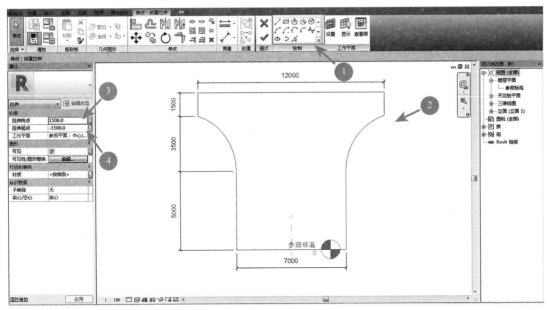

图　9-2-22

⑦完成以上操作，移动鼠标至"修改｜创建拉伸"选项卡→选择"模式"面板→"完成编辑模式"工具，完成模型创建，如图 9-2-23 所示。

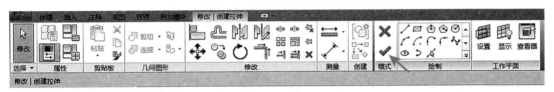

图　9-2-23

5）创建空心拉伸：参考图 9-2-14 中"正立面图"与"1-1 剖面图""2-2 剖面图"绘制空心拉伸轮廓，轮廓参考图 9-2-14 中"细部详图"，空心拉伸的高度位置参考图 9-2-14 中"正立面图"。

①在"参照标高"楼层平面视图，创建空心拉伸：切换至"创建"选项卡→选择"形状"面板→"空心形状"下拉列表→"空心拉伸"工具，如图9-2-24所示。

图 9-2-24

②完成以上操作，Revit将会自动切换至"修改 | 创建空心拉伸"选项卡→选择"绘制"面板→"绘制"工具，参考图9-2-14中"正立面图"与"1-1剖面图""2-2剖面图"，在如图9-2-25所示的位置，绘制如图9-2-14中"细部详图"所示的轮廓，修改"属性"面板中的"拉伸终点"为"0"、"拉伸起点"为"10000"。

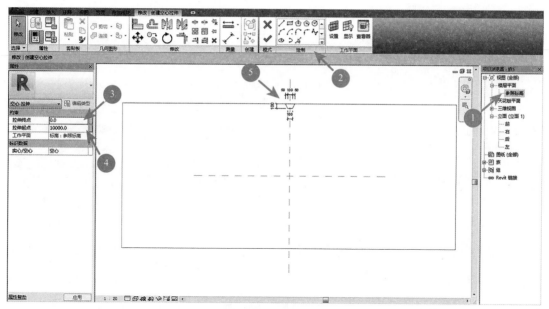

图 9-2-25

③完成以上操作，移动鼠标至"修改 | 创建空心拉伸"选项卡→选择"模式"面板→"完成编辑模式"工具，完成模型创建，如图9-2-26所示。

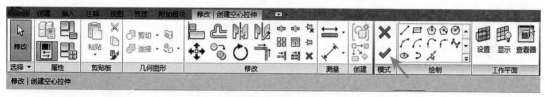

图 9-2-26

6）镜像空心拉伸：参考图9-2-14中"1-1剖面图""2-2剖面图"，需要将空心拉伸镜像，才可以完成空心拉伸部分。

①选择视图中已创建完成的"空心拉伸"模型，Revit将会自动切换至"修改｜空心拉伸"选项卡→选择"绘制"面板→"镜像"工具，如图9-2-27所示。

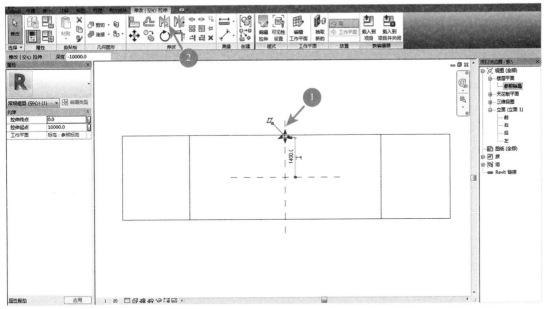

图 9-2-27

②完成以上操作，鼠标光标将会变成"镜像"工具符号，移动鼠标至如图9-2-28所示的位置，完成以上操作，空心拉伸将会镜像完成。

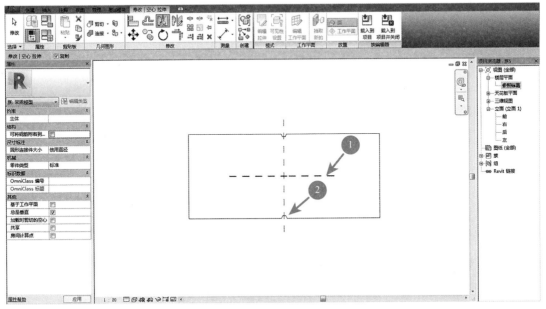

图 9-2-28

7）空心放样：根据图9-2-14中"侧立面图""1-1剖面图""2-2剖面图"所示，U形墩柱四边需要创建半径为200mm的倒角，可以通过"空心放样"工具进行创建。

①创建空心拉伸：将视图切换至"前"立面视图，切换至"创建"选项卡→选择"形状"面板→"空心形状"下拉列表→"空心放样"工具，如图9-2-29所示。

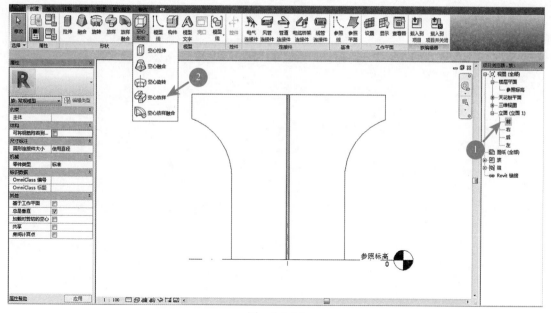

图 9-2-29

②完成以上操作，Revit 将会自动切换至"修改 | 放样"选项卡，如图 9-2-30 所示。

图 9-2-30

③选择"绘制路径"工具：选择"放样"面板→"绘制路径"工具，如图 9-2-31 所示。

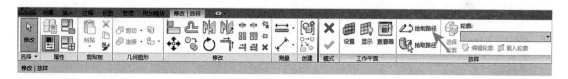

如图 9-2-31

④完成以上操作，Revit 将会自动切换至"修改 | 放样 > 绘制路径"选项卡，选择"绘制"面板中的"拾取"工具，如图 9-2-32 所示。

图 9-2-32

8）绘制路径：完成以上操作，移动鼠标至"前"立面视图中，按照如图 9-2-33 所示的步骤，拾取路径，完成所有操作，单击"模式"面板中的"完成"工具。

9）绘制轮廓：完成以上操作，单击"修改 | 放样"选项卡→选择"放样"面板→激活"选择轮廓"工具，如图 9-2-34 所示。

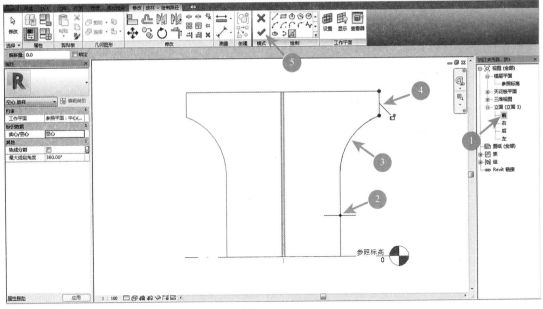

图 9-2-33

图 9-2-34

10）完成以上操作，Revit 将会弹出"转到视图"对话框，如图 9-2-35 所示，选择"楼层平面：参照标高"，单击"打开视图"选项，如图 9-2-36 所示。

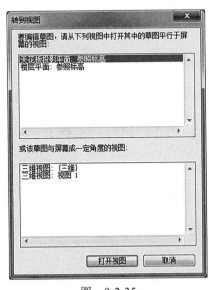

图 9-2-35

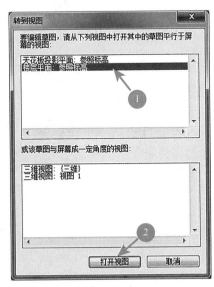

图 9-2-36

11）完成以上操作，Revit 将会切换至"楼层平面：参照标高"，并且切换至"修改｜放样 > 编辑轮廓"选项卡，选择"绘制"面板中绘制工具在视图中绘制要求的轮廓，完成所有操作，单击"模式"面板中的"完成"工具，如图 9-2-37 所示。

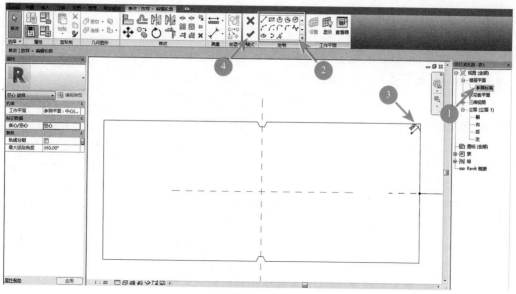

图 9-2-37

12）完成以上操作，Revit 将会自动切换至"修改 | 放样"选项卡，再一次单击"修改 | 放样"选项卡 中"模式"面板中的"完成编辑模式"，完成模型放样，如图 9-2-38 所示。

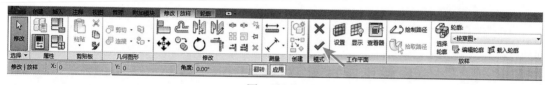

图 9-2-38

13）镜像空心放样：选择视图中已创建完成的"空心拉伸"模型，Revit 将会自动切换至"修改 | 空心放样"选项卡→选择"绘制"面板→"镜像"工具，完成以上操作，鼠标光标将会变成"镜像"工具符号，移动鼠标至如图 9-2-39 所示的位置。

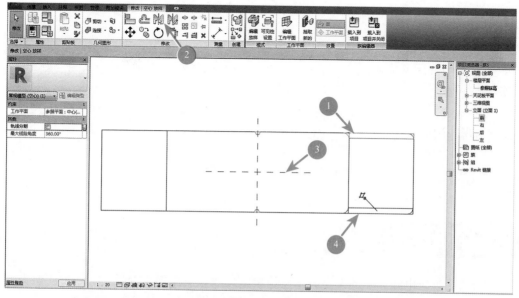

图 9-2-39

14）重复第13）步，将右边的两个空心放样，镜像至左边。

15）在项目浏览器中，双击三维视图中的"{三维}"，将视图切换至{三维}视图，如图9-2-40所示。

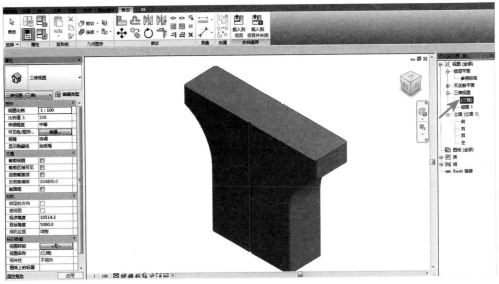

图　9-2-40

16）保存模型：单击快速访问栏中的"保存"按钮，将创建完成的模型保存名称为U形墩柱。

注：本案例选自"全国BIM等级考证试题"。

1. 打开资料文件夹中"第9章"→"9.2节"→"完成文件夹"的项目文件，进行参考练习。

2. 请根据"9.2.1创建榫卯结构"操作步骤，创建榫卯结构。

3. 请根据"9.2.2创建U形墩柱"操作步骤，创建U形墩柱。

9.3　机电篇

本节将通过机电专业中的设备族，介绍机电族的创建过程与方法，进一步认识族编辑器的各个功能。

本节内容将以弯头立管支撑、支吊架、综合管廊支吊架、冷却塔、低压配电柜、变压器设备族为例，详细介绍机电族的创建，这些族是机电设计中常用的三维构件族，类型独特，涉及的参数驱动类型多样，创建方式各不相同，读者可以根据以下内容的创建步骤，学习创建这些族，通过举一反三的方法，在实际项目中，遇到类似的构件，可独自创建实际项目的构件。

9.3.1　创建弯头立管支撑

弯头立管支撑一般应用于水泵构件连接处，在实际项目中，一般水泵管道与竖向管道连接时，连接位置比较小，会在弯头位置加上立管支撑，起支撑竖向构件的作用，也可以防止漏水，本节将会详细讲解此族的创建步骤。

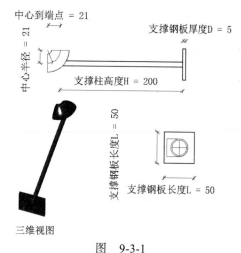

图　9-3-1

弯头立管支撑创建要求：按照图 9-3-1 给出的投影尺寸创建弯头立管支撑模型，通过构件集参数的方式，将弯头半径、立管支撑的高度、立管支撑的半径、垫板尺寸设置为构件参数，弯头系统分类为"管件"，管件公称半径为 12.5mm，管件外径为 14.5mm，支撑柱半径为 4mm。

（1）创建思路。

1）根据尺寸要求，创建弯头立管支撑，在"常规模型族"族样板文件下进行创建。

2）根据给出的条件，采用拉伸工具、放样工具进行模型创建。

3）根据图 9-3-1 中"三维视图"可以判断出，可以通过拉伸工具创建支撑钢板和支撑柱，弯头可采用放样工具进行创建。

4）在创建完成的弯头上，添加管道连接件。

（2）创建步骤。

1）新建族：单击 Revit 初始界面的"应用程式菜单栏"按钮→"新建"→"族"。

2）选择样板：Revit 将会弹出"新族 - 选择样板文件"对话框，选择族样板为"常规模型族"。

3）族编辑器：完成以上操作，Revit 将会启动族编辑器工作界面。

4）设置族类别和族参数：切换至"创建"选项卡→选择"属性"面板→"族类别与族参数"工具，如图 9-3-2 所示。

图　9-3-2

5）完成以上操作，Revit 将会弹出"族类别和族参数"对话框，如图 9-3-3 所示。

由于弯头在 Revit 平台的管道系统中族类别归类于管件，零件类型为弯头，因此在此处设置中，族类别选择"管件"，族参数中的零件类型为弯头，其他为默认，完成所有操作，单击"确定"按钮，如图 9-3-4 所示。

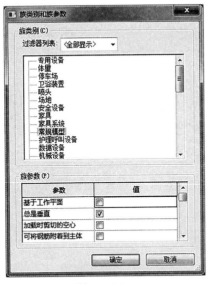
图　9-3-3

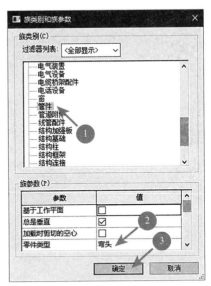
图　9-3-4

6）在楼层平面中创建参照平面：在项目浏览器中，将视图切换至"参照标高"楼层平面视图，创建如图 9-3-5 所示的参照平面，并添加"支撑钢板厚度 D""支撑柱高度 H""中心到端点""中心半径"参数，并与之关联，所有的参数属性为实例参数，中心半径参数分组方式为其他。

7）创建支撑钢板：采用"拉伸"工具进行创建。

①设置工作平面：切换至"创建"选项卡，选择"工作平面"面板中的"设置"工具，如图 9-3-6 所示。

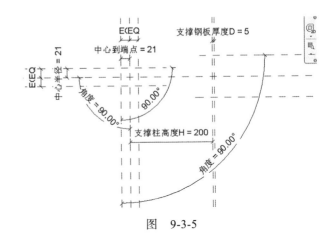
图　9-3-5

图　9-3-6

②Revit 将会弹出"工作平面"对话框，单击"拾取一个平面"，在"楼层平面"视图中选择如图 9-3-7 所示的"参照平面"。

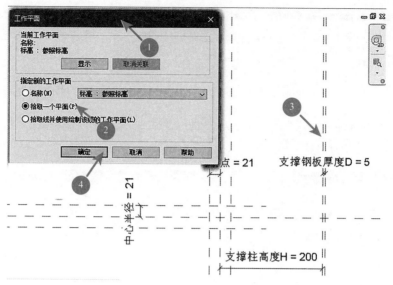

图 9-3-7

③选择"转到视图":完成以上操作,Revit 将会弹出"转到视图"对话框,如图 9-3-8 所示,选择"立面:右",再单击"打开视图",如图 9-3-9 所示。

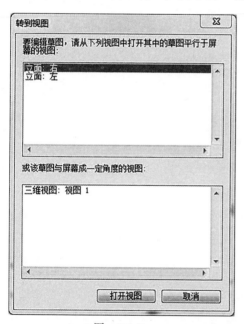

图 9-3-8

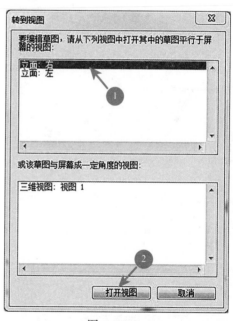

图 9-3-9

④绘制参考平面:完成以上操作,Revit 将会切换至"右"立面视图,创建如图 9-3-10 所示的参照平面,并添加"支撑钢板长度 L"的参数。

⑤创建支撑钢板模型:切换至"创建"选项卡,选择"形状"面板中的"拉伸"工具,如图 9-3-11 所示。

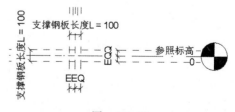

图 9-3-10

图 9-3-11

⑥Revit 将会自动切换至"修改│创建拉伸"选项卡，选择"绘制"面板→"矩形"工具，修改选项栏中的深度为"5"，如图 9-3-12 所示。

图 9-3-12

⑦绘制拉伸边界：修改属性面板中的拉伸终点为"5"，拉伸起点为"0"，移动鼠标至立面视图中绘制矩形，并锁定其四边，如图 9-3-13 所示。

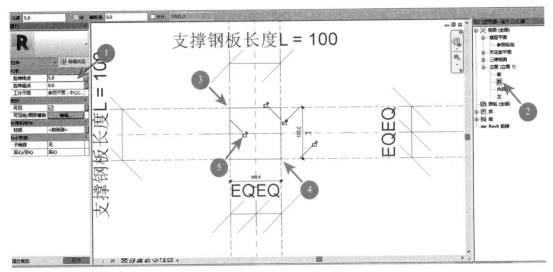

图 9-3-13

⑧完成以上操作，移动鼠标至"修改│创建拉伸"选项卡→选择"模式"面板→"完成编辑模式"工具，完成模型创建，如图 9-3-14 所示。

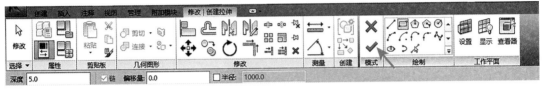

图 9-3-14

⑨锁定垫板边界：完成以上操作，在项目浏览器中，将视图切换至"参照标高"楼层平面视图，切换至"修改"选项卡，选择"修改"面板中的"对齐"工具，移动鼠标至视图中按如图 9-3-15 所示进行操作。

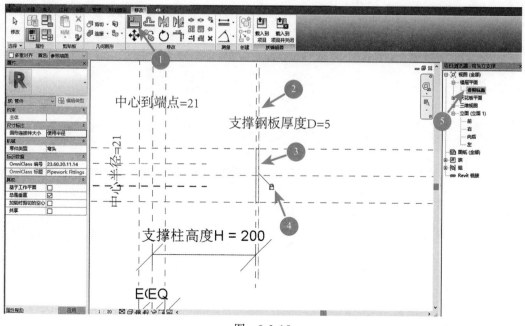

图 9-3-15

8）创建支撑柱：采用"拉伸"工具进行创建。

①设置工作平面：请参照"7）创建支撑钢板→①"的操作。

② Revit 将会弹出"工作平面"对话框，单击"拾取一个平面"，在"楼层平面"视图中选择如图 9-3-16 所示的"参照平面"。

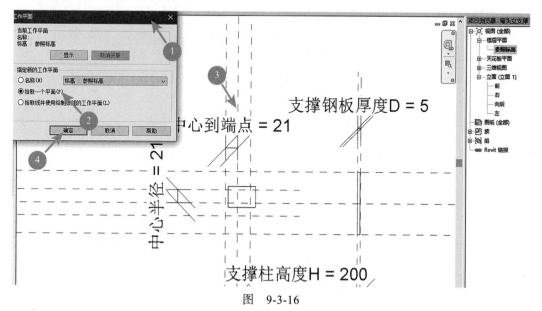

图 9-3-16

③选择"转到视图"：请参照"7）创建支撑钢板→③"的操作，将视图转至"右"立面视图。

④创建支撑柱模型：请参照"7）创建支撑钢板→④"的操作。

⑤ Revit 将会自动切换至"修改｜创建拉伸"选项卡，选择"绘制"面板→"圆形"工具，修改选项栏中的深度为"200"，在视图的中心位置绘制圆形轮廓，并且添加参数"支撑柱半径"，如图 9-3-17 所示。

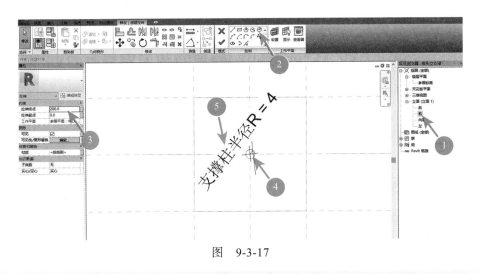

图 9-3-17

> 注：添加参数步骤，选择尺寸标注后，移动鼠标至"尺寸标注"选项卡→选择"标签尺寸标注"面板→"创建参数"工具，弹出"参数属性"对话框，添加"支撑柱半径"参数，参数属性为实例参数。

⑥创建完成：请参照"7）创建支撑钢板→⑧"的操作。

⑦锁定支撑柱边界：完成以上操作，在项目浏览器中，将视图切换至"参照标高"楼层平面视图，切换至"修改"选项卡，选择"修改"面板中的"对齐"工具，移动鼠标至视图中按如图 9-3-18 所示进行操作。

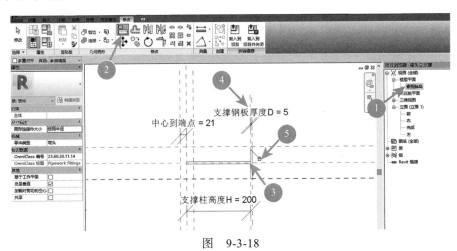

图 9-3-18

9）创建弯头模型：采用"放样"工具进行创建。

①选择放样工具：切换至"创建"选项卡，选择"形状"面板中的"放样"工具，如图 9-3-19 所示。

②选择"绘制路径"工具：完成以上操作，移动鼠标至"修改｜放样"选项卡→选择"放样"面板→"绘制路径"工具，如图 9-3-20 所示。

③绘制路径：完成以上操作，Revit 将会自动切换至"修改｜放样 > 绘制路径"选项卡，选择"绘制"面板→"起点-终点-半径弧"工具，绘制如图 9-3-21 所示的路径，绘制完成，选择"模式"面板→"完成编辑模式"工具，完成模型创建。

图 9-3-19

图 9-3-20

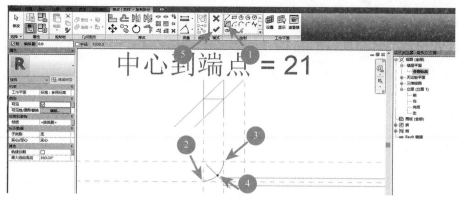

图 9-3-21

④选择"编辑轮廓"工具：完成以上操作，Revit 将会自动切换至"修改｜放样"选项卡，选择"放样"面板→"编辑轮廓"工具，Revit 将会弹出"转到视图"对话框，选择"立面：后"，再单击"打开视图"，如图 9-3-22 所示。

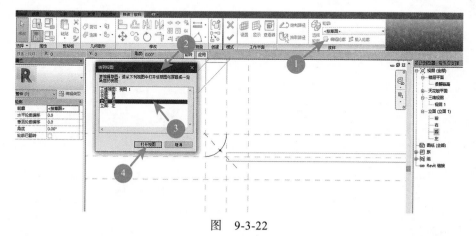

图 9-3-22

⑤绘制轮廓：完成以上操作，Revit 将会自动切换至"修改｜放样 > 编辑轮廓"选项卡，选择"绘制"面板→"圆形"工具，在视图的中心位置绘制圆形，如图 9-3-23 所示。

⑥添加"管件外半径"参数：选择尺寸标注后，移动鼠标至"尺寸标注"选项卡→选择"标签尺寸标注"面板→"创建参数"工具，弹出"参数属性"对话框，添加"管件外半径"参数，参数属性为实例参数，参数分组方式为其他。

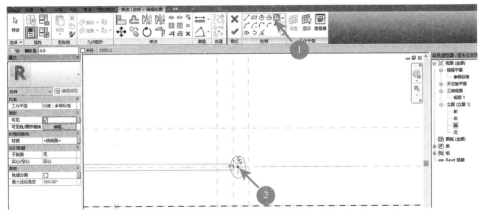

图 9-3-23

⑦完成绘制轮廓：完成以上操作，移动鼠标至"修改│放样 > 编辑轮廓"选项卡→选择"模式"面板→"完成编辑模式"工具，完成模型创建，如图 9-3-24 所示。

图 9-3-24

⑧完成放样：完成以上操作，移动鼠标至"修改│放样"选项卡→选择"模式"面板→"完成编辑模式"工具，完成模型创建，如图 9-3-25 所示。

图 9-3-25

10）连接模型：完成以上操作，在项目浏览器中，将视图切换至"参照标高"楼层平面视图，移动鼠标至"修改"选项卡→选择"几何图形"面板→"连接"工具，单击"弯头"模型与"支撑柱"模型，将其连接，如图 9-3-26 所示。

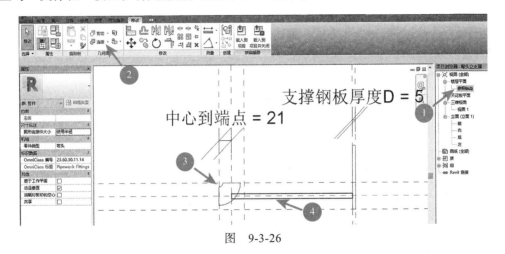

图 9-3-26

11）选择"管道连接件"工具：切换至"创建"选项卡，选择"连接件"面板中的"管道连接件"工具，如图 9-3-27 所示。

图　9-3-27

12）放置管道连接件：在项目浏览器中，将视图切换至"视图 1"三维视图，完成以上操作，Revit 将会自动切换至"修改｜放置管道连接件"选项卡，根据如图 9-3-28 所示放置管道连接件。

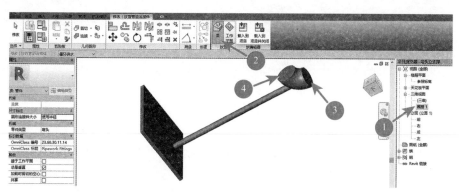

图　9-3-28

13）添加管道连接件参数：选择放置完成的管道连接件，单击"连接件图元"属性面板中的"尺寸标注"后面的"关联参数"按钮，Revit 将会弹出"关联族参数"对话框，如图 9-3-29 所示。

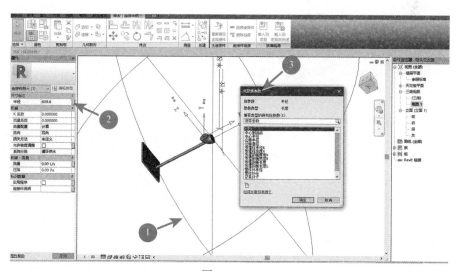

图　9-3-29

14）新建"公称直径"参数：单击"新建参数"按钮，如图 9-3-30 所示，Revit 将会弹出"参数属性"对话框，修改"名称"为"公称直径"，属性为实例属性，单击两次"确定"按钮，完成所有操作，如图 9-3-31 所示。

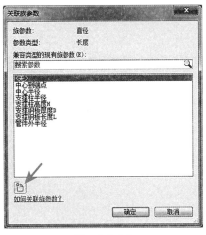
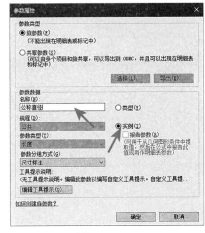

图　9-3-30　　　　　　　　　　　　　图　9-3-31

15）另外一处连接件参照"14）新建'公称直径'参数"步骤进行参数添加，由于第"14）"步中"公称直径"参数已经创建完成，在重复第"14）步骤时，"公称直径"参数已在"关联族参数"中，此处单击选择即可。

16）修改"族类型"参数：切换至"创建"选项卡，选择"属性"面板中的"族类型"工具，如图 9-3-32 所示。

图　9-3-32

17）完成以上操作，Revit 将会弹出"族类型"对话框，如图 9-3-33 所示，修改"公称直径"值为 25，修改"支撑钢板长度 L"为 50，如图 9-3-34 所示。

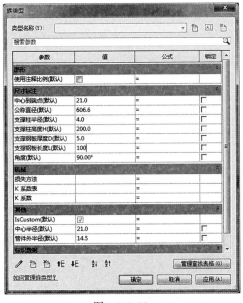
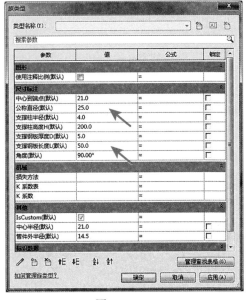

图　9-3-33　　　　　　　　　　　　图　9-3-34

18）导入"管理查找表格"：单击"族类型"对话框中的"管理查找表格"按钮，如图 9-3-35 所示。

Revit 将会弹出"管理查找表格"对话框，单击"导入"按钮，如图 9-3-36 所示，Revit 将会弹出"选择文件"对话框，将文件夹切换至资料文件夹中"第9章"→"9.3节"→"练习文件夹"→"M_Pipe Fitting - Generic"文件夹进行导入，如图 9-3-37 所示。

19）完成导入，将会切换回"管理查找表格"对话框，单击"确定"按钮，完成所有操作。

20）新建"公称半径"：在"族类型"对话框中，单击"新建参数"按钮，如图 9-3-38 所示，Revit 将会弹出"参数属性"对话框，修改"名称"为"公称半径"，属性为实例属性，单击两次"确定"按钮，完成所有操作，如图 9-3-39 所示，添加公式为"公称直径 /2"。

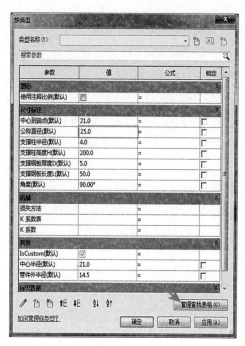

图　9-3-35

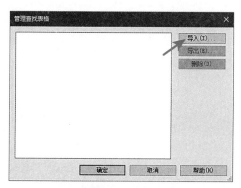

图　9-3-36

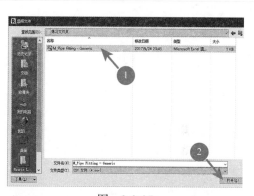

图　9-3-37

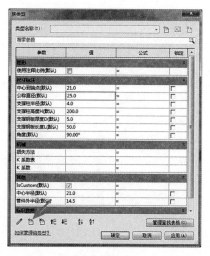

图　9-3-38

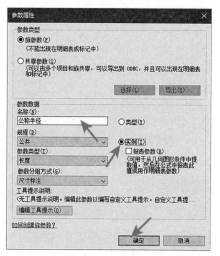

图　9-3-39

21）新建"管件外径"参数：参照"20）新建'公称半径'"操作步骤，创建"管件外径"参数，类型属性为"实例属性"，添加公式为"size_lookup（查找表格名，"FOD"，公称直径 +3.2mm，公称直径）"。

22）新建"查找表格名"参数：参照"20）新建'公称半径'"操作步骤，创建"查找表格名"参数，类型属性为"类型属性"，参数类型为"文字"，参数分组方式为"其他"，修改值为"M_Pipe Fitting - Generic"。

23）添加"中心到端点"参数公式为"中心半径 *tan（角度 /2）"。

24）添加"管道外径"参数公式为"size_lookup（查找表格名，"FOD"，公称直径+3.2mm，公称直径）"。

25）添加"中心半径"参数公式为"管件外半径 +6.4mm"。

26）添加"管道外半径"参数公式为"管件外径 /2"。

27）保存模型：完成族创建，可以单击"快速访问栏"中的"保存"按钮，进行模型保存，如图 9-3-40 所示。

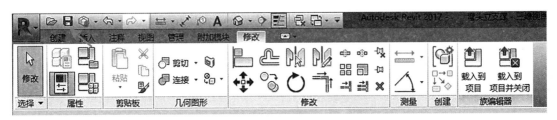

图 9-3-40

9.3.2 创建支吊架

支吊架一般应用于管道安装上，由于支吊架在实际项目应用时，安装方式不一，下面以槽钢支吊架为例，详细讲解此族的创建步骤。

支吊架创建要求：按照图 9-3-41 给出的投影尺寸创建支吊架模型，通过构件集参数的方式，设置支吊架的参数。

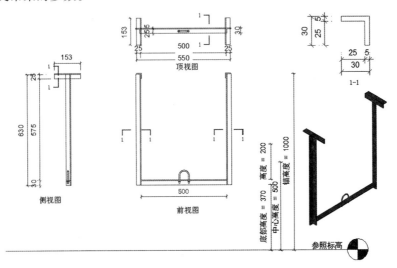

图 9-3-41

（1）创建思路。

1）根据创建要求，创建支吊架，在"常规模型族"族样板文件下进行创建。

2）根据给出的条件，采用拉伸工具进行模型创建。

3）支吊架的吊架卡箍，可以通过嵌套的方式将其载入，并设置参数与之驱动。

（2）创建步骤。

1）新建族：单击 Revit 初始界面的"应用程式菜单栏"按钮→"新建"→"族"。

2）选择样板：Revit 将会弹出"新族 - 选择样板文件"对话框，选择族样板为"常规模型族"。

3）族编辑器：完成以上操作，Revit 将会启动族编辑器工作界面。

4）设置族类别和族参数：切换至"创建"选项卡→选择"属性"面板→"族类别与族参数"工具，如图 9-3-42 所示。

图　9-3-42

5）完成以上操作，Revit 将会弹出"族类别和族参数"对话框，如图 9-3-43 所示。

由于支吊架在 Revit 平台的管道系统中，族类别归类于"管道附件"，零件类型为支吊架，因此在此处设置中，族类别选择"管道附件"，完成所有操作，单击"确定"按钮，如图 9-3-44 所示。

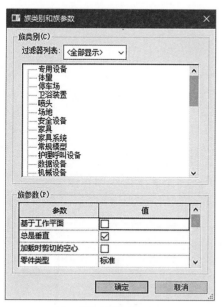

图　9-3-43

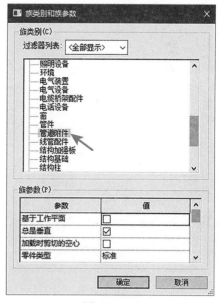

图　9-3-44

6）在楼层平面中创建参照平面：在项目浏览器中，将视图切换至"参照标高"楼层平面视图，创建如图 9-3-45 所示的参照平面，并添加"支撑槽钢长度""槽钢边距""顶部槽钢长度"参数，并与之关联，所有的参数属性均为实例参数。

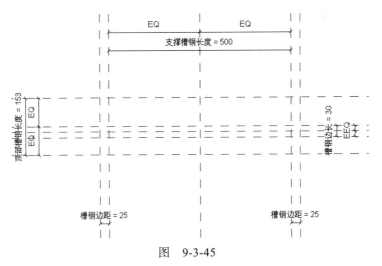

图　9-3-45

7）在前立面视图中创建参照平面：在项目浏览器中，将视图切换至"前"立面视图，创建如图 9-3-46 所示的参照平面，并添加"锚高度""槽钢边长""底部高度"中心高度参数，并与之关联，所有的参数属性为实例参数。

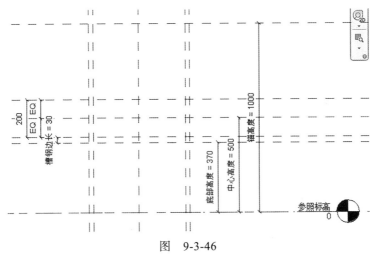

图　9-3-46

8）创建左侧边槽钢：采用"拉伸"工具进行创建。

①设置工作平面：切换至"创建"选项卡，选择"工作平面"面板中的"设置"工具，如图 9-3-47 所示。

图　9-3-47

②Revit 将会弹出"工作平面"对话框，单击"拾取一个平面"，在"楼层平面"视图中选择如图 9-3-48 所示的"参照平面"。

③选择"转到视图"：完成以上操作，Revit 将会弹出"转到视图"对话框，如图 9-3-49 所示，选择"楼层平面：参照标高"，再单击"打开视图"，如图 9-3-50 所示。

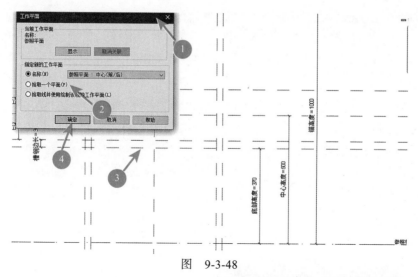

图 9-3-48

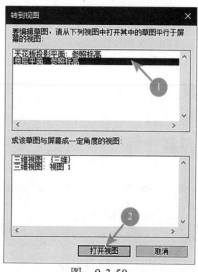

图 9-3-49   图 9-3-50

④选择"拉伸"工具：完成以上操作，Revit 将会切换至"参照标高"楼层平面视图，切换至"创建"选项卡，选择"形状"面板中的"拉伸"工具，如图 9-3-51 所示。

图 9-3-51

⑤Revit 将会自动切换至"修改 | 创建拉伸"选项卡，选择"绘制"面板中的绘制工具，如图 9-3-52 所示。

⑥绘制拉伸边界：移动鼠标至楼层平面视图中绘制如图 9-3-53 所示的轮廓，并创建"槽钢边长""厚度"参数。

⑦创建完成：完成以上操作，移动鼠标至"修改 | 创建拉伸"选项卡→选择"模式"面板→"完成编辑模式"工具，完成模型创建。

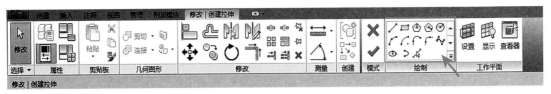

图 9-3-52

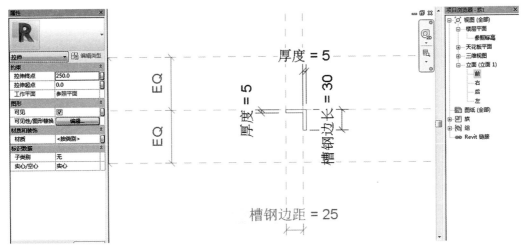

图 9-3-53

⑧锁定槽钢边界：完成以上操作，在项目浏览器中，将视图切换至"参照标高"楼层平面视图，切换至"修改"选项卡，选择"修改"面板中的"对齐"工具，移动鼠标至视图中按如图 9-3-54 所示进行操作。

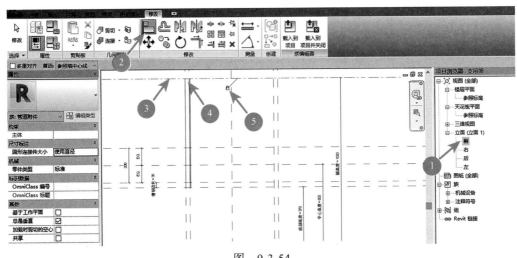

图 9-3-54

9）创建右侧边槽钢：请参照"8）创建左侧边槽钢"操作。

10）创建支撑槽钢：采用"拉伸"工具进行创建，根据创建要求给出的视图，可以判断得出支撑槽钢在左（或右）视图进行创建。

①设置工作平面：请参照"8）创建左侧边槽钢→①"进行操作。

②Revit 将会弹出"工作平面"对话框，单击"拾取一个平面"，在"前"视图中选择如图 9-3-55 所示的"参照平面"。

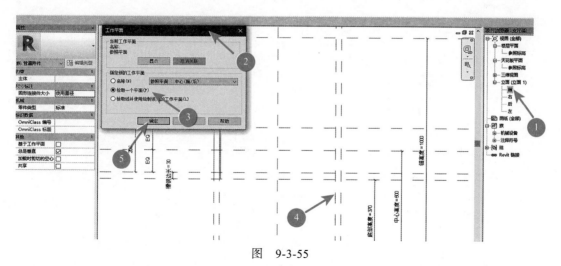

图 9-3-55

③选择"转到视图":完成以上操作,Revit 将会弹出"转到视图"对话框,如图 9-3-56 所示,选择"立面:右",再单击"打开视图",如图 9-3-57 所示。

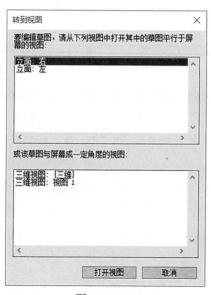

图 9-3-56

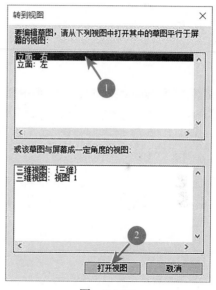

图 9-3-57

④创建支撑槽钢模型:请参照"8)创建左侧边槽钢→④、⑤、⑥、⑦"进行操作。

⑤锁定支撑槽钢边界:完成以上操作,在项目浏览器中,将视图切换至"前"立面视图,切换至"修改"选项卡,选择"修改"面板中的"对齐"工具,移动鼠标至视图中按如图 9-3-58 所示进行操作。

11)创建左顶部槽钢:采用"拉伸"工具进行创建。

①在项目浏览器中,将视图切换至"前"立面视图,切换至"创建"选项卡,选择"形状"面板中的"拉伸"工具,如图 9-3-59 所示。

②Revit 将会自动切换至"修改 | 创建拉伸"选项卡,选择"绘制"面板中的绘制工具,如图 9-3-60 所示。

③绘制拉伸边界:移动鼠标至"前"立面视图中绘制如图 9-3-61 所示的轮廓,并创建"槽钢边长""厚度"参数。

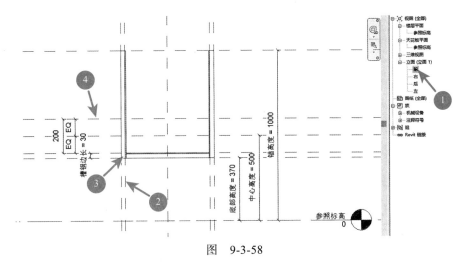

图 9-3-58

图 9-3-59

图 9-3-60

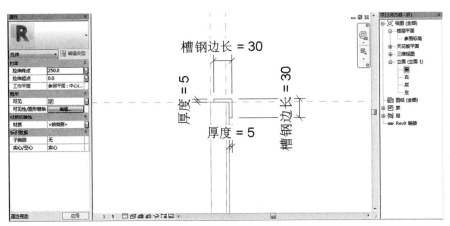

图 9-3-61

④创建完成：完成以上操作，移动鼠标至"修改｜创建拉伸"选项卡→选择"模式"面板→"完成编辑模式"工具，完成模型创建。

⑤锁定左顶部槽钢边界：完成以上操作，在项目浏览器中，将视图切换至"参照标高"楼层平面视图，切换至"修改"选项卡，选择"修改"面板中的"对齐"工具，移动鼠标至视图中按如图 9-3-62 所示进行操作。

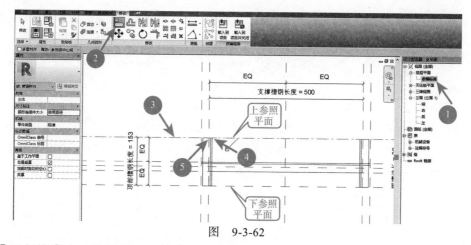

图 9-3-62

⑥重复第⑤步，将另外一边约束于下参照平面上。

12）创建右顶部槽钢：请参照"11）创建左顶部槽钢"操作，在右边进行创建。

13）放置吊架卡箍：将文件夹中"第9章"→"9.3节"→"练习文件夹"→"DN40Z 吊架管箍"文件载入到项目中。

①载入文件：切换至"插入"选项卡，选择"族编辑器"面板中的"载入到项目"工具，如图 9-3-63 所示。

图 9-3-63

②完成以上操作，Revit 将会弹出"载入族"对话框，将文件切换至"第9章"→"9.3节"→"练习文件夹"→"DN40Z 吊架管箍"，选择文件，单击"打开"按钮，将文件导入项目中，如图 9-3-64 所示。

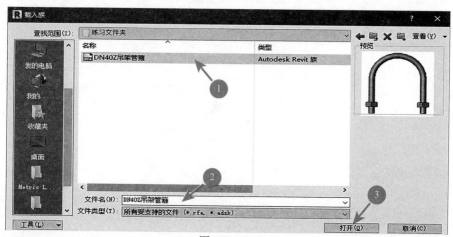

图 9-3-64

③放置吊架卡箍：完成以上操作，在项目浏览器中，将视图切换至"参照标高"楼层平面视图，切换至"插入"选项卡，选择"模型"面板中的"构件"工具，如图 9-3-65 所示。

图　9-3-65

④完成以上操作，Revit 将会自动切换至"修改｜放置构件"选项卡，移动鼠标在如图 9-3-66 所示的位置进行放置，根据图 9-3-41 中"前视图"，吊架卡箍立面位置为400mm，因此，修改吊架卡箍的偏移量为"400"，右击取消两次。

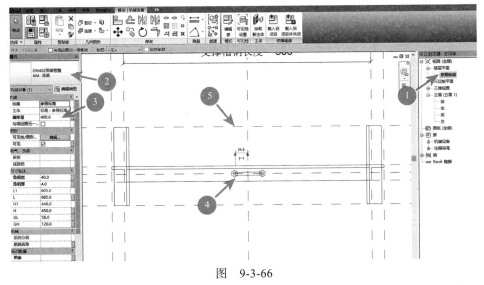

图　9-3-66

⑤设置关联参数：可以将吊架卡箍的参数，关联到支吊架族中，单击选择吊架卡箍，在"吊架卡箍"的属性面板中，单击"尺寸标注"选项中→"角钢宽"参数后面的关联参数按钮，Revit 将会弹出"关联族参数"对话框，单击"新建"按钮，如图 9-3-67 所示。

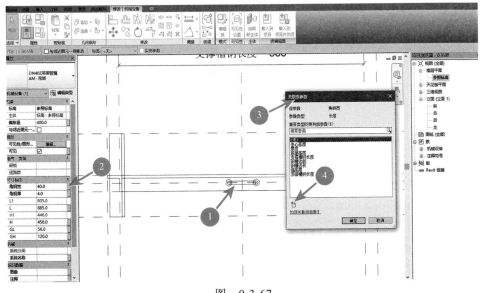

图　9-3-67

⑥完成以上操作，Revit 将会弹出"参数属性"对话框，如图 9-3-68 所示，修改参数数据名称为"管道直径"，如图 9-3-69 所示。

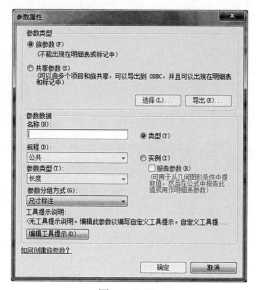 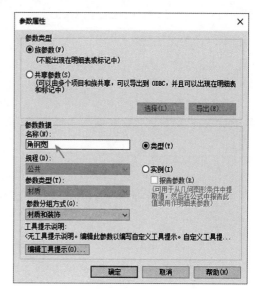

图 9-3-68 　　　　　　　　　　　图 9-3-69

⑦请参照"⑤、⑥"步的操作步骤，将吊架卡箍的参数关联至支吊架中。

14）保存模型：单击快速访问栏中的"保存"按钮，将创建完成的模型保存名称为支吊架。

9.3.3 创建分集水器

分集水器一般应用于采暖主干供水管和回水管的连接，分为分水器和集水器两部分，分水器是水系统中用于连接各路加热管、供水管的配水装置，由于分集水器在实际项目中应用比较常见，本小节将会详细讲解分集水器的创建过程。

分集水器创建要求：按照图 9-3-70 给出的投影尺寸创建分集水器构件模型，通过构件集参数的方式，将进出水管口设置为构件参数，通过变更参数的方法，按"进出水管直径"表中管口口径设置连接件图元，同时按照"设计数据表"将设备参数录入构件集模型中。

注：本小节案例选自"全国 BIM 等级考证试题"。

（1）创建思路。

1）根据创建要求，创建分集水器，在"常规模型族"族样板文件下进行创建，族的类型为机械设备。

2）根据给出的条件，采用拉伸、放样工具进行模型创建。

3）根据图 9-3-70 可以判断出，可以通过拉伸工具创建支撑、罐、接头，圆形罐头采用旋转工具，弯头采用放样工具进行创建。

4）给创建完成的接头添加管道连接件。

（2）创建步骤。

1）新建族：单击 Revit 初始界面的"应用程式菜单栏"按钮→"新建"→"族"。

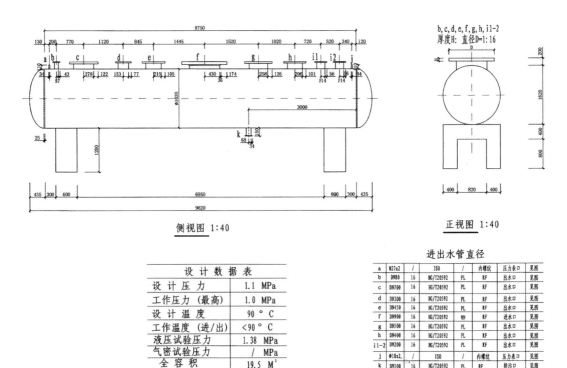

侧视图 1:40

正视图 1:40

设 计 数 据 表	
设 计 压 力	1.1 MPa
工作压力（最高）	1.0 MPa
设 计 温 度	90 °C
工作温度（进/出）	<90 °C
液压试验压力	1.38 MPa
气密试验压力	/ MPa
全 容 积	19.5 M³

进出水管直径

a	M27x2	/	ISO	/	内螺纹	压力表口	见图
b	DN80	16	HG/T20592	PL	RF	出水口	见图
c	DN700	16	HG/T20592	PL	RF	出水口	见图
d	DN300	16	HG/T20592	PL	RF	出水口	见图
e	DN450	16	HG/T20592	PL	RF	出水口	见图
f	DN900	16	HG/T20592	WN	RF	进水口	见图
g	DN500	16	HG/T20592	PL	RF	出水口	见图
h	DN400	16	HG/T20592	PL	RF	出水口	见图
i1-2	DN200	16	HG/T20592	PL	RF	出水口	见图
j	φ18x2,	/	ISO	/	内螺纹	压力表口	见图
k	DN100	16	HG/T20592	PL	RF	排污口	见图

图 9-3-70

2）选择样板：Revit 将会弹出"新族 - 选择样板文件"对话框，选择族样板为"常规模型族"。

3）族编辑器：完成以上操作，Revit 将会启动族编辑器工作界面。

4）设置族类别和族参数：切换至"创建"选项卡→选择"属性"面板→"族类别与族参数"工具，在弹出的"族类别和族参数"对话框中，修改族类别为"机械设备"，详细操作步骤不再详细讲解。

5）在"右"立面视图中创建参照平面：在项目浏览器中，将视图切换至"右"立面视图，创建如图 9-3-71 所示的参照平面，并添加"长度 1""边距 1""边距 2""支撑厚度"

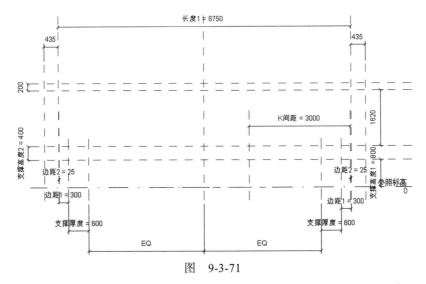

图 9-3-71

"支撑高度 1""支撑高度 2""K 间距"的参数，并与之关联，所有的参数属性为类型参数。

6）在"前"立面视图中创建参照平面：在项目浏览器中，将视图切换至"前"立面视图，创建如图 9-3-72 所示的参照平面，并添加"支撑宽度 1""支撑宽度 2"的参数，并与之关联，所有的参数属性为类型参数。

7）创建左支撑模型：采用"拉伸"工具进行创建。

①设置工作平面：在项目浏览器中，将视图切换至"右"立面视图，切换至"创建"选项卡，选择"工作平面"面板中的"设置"工具，如图 9-3-73 所示。

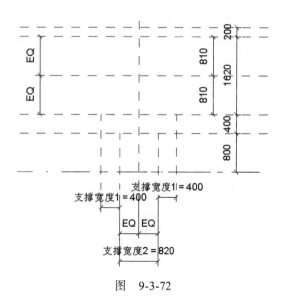

图 9-3-72

图 9-3-73

②Revit 将会弹出"工作平面"对话框，单击"拾取一个平面"，在"楼层平面"视图中选择如图 9-3-74 所示的"参照平面"。

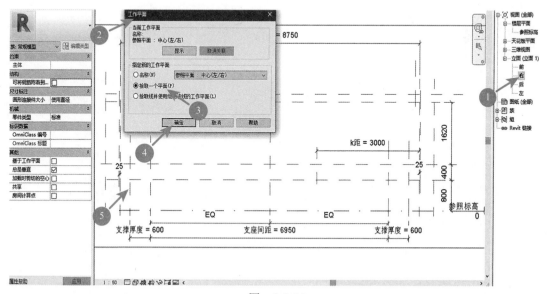

图 9-3-74

③选择"转到视图"：完成以上操作，Revit 将会弹出"转到视图"对话框，如图 9-3-75 所示，选择"立面：前"，再单击"打开视图"，如图 9-3-76 所示。

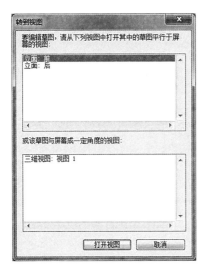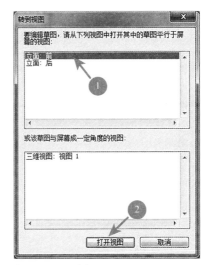

图 9-3-75　　　　　　　　　　图 9-3-76

④选择工具：完成以上操作，Revit 会将视图切换至"前"立面视图，切换至"创建"选项卡，选择"形状"面板中的"拉伸"工具，如图 9-3-77 所示。

图 9-3-77

⑤绘制轮廓：完成以上操作，Revit 将会自动切换至"修改|创建拉伸"选项卡，选择"绘制"面板→"直线"工具，修改选项栏中的深度为"-600"，根据如图 9-3-78 所示进行轮廓绘制。

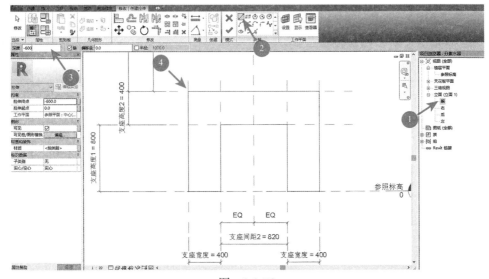

图 9-3-78

⑥锁定边界轮廓：切换至"修改"选项卡，选择"修改"面板中的"对齐"工具，将

每一条轮廓线，都锁定在其所在的参照平面上，详细操作步骤不再详细讲解。

⑦完成轮廓绘制：单击"模式"面板中的"完成"工具，完成轮廓绘制。

⑧完成以上操作，将视图切换至"右"立面视图，切换至"修改"选项卡，选择"修改"面板中的"对齐"工具，根据如图 9-3-79 所示进行对齐锁定。

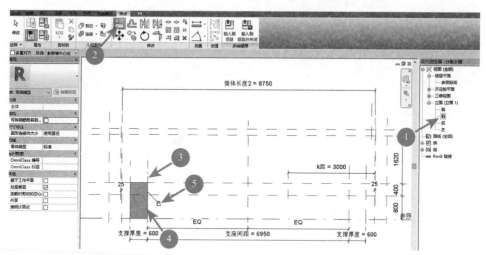

图　9-3-79

8）创建右支撑模型：可以通过将支撑模型镜像至右边，并将其锁定即可。

①镜像支撑模型：单击创建完成的"左支撑模型"，Revit 将会切换至"修改 | 拉伸"选项卡，选择"修改"面板中的"镜像"工具，根据如图 9-3-80 所示进行对齐锁定。

②锁定边界：请参照"7）创建左支撑模型→⑧"操作步骤进行操作，将右支撑模型的左右两边进行锁定。

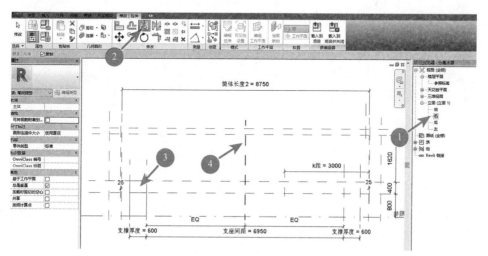

图　9-3-80

③锁定右支撑轮廓边界：在项目浏览器中，将视图切换至"右"立面视图，单击完成的模型，Revit 将会切换至"修改 | 拉伸"选项卡，选择"模式"面板中的"编辑拉伸"工具，Revit 将会弹出"转到视图"对话框，选择"立面：前"，再单击"打开视图"，如图 9-3-81 所示。

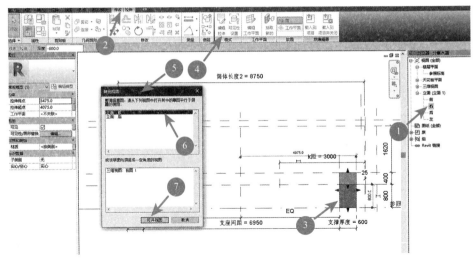

图 9-3-81

④完成以上操作，视图将切换至"前"立面视图，并且 Revit 将会切换至"修改｜拉伸＞编辑拉伸"选项卡，选择"修改"面板中的"对齐"工具将每一条轮廓线，都锁定在其所在的参照平面上，详细操作步骤不再详细讲解。

9）创建罐子主体：采用"拉伸"工具创建模型。

①设置工作平面：在项目浏览器中，将视图切换至"右"立面视图，请参照"7）创建左支撑模型→①设置工作平面"操作步骤进行操作。

② Revit 将会弹出"工作平面"对话框，单击"拾取一个平面"，在"楼层平面"视图中选择如图 9-3-82 所示的"参照平面"。

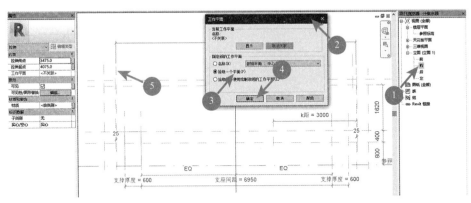

图 9-3-82

③选择"转到视图"：完成以上操作，Revit 将会弹出"转到视图"对话框，如图 9-3-83 所示，选择"立面：前"，再单击"打开视图"，如图 9-3-84 所示。

④选择工具：完成以上操作，Revit 会将视图切换至"前"立面视图，切换至"创建"选项卡，选择"形状"面板中的"拉伸"工具，如图 9-3-85 所示。

⑤绘制轮廓：完成以上操作，Revit 将会自动切换至"修改｜编辑拉伸"选项卡，选择"绘制"面板→"圆形"工具，修改选项栏中的深度为"-8700"，根据如图 9-3-86 所示进行轮廓绘制。

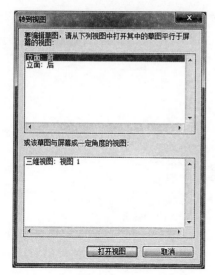

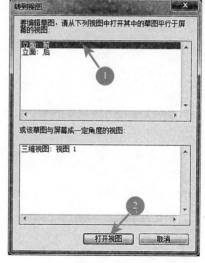

图　9-3-83　　　　　　　　　　　图　9-3-84

图　9-3-85

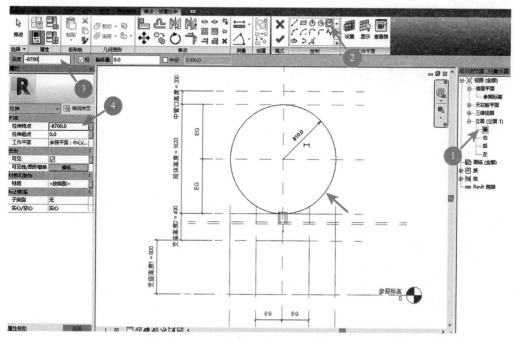

图　9-3-86

⑥完成轮廓绘制：完成以上操作，单击"模式"面板中的"完成"工具，完成轮廓的绘制。

⑦完成以上操作，Revit 会将视图切换至"右"立面视图，切换至"修改"选项卡，选择"修改"面板中的"对齐"工具，根据如图 9-3-87 所示进行对齐锁定。

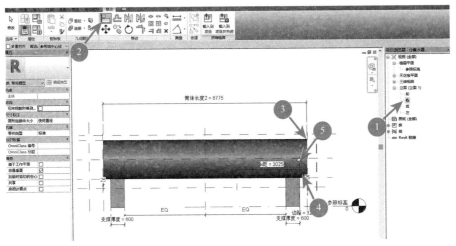

图　9-3-87

10）创建左罐帽模型：请参照"9）创建罐子主体"操作步骤进行操作，模型的偏移量为"–25"。

11）创建右罐帽模型：将"左罐帽模型"镜像，并且锁定。

12）创建左罐头模型：采用"旋转"工具进行创建。

①选择旋转工具：在项目浏览器中，将视图切换至"右"立面视图，Revit 将视图切换至"前"立面视图，切换至"创建"选项卡，选择"形状"面板中的"旋转"工具，如图 9-3-88 所示。

图　9-3-88

②绘制轮廓：完成以上操作，Revit 将会自动切换至"修改｜创建旋转"选项卡，在"绘制"面板→选择"边界线"→"绘制"工具，根据如图 9-3-89 所示进行轮廓绘制。

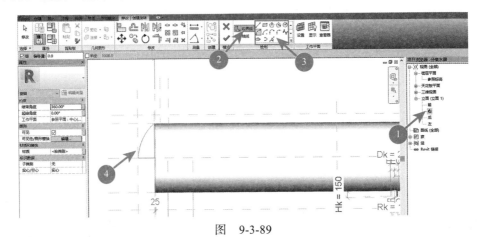

图　9-3-89

③绘制旋转轴：绘制完成轮廓，在"绘制"面板→选择"轴线"→"直线"工具，根据如图 9-3-90 所示绘制旋转轴。

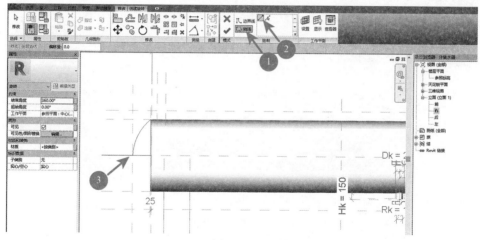

图　9-3-90

④完成模型：移动鼠标至"修改｜创建旋转"选项卡→选择"模式"面板→"完成编辑模式"工具，创建完成。

13）创建右罐头模型：将"左罐头模型"镜像，并且锁定。

14）创建接头：接头 a、b、c、d、e、g、h、i1、i2、j 采用拉伸工具进行创建，接头 f 采用拉伸、融合工具进行创建。

①绘制参照平面，在"右"立面视图中创建参照平面：在项目浏览器中，将视图切换至"右"立面视图，创建如图 9-3-91 所示的参照平面，

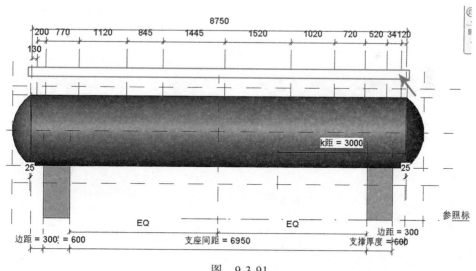

图　9-3-91

②命名参照平面：单击如图 9-3-92 所示的参照平面，在"属性"面板中的"标识数据"选项中，将"名称"修改为 a，依次根据图 9-3-70 中"侧视图"进行命名。

③设置工作平面：将视图切换至"右"立面视图，切换至"创建"选项卡，选择"工作平面"面板中的"设置"工具，Revit 将会弹出"工作平面"对话框，单击"拾取一个平面"，在"楼层平面"视图中选择如图 9-3-93 所示的"参照平面"。

④选择"转到视图"：完成以上操作，Revit 将会弹出"转到视图"对话框，如图9-3-94 所示，选择"楼层平面：参照标高"，再单击"打开视图"，如图 9-3-95 所示。

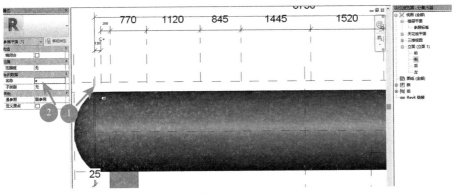

图　9-3-92

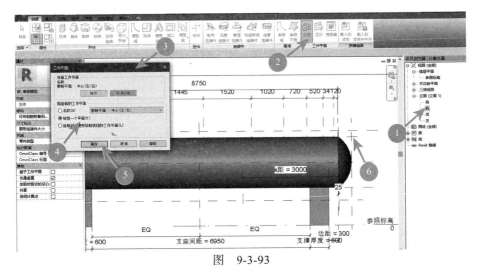

图　9-3-93

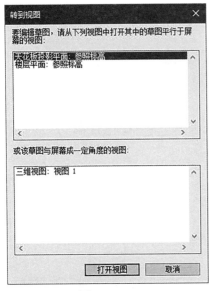

图　9-3-94　　　　　　　　　　图　9-3-95

⑤创建接头 a 模型：

a. 选择工具：完成以上操作，Revit 会将视图切换至"参照标高"楼层平面，切换至"创建"选项卡,选择"形状"面板中的"拉伸"工具,如图 9-3-96 所示。

图 9-3-96

b.绘制轮廓:完成以上操作,Revit 将会自动切换至"修改 | 创建拉伸"选项卡,选择"绘制"面板→"圆形"工具,修改选项栏中的深度为"110",根据如图 9-3-97 所示进行轮廓绘制。

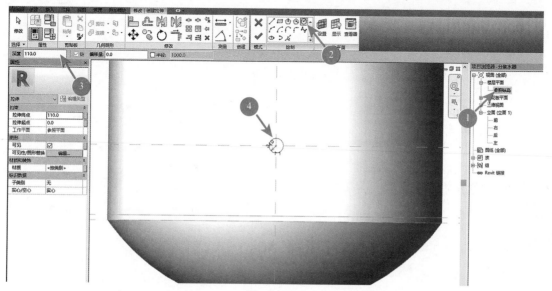

图 9-3-97

c.完成模型:移动鼠标至"修改 | 创建拉伸"选项卡→选择"模式"面板→"完成编辑模式"工具,创建完成。

⑥创建接头 j 模型:请参照"⑤创建接头 a 模型"的操作过程。

⑦创建接头 b 模型:此部分为两个拉伸进行创建,上部分拉伸的直径与厚度有参变关系,先设置参数,再设置公式。

a.创建下部分模型:请参照"⑤创建接头 a 模型"的操作过程,拉伸高度可先按默认设置。

b.创建上部分模型:需要设置工作平面,将视图切换至"右"立面视图,切换至"创建"选项卡,选择"工作平面"面板中的"设置"工具,Revit 将会弹出"工作平面"对话框,单击"拾取一个平面",在"楼层平面"视图中选择如图 9-3-98 所示的"参照平面"。

c.选择"转到视图":完成以上操作,Revit 将会弹出"转到视图"对话框,如图 9-3-99 所示,选择"楼层平面:参照平面",再单击"打开视图",如图 9-3-100 所示。

d.修改视图范围:完成以上操作,Revit 会将视图切换至"参照标高"楼层平面,修改"属性"面板中的"属性过滤器"为"楼层平面:参照标高",选择"范围"选项中"视图范围"中的"编辑"按钮,Revit 将会弹出"视图范围"对话框,修改"剖切面"后面的"偏移"数据为"4000(或更大的数据)",修改完成,单击"确定"按钮,如图 9-3-101 所示,将视图的剖切面进行调整。

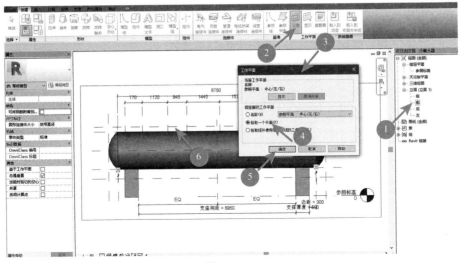

图 9-3-98

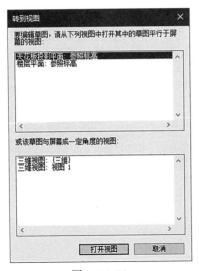

图 9-3-99

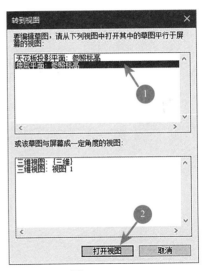

图 9-3-100

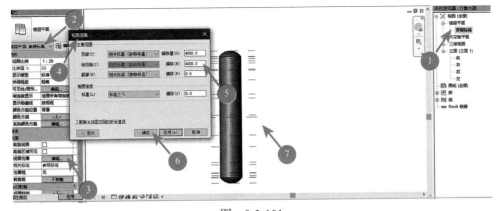

图 9-3-101

e. 创建接头 b 管帽模型：完成以上操作，切换至"创建"选项卡，选择"形状"面板中的"拉伸"工具，如图 9-3-102 所示。

图 9-3-102

f. 绘制轮廓: 完成以上操作, Revit将会自动切换至"修改 | 编辑拉伸"选项卡, 选择"绘制"面板→"圆形"工具, 修改选项栏中的深度为"–110", 根据如图 9-3-103 所示进行轮廓绘制。

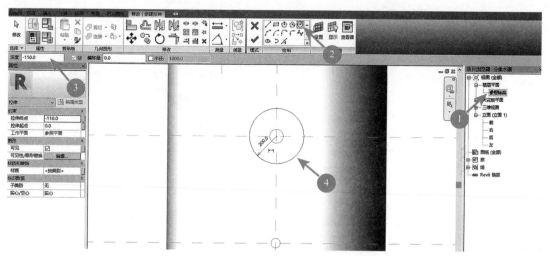

图 9-3-103

g. 标注圆形直径: 完成以上操作, Revit 将会切换至"注释"选项卡, 选择"尺寸标注"面板中的"直径"工具, 如图 9-3-104 所示。

图 9-3-104

完成以上操作, Revit 将会切换至"放置尺寸标注"选项卡, 选择"尺寸标注"面板中的"直径"工具, 按照如图 9-3-105 所示进行标注。

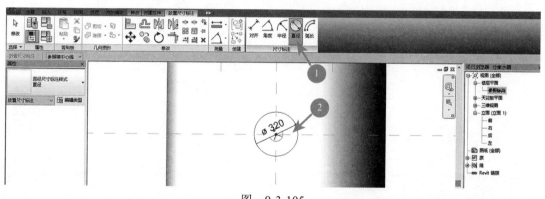

图 9-3-105

377

h. 添加参数：选择直径标注，Revit 将会切换至"尺寸标注"选项卡，选择"标签尺寸标注"面板中的"创建参数"工具，Revit 将会自动弹出"参数属性"对话框，修改名称为 Db，单击"确定"按钮，完成直径参数添加，如图 9-3-106 所示。

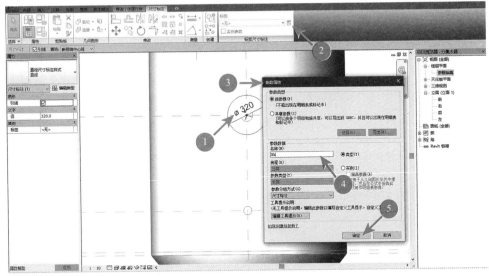

图　9-3-106

完成以上操作，单击"拉伸"属性面板中的"约束"选项，单击"拉伸终点"后面的"关联参数"按钮，Revit 将会自动弹出"关联参数"对话框，单击"新建参数"按钮，Revit 将会自动弹出"参数属性"对话框，修改名称为 Hb，单击两次"确定"按钮，完成直径参数添加，如图 9-3-107 所示。

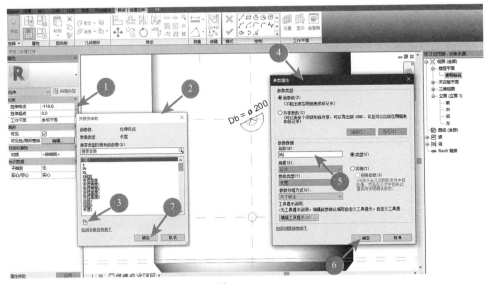

图　9-3-107

i. 完成模型：移动鼠标至"修改 | 创建拉伸"选项卡→选择"模式"面板→"完成编辑模式"工具，创建完成。

j. 修改类型参数：完成以上操作，切换至"创建"选项卡，选择"属性"面板中的"族类型"工具，如图 9-3-108 所示。

图 9-3-108

完成以上操作，Revit 将会自动弹出"族类型"对话框，添加"Db"的公式为"–Hb*16"，根据图 9-3-70，修改"Db"参数的值为"200"，完成所有修改，单击"确定"按钮，如图 9-3-109 所示。

k. 对齐锁定：完成以上操作，将视图切换至"右"立面视图，切换至"修改"选项卡，选择"修改"面板中的"对齐"工具，根据如图 9-3-110 所示进行对齐锁定。

⑧创建接头 c、d、e、g、h、i1、i2 模型：请参照"⑦创建接头 b 模型"的操作过程。

⑨创建接头 f 模型：请参照"⑦创建接头 b 模型"的操作过程，创建上部与下部模型，下部分的拉伸高度为"80"，中间融合模型，采用"融合"工具进行创建。

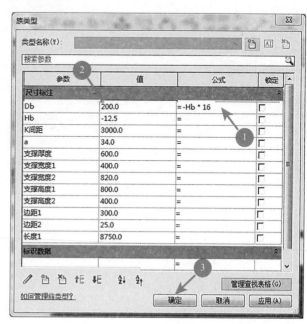

图 9-3-109

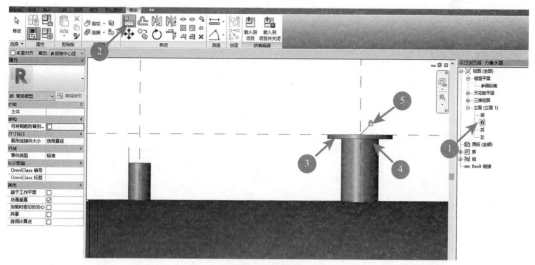

图 9-3-110

a. 创建下部分模型：请参照"⑤创建接头 a 模型"的操作过程，拉伸高度为"80"。

b. 创建上部分模型：请参照"⑦创建接头 b 模型→b. 创建上部分模型"的操作过程。

c. 创建中间部分模型：需要设置工作平面，将视图切换至"右"立面视图，切换至

"创建"选项卡，选择"工作平面"面板中的"设置"工具，Revit 将会弹出"工作平面"对话框，单击"拾取一个平面"，在"楼层平面"视图中选择如图 9-3-111 所示的"参照平面"。

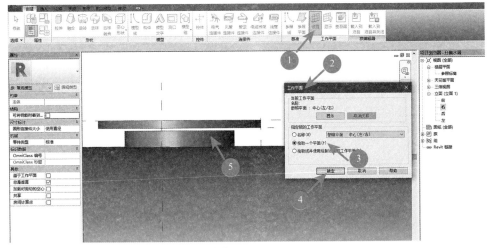

图　9-3-111

d. 选择"转到视图"：请参照"⑦创建接头 b 模型→c. 选择'转到视图'"的操作过程。

e. 选择工具：完成以上操作，将视图切换至"参照平面"楼层平面，切换至"创建"选项卡，选择"形状"面板中的"融合"工具，如图 9-3-112 所示。

图　9-3-112

f. 创建融合底部边界：完成以上操作，Revit 将会切换至"修改｜创建融合底部边界"选项卡，选择"绘制"面板中的"圆形"工具，在"f"参照平面上进行绘制，修改"选项栏"的深度为"40"，如图 9-3-113 所示，绘制完成，单击"模式"面板中的"编辑顶部"。

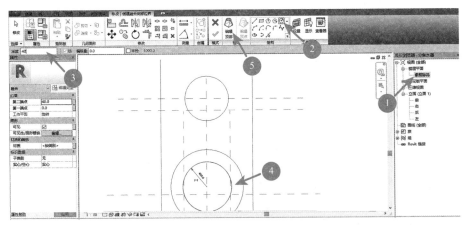

图　9-3-113

g. 创建融合顶部边界：完成以上操作，Revit 将会切换至"修改｜创建融合顶部边界"选项卡，选择"绘制"面板中的"圆形"工具，在"f"参照平面上进行绘制，如图 9-3-114 所示。

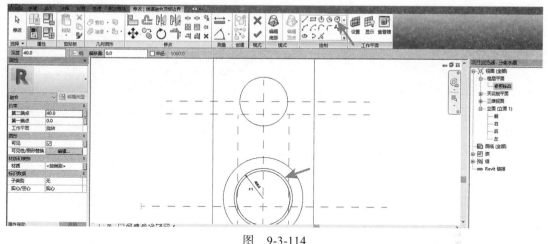

图　9-3-114

h. 完成模型：移动鼠标至"修改｜创建旋转"选项卡→选择"模式"面板→"完成编辑模式"工具，创建完成。

i. 对齐锁定：完成以上操作，单击项目浏览器中的"右"立面视图，将视图切换至"右"立面视图，切换至"修改"选项卡，选择"修改"面板中的"对齐"工具，根据如图 9-3-115 所示进行对齐锁定。

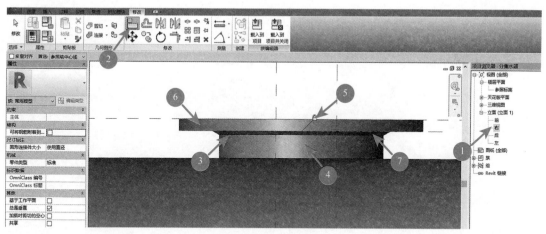

图　9-3-115

15）将模型所有的管道延伸到中心线处：在"右"立面视图，切换至"修改"选项卡，选择"修改"面板中的"对齐"工具，根据如图 9-3-116 所示进行对齐锁定。

16）添加管道连接件：

①选择工具：将视图切换至"参照平面"视图，切换至"创建"选项卡，选择"连接件"面板中的"管道连接件"工具，如图 9-3-117 所示。

②添加接头 b 连接件：完成以上操作，Revit 将会切换至"修改｜放置管道连接件"选项卡，单击接头 b，如图 9-3-118 所示，完成所有操作，右击取消两次。

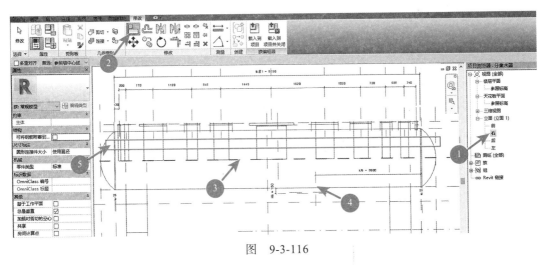

图　9-3-116

图　9-3-117

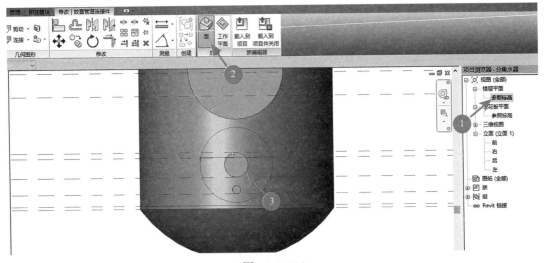

图　9-3-118

③修改连接件参数：参考图 9-3-70 中"进出水管直径"表，可看出"b"连接件直径为 80mm，出水口，单击连接件，在连接件的属性面板中，修改直径为"80"，流向为"出"，如图 9-3-119 所示，完成所有操作，右击取消两次。

17）请参照"16）添加管道连接件"操作步骤进行操作，将其他所有连接件添加完成。

18）创建设计数据表的内容：

①打开族类型：切换至"创建"选项卡，选择"属性"面板中的"族类型"工具，如图 9-3-120 所示。

②添加设计压力参数：完成以上操作，Revit 将会自动弹出"族类型"对话框，单击"新建参数"按钮，如图 9-3-121 所示，Revit 将会自动弹出"参数属性"对话框，修改名

称为"设计压力",参数类型为"文字",参数分组方式为"标识数据",单击确定,如图 9-3-122 所示。

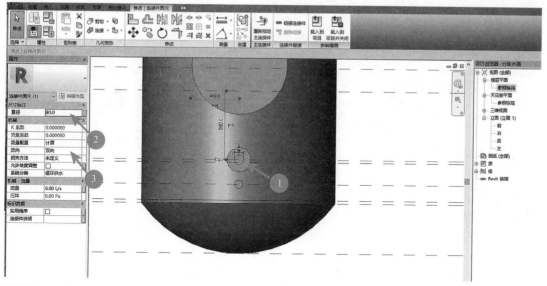

图 9-3-119

图 9-3-120

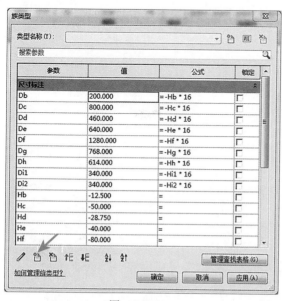

图 9-3-121

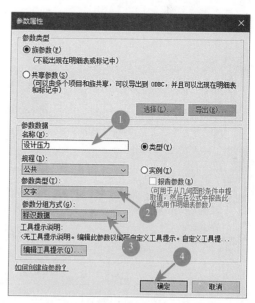

图 9-3-122

③完成以上操作,修改设计压力的值为 1.1MPa,如图 9-3-123 所示,将设计数据表中的其他内容添加入族中。

19）保存模型：单击快速访问栏中的"保存"按钮，将创建完成的模型保存名称为分集水器。

9.3.4 创建低压配电柜

低压配电柜在额定电压 380V 的配电系统中作为动力、照明及配电的电能转换及控制之用，该产品具有分断能力强，动热稳定性好，电气方案灵活，组合方便，系列性、实用性强，结构新颖等特点，由于低压配电柜在实际项目应用时，类型不一，下面将以常用的类型为例，详细讲解此族的创建步骤。

低压配电柜创建要求：按照图

图 9-3-123

9-3-124 给出的投影尺寸创建低压配电柜模型，通过构件集参数的方式，设置低压配电柜的参数，将低压配电柜尺寸数据参数表中给出的各个数据录入低压配电柜模型中，并需注意表中参数与模型关联，在低压配电柜的底部与顶部添加电缆桥架连接件。

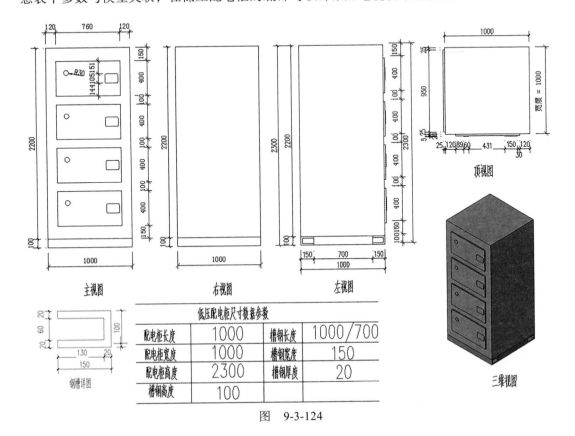

低压配电柜尺寸数据参数			
配电柜长度	1000	槽钢长度	1000/700
配电柜宽度	1000	槽钢宽度	150
配电柜高度	2300	槽钢厚度	20
槽钢高度	100		

主视图　　右视图　　左视图　　顶视图　　钢槽详图　　三维视图

图 9-3-124

（1）创建思路。

1）根据创建要求，创建低压配电柜，在"常规模型族"族样板文件下进行创建，族的类型为电气设备。

2）根据给出的条件，采用拉伸工具进行模型创建。

3）设备的槽钢可以作为嵌套族创建，再进行载入，将参数关联入设备族中。

（2）创建槽钢步骤。

1）新建族：单击 Revit 初始界面的"应用程式菜单栏"按钮→"新建"→"族"。

2）选择样板：Revit 将会弹出"新族 - 选择样板文件"对话框，选择族样板为"常规模型族"。

3）族编辑器：完成以上操作，Revit 将会启动族编辑器工作界面。

4）设置族类别和族参数：切换至"创建"选项卡→选择"属性"面板→"族类别与族参数"工具，在弹出的"族类别和族参数"对话框中，修改族类别为"电气设备"，详细操作步骤不再详细讲解。

5）在"参照标高"楼层平面视图中，创建参照平面：在项目浏览器中，将视图切换至"参照标高"楼层平面，创建如图 9-3-125 所示的参照平面，并添加"槽钢长度"的参数，并与之关联，参数属性为实例参数。

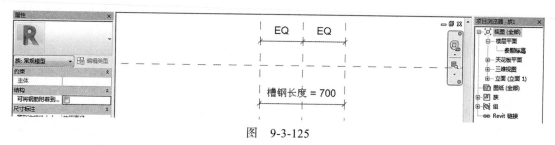

图　9-3-125

6）设置工作平面：将视图切换至"参照标高"楼层平面视图，切换至"创建"选项卡，选择"工作平面"面板中的"设置"工具，Revit 将会弹出"工作平面"对话框，单击"拾取一个平面"，在"楼层平面"视图中选择如图 9-3-126 所示的"参照平面"。

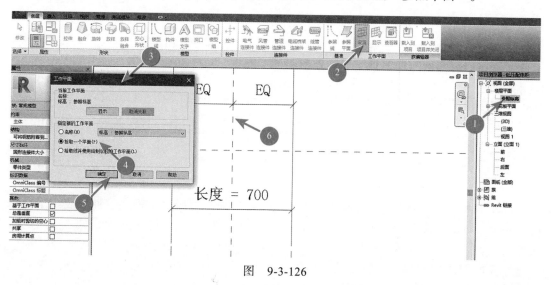

图　9-3-126

7）选择"转到视图"：完成以上操作，Revit将会弹出"转到视图"对话框，如图9-3-127所示，选择"立面：右"，再单击"打开视图"，如图9-3-128所示。

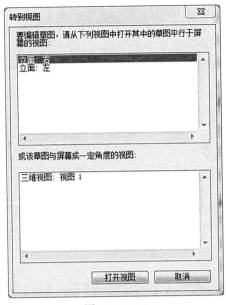

图　9-3-127

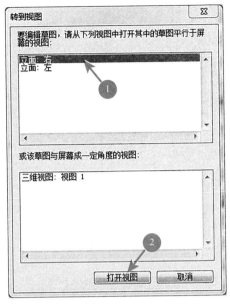

图　9-3-128

8）创建槽钢模型：采用"拉伸"工具进行创建。

①在"参照标高"楼层平面视图中，创建参照平面：在项目浏览器中，将视图切换至"参照标高"楼层平面，创建如图9-3-129所示的参照平面，并添加"槽钢高度""槽钢宽度""槽钢厚度"的参数，并与之关联，所有的参数属性均为类型参数。

②选择工具：完成以上操作，将视图切换至"右"立面视图，切换至"创建"选项卡，选择"形状"面板中的"拉伸"工具，如图9-3-130所示。

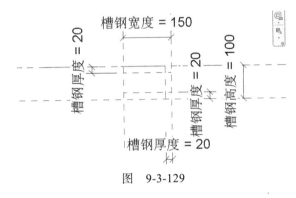

图　9-3-129

图　9-3-130

③绘制轮廓：完成以上操作，Revit将会自动切换至"修改｜创建拉伸"选项卡，选择"绘制"面板中的绘制工具，修改"属性"面板中"约束"选项中的拉伸终点为"350"，拉伸起点为"–350"，根据如图9-3-131所示进行绘制，并且锁定至参照平面上。

④完成创建：完成以上操作，在"修改｜创建拉伸"选项卡，选择"模式"面板中的"完成编辑模式"工具，完成模型创建，如图9-3-132所示。

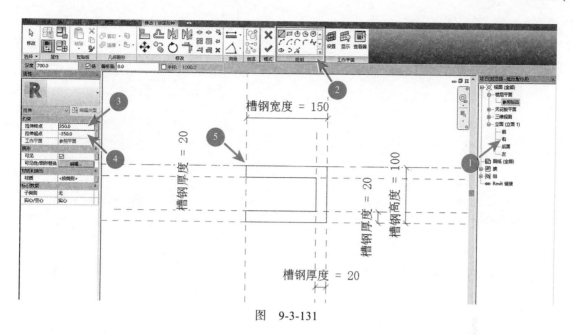

图　9-3-131

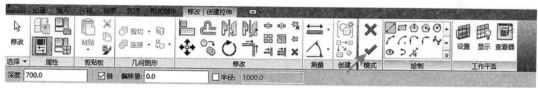

图　9-3-132

9）锁定模型约束：在项目浏览器中，将视图切换至"参照标高"楼层平面，切换至"修改"选项卡，选择"修改"面板中的"对齐"工具，根据如图9-3-133所示进行对齐锁定。

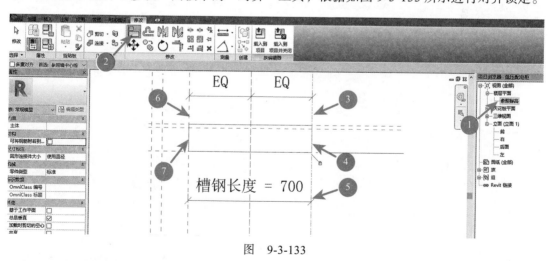

图　9-3-133

10）新建类型：

①完成以上操作，切换至"创建"选项卡，选择"属性"面板中的"族类型"工具，如图9-3-134所示。

②完成以上操作，Revit将会弹出"族类型"对话框，如图9-3-135所示。单击"新建类型"按钮，Revit将会弹出"名称"对话框，输入"长度1000"，如图9-3-136所示。

图　9-3-134

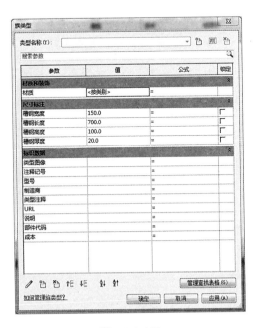

图　9-3-135

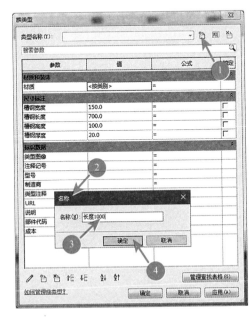

图　9-3-136

③完成以上操作，"长度 1000"的类型创建完成，修改"槽钢长度"为"1000"，如图 9-3-137 所示，请参照步骤②，创建"长度 700"的类型，创建完成之后，单击"确定"，如图 9-3-138 所示。

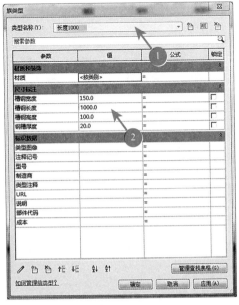

图　9-3-137

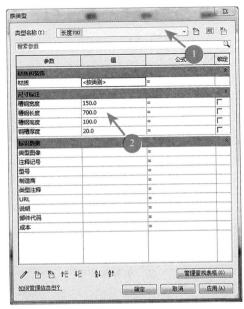

图　9-3-138

11）保存模型：单击快速访问栏中的"保存"按钮，将创建完成的模型保存名称为槽钢。

（3）创建低压配电柜步骤。

1）新建族：单击 Revit 初始界面的"应用程式菜单栏"按钮→"新建"→"族"。

2）选择样板：Revit 将会弹出"新族 - 选择样板文件"对话框，选择族样板为"常规模型族"。

3）族编辑器：完成以上操作，Revit 将会启动族编辑器工作界面。

4）设置族类别和族参数：切换至"创建"选项卡→选择"属性"面板→"族类别与族参数"工具，在弹出的"族类别和族参数"对话框中，修改族类别为"电气设备"，详细操作步骤不再详细讲解。

5）载入槽钢模型：切换至"插入"选项卡，选择"族编辑器"面板中的"载入到项目"工具，在弹出的"载入族"对话框，将文件切换至"第 9 章"→"9.3 节"→"完成文件夹"→"槽钢"，选择文件，

6）关联"长度 700"类型族参数：在项目浏览器中，单击"族"→"常规模型"→"槽钢"→"长度 700"，如图 9-3-139 所示，右击选择"类型属性"，如图 9-3-140 所示。

① Revit 将会弹出"类型属性"对话框，如图 9-3-141 所示，将类型属性中的参数全部关联到低压配电柜中，单击"材质"后面的关联参数按钮，如图 9-3-142 所示。

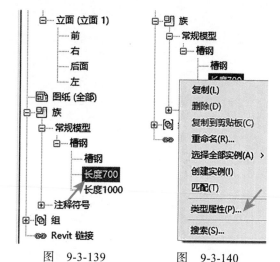

图　9-3-139　　　　　　图　9-3-140

图　9-3-141

图　9-3-142

② Revit 将会弹出"关联族参数"对话框，如图 9-3-143 所示，由于新族没有"材质"参数与之关联，选择"新建参数"按钮，单击确定，如图 9-3-144 所示。

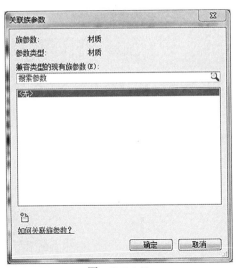

图 9-3-143　　　　　　　　　　　　　图 9-3-144

③单击确定之后，Revit 将会弹出"参数属性"对话框，如图 9-3-145 所示，在"参数属性"对话框中，输入名称为"材质"，单击确定，完成所有操作，如图 9-3-146 所示。

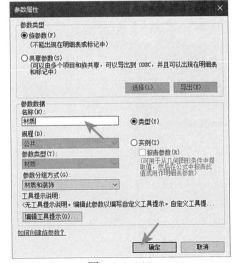

图 9-3-145　　　　　　　　　　　　　图 9-3-146

④关联"槽钢宽度""槽钢长度""槽钢高度""槽钢厚度"参数：请参照"①~③"操作，进行关联。

⑤完成所有操作，单击"关联族参数"对话框中的"确定"，完成族参数关联，如图 9-3-147 所示，再次单击"类型属性"对话框中的"确定"，完成所有"关联参数"设置，如图 9-3-148 所示。

7）关联"长度 1000"类型族参数：请参照"6）关联"长度 700"类型族参数"步骤进行操作，在关联槽钢长度时，请新建参数为"槽钢长度 2"。

8）放置槽钢。

①在"参照标高"楼层平面视图中，创建参照平面：在项目浏览器中，将视图切换至"参照标高"楼层平面，创建如图 9-3-149 所示的参照平面，并添加"配电柜长度""槽钢宽度""配电柜宽度"的参数，并与之关联，所有的参数属性均为类型参数。

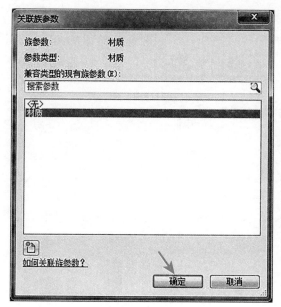

图　9-3-147　　　　　　　　　　　　　　　　图　9-3-148

②在"前"立面视图中，创建参照平面：在项目浏览器中，将视图切换至"前"立面视图，创建如图 9-3-150 所示的参照平面，并添加"配电柜高度""槽钢高度""边距""边距 2"的参数，并与之关联，所有的参数属性均为类型参数。

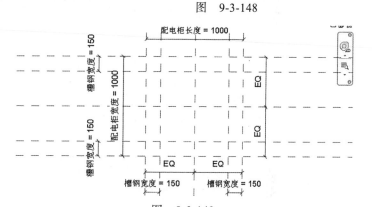

图　9-3-149

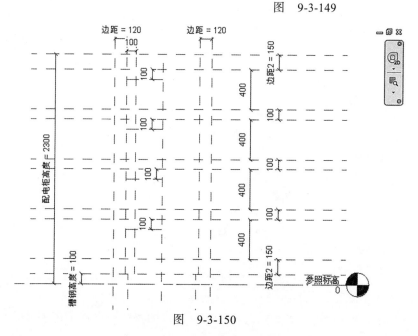

图　9-3-150

③放置槽钢：由于模型的前后两端的槽钢长度为1000mm，左右两边的槽钢长度为700mm，因此需要创建两个类型，长度为700mm的槽钢和长度为1000mm的槽钢。

a.完成以上操作，在项目浏览器中，将视图切换至"参照标高"楼层平面视图，切换至"插入"选项卡，选择"模型"面板中的"构件"工具，如图9-3-151所示。

图 9-3-151

b.完成以上操作，Revit将会自动切换至"修改 | 放置构件"选项卡，选择槽钢的"长度1000"，修改偏移量为"100"，移动鼠标在如图9-3-152所示的位置，进行放置，右击取消两次。

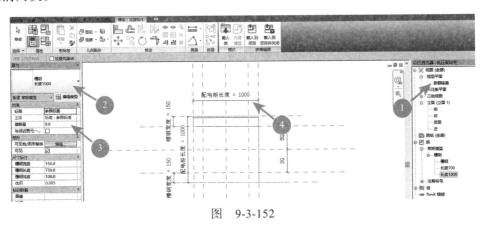

图 9-3-152

c.锁定对齐：完成以上操作，在项目浏览器中，将视图切换至"参照标高"楼层平面视图，切换至"修改"选项卡，选择"修改"面板中的"对齐"工具，移动鼠标至视图中按如图9-3-153所示进行操作。

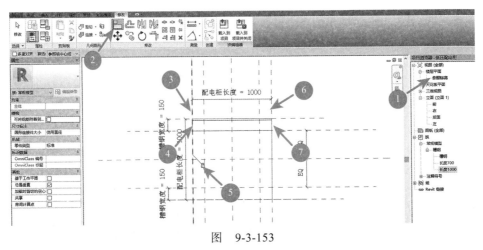

图 9-3-153

9）放置剩下的槽钢：请参照"8）放置槽钢"步骤进行放置。

10）创建柜子主体模型：采用"拉伸"工具进行创建。

①设置工作平面：在项目浏览器中，将视图切换至"前"立面视图，切换至"创建"选项卡，选择"工作平面"面板中的"设置"工具，Revit 将会弹出"工作平面"对话框，单击"拾取一个平面"，在"前"立面视图中选择如图 9-3-154 所示的"参照平面"。

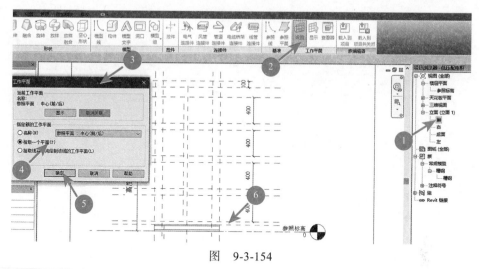

图 9-3-154

②选择"转到视图"：完成以上操作，Revit 将会弹出"转到视图"对话框，如图 9-3-155 所示，选择"楼层平面：参照标高"，再单击"打开视图"，如图 9-3-156 所示。

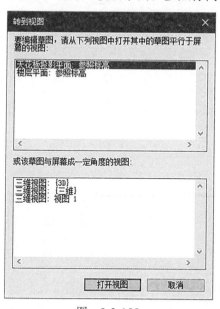

图 9-3-155

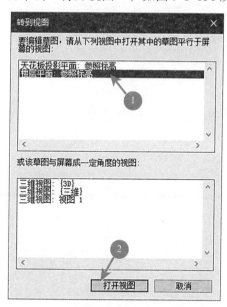

图 9-3-156

③选择工具：完成以上操作，Revit 会将视图切换至"参照标高"楼层平面视图，切换至"创建"选项卡，选择"形状"面板中的"拉伸"工具，如图 9-3-157 所示。

④绘制轮廓：完成以上操作，Revit 将会自动切换至"修改 | 创建拉伸"选项卡，选择"绘制"面板中的绘制工具，修改"属性"面板中"约束"选项中的拉伸终点为"2200"，拉伸起点为"0"，根据如图 9-3-158 所示进行绘制，并且锁定至参照平面上。

⑤完成创建：完成以上操作，在"修改 | 创建拉伸"选项卡，选择"模式"面板中的"完成编辑模式"工具，完成模型创建，如图 9-3-159 所示。

图 9-3-157

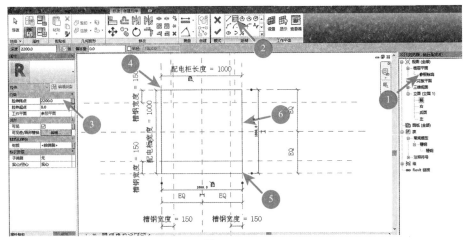

图 9-3-158

图 9-3-159

⑥对齐锁定：完成以上操作，在项目浏览器中，将视图切换至"前"立面视图，切换至"修改"选项卡，选择"修改"面板中的"对齐"工具，移动鼠标至视图中按如图 9-3-160 所示进行操作。

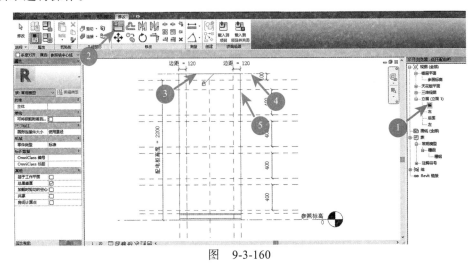

图 9-3-160

11）创建柜子面板模型：采用"拉伸"工具进行创建。

①设置工作平面：在项目浏览器中，将视图切换至"参照标高"楼层平面视图，切换至

"创建"选项卡，选择"工作平面"面板中的"设置"工具，Revit 将会弹出"工作平面"对话框，单击"拾取一个平面"，在"前"立面视图中，选择如图 9-3-161 所示的"参照平面"。

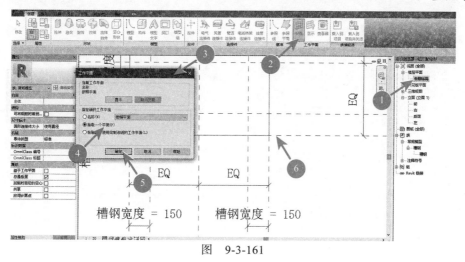

图 9-3-161

②选择"转到视图"：完成以上操作，Revit 将会弹出"转到视图"对话框，如图 9-3-162 所示，选择"立面：前"，再单击"打开视图"，如图 9-3-163 所示。

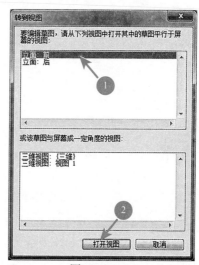

图 9-3-162 　图 9-3-163

③选择工具：完成以上操作，Revit 将视图切换至"立面：前"视图，切换至"创建"选项卡，选择"形状"面板中的"拉伸"工具，如图 9-3-164 所示。

图 9-3-164

④绘制轮廓：完成以上操作，Revit 将会自动切换至"修改｜创建拉伸"选项卡，选择"绘制"工具，修改"属性"面板中的"约束"选项中的拉伸终点为"20"，拉伸起点为"0"，根据如图 9-3-165 所示进行绘制，并且锁定至参照平面上。

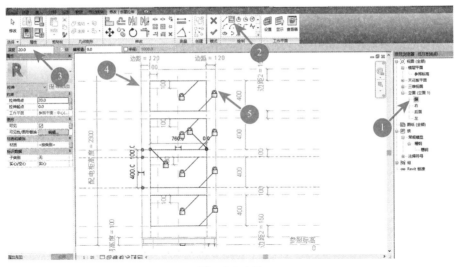

图 9-3-165

⑤完成创建：完成以上操作，在"修改 | 创建拉伸"选项卡，选择"模式"面板中的"完成编辑模式"工具，完成模型创建，如图 9-3-166 所示。

图 9-3-166

12）创建按钮模型：请参照"10）创建柜子面板模型"步骤进行创建。

13）创建显示器模型：请参照"10）创建柜子面板模型"步骤进行创建。

14）添加电缆桥架连接件：将视图切换至"三维"视图，切换至"创建"选项卡，选择"连接件"面板中的"电缆桥架连接件"工具，Revit 将会切换至"修改 | 放置电缆桥架连接件"选项卡，在低压配电柜的底部与顶部添加电缆桥架连接件。

注：本小节案例选自"全国 BIM 等级考证试题"。

1. 打开资料文件夹中"第 9 章"→"9.3 节"→"完成文件夹"→进行参考练习。
2. 请根据"9.3.1 创建弯头立管支撑"操作步骤，创建弯头立管支撑。
3. 请根据"9.3.2 创建支吊架"操作步骤，创建支吊架。
4. 请根据"9.3.3 创建分集水器"操作步骤，创建分集水器。
5. 请根据"9.3.4 创建低压配电柜"操作步骤，创建低压配电柜。

参 考 文 献

［1］欧特克软件（中国）有限公司构件开发组 . Autodesk Revit 2012 族达人速成 [M]. 上海：同济大学出版社，2012.

［2］黄亚斌，徐钦 . Autodesk Revit 族详解 [M]. 北京：中国水利水电出版社，2013.

［3］Autodesk Asia Pte Ltd. Autodesk Revit 2013 族达人速成 [M]. 上海：同济大学出版社，2013.